蚀变矿物勘查标识体系

陈华勇　肖　兵　张世涛等　著

科学出版社

北京

内 容 简 介

本书选取主要岩浆热液型矿床实例，以斑岩型和夕卡岩型为主，介绍这些矿床地质与蚀变矿化特征，以及其蚀变矿物地球化学特征空间变化规律，建立典型岩浆热液型矿床蚀变矿物地球化学勘查标志，为岩浆热液型矿床的深部找矿勘查提供了新的方法和思路。

本书适合各大专院校和科研院所的科研人员与研究生及各地勘单位技术负责人与一线勘查人员阅读参考。

图书在版编目(CIP)数据

蚀变矿物勘查标识体系／陈华勇等著 . —北京：科学出版社，2021. 12
ISBN 978-7-03-070211-1

Ⅰ.①蚀… Ⅱ.①陈… Ⅲ.①蚀变–矿产地质调查–标识–体系–研究 Ⅳ.①P584

中国版本图书馆 CIP 数据核字（2021）第 214965 号

责任编辑：王 运／责任校对：张小霞
责任印制：吴兆东／封面设计：北京图阅盛世

科学出版社 出版
北京东黄城根北街 16 号
邮政编码：100717
http://www.sciencep.com

北京中科印刷有限公司 印刷
科学出版社发行 各地新华书店经销
*
2021 年 12 月第 一 版 开本：787×1092 1/16
2023 年 5 月第二次印刷 印张：14 1/4
字数：340 000
定价：198.00 元
（如有印装质量问题，我社负责调换）

序

利用蚀变矿物进行成矿机制研究并应用于矿产勘查的工作已经开展了多年，我国学者在这方面也做出了重要的贡献。在当前地质科技日新月异和分析测试手段飞速发展的背景下，蚀变矿物研究对矿床成因和勘查的作用更为显著，并焕发出新的生命力。特别是近10年以来，在新技术的促进下，以蚀变矿物物理结构和化学成分为主要特征的矿物勘查标识体系正在逐步建立，并开始在一些勘查实例上进行应用，取得了一定的成效。

近些年来，中国科学院广州地球化学研究所陈华勇研究员及其研究团队，以当前国际上最新的蚀变矿物勘查标识研究为基础，努力推进并创新性地围绕斑岩成矿系统、夕卡岩成矿系统等重要矿床类型进行了系统的蚀变矿物勘查标识体系研究工作，并同时开展了一系列蚀变矿物基础理论的探讨性工作。其研究实例包括了国内外多个著名矿床或矿区，如我国的鄂东南夕卡岩矿集区、大兴安岭中生代斑岩矿床、东天山古生代斑岩矿床、紫金山斑岩–浅成低温矿床、新疆VMS矿床（火山成因块状硫化物矿床），菲律宾斑岩铜矿床和南美安第斯斑岩–IOCG矿床（铁氧化物–铜–金矿床）等。这些工作促进了我国在蚀变矿物勘查方法研究方面的发展，显著提高了我国科研工作者在该领域的影响力，并在夕卡岩蚀变矿物系统研究等方面走在国际前列。

《蚀变矿物勘查标识体系》一书是由陈华勇研究员作为总负责，带领其研究团队主要成员，对该团队在最近5~8年中针对蚀变矿物勘查标识体系的前沿工作所做的系统总结和展示。除了团队近些年的核心工作，该书还对国外近几年较为经典的蚀变矿物勘查应用研究实例做了详细的介绍，特别是国外研究最为深入的斑岩型矿床。同时也对国外在浅成低温金矿、VMS铜矿、造山型金矿等重要矿床类型的蚀变矿物研究实例做了介绍。在详细介绍蚀变矿物勘查研究实例的基础上，陈华勇研究员还对蚀变矿物勘查方法研究的背景、发展现状、应用前景以及未来发展方向等做了较为细致的剖析和讨论。总体上看，该书是当前蚀变矿物勘查方向最为全面和新颖的一本专著。

相信该书的出版将对我国蚀变矿物研究与勘查应用起到积极推动作用，同时该书也会对国内矿床相关研究人员以及一线勘查工作者起到帮助作用。

祝贺陈华勇研究员及其团队在蚀变矿物勘查方法研究上获得了重要成果，并祝愿能在今后工作中继续努力完善该方法体系，使之成为未来深部勘查的重要手段。

中国工程院院士

中国地质大学（北京）

中国地质科学院矿产资源研究所

2021年9月于北京

前　言

　　蚀变矿物的广泛分布是热液矿床最为重要的特征之一，全球主要热液矿床类型成矿机制的研究和成矿模式的建立都与蚀变矿物密切相关。同时，蚀变矿物在勘查指示方面也表现出强有力的生命力，正在成为矿产勘查综合标识体系中的重要组成部分。

　　我国在20世纪80年代就已经对矿物勘查应用有很好的工作基础，以陈光远先生为代表的老一辈科学家提出了"找矿矿物学"的概念，并出版了《成因矿物学与找矿矿物学》的经典专著，极大促进了矿物学在矿床勘查中的普及与应用。进入21世纪以来，随着矿物结构成分测试手段的飞跃式发展，矿物学与矿床学研究的融合更加紧密，综合利用矿物与矿床基础地质信息进行勘查标识提取，并开展勘查应用的工作逐渐增多。在国外，由大型矿业公司资助、大学科研院所主导，围绕主要成矿类型（如斑岩型矿床）蚀变矿物勘查标识体系所设立的攻关项目正在持续进行。近十年来，以中国科学院广州地球化学研究所为代表的我国学者也陆续围绕斑岩型和夕卡岩型等主要热液矿床类型进行了较为系统的蚀变矿物勘查综合标识体系的研究工作，为蚀变矿物勘查方法的研发提供了原创性成果，做出了实质性贡献。这些工作在最近几年以论文形式发表在国内外中英文期刊上，部分区域性综合成果以专著形式出版，如2019年科学出版社出版的《鄂东南矿集区蚀变矿物地球化学研究及其勘查应用》（孙四权、陈华勇等），2020年地质出版社出版的《大兴安岭北部中生代斑岩铜矿蚀变矿物地区化学勘查应用研究》（李光辉、陈华勇等）。国外的部分研究成果（以斑岩型矿床为主）主要在2020年以专辑形式在国际矿床学著名期刊 *Economic Geology* 上发表。显然，蚀变矿物勘查方法的研发正在成为当前矿床学与矿产勘查研究的重要内容和热点方向，部分研发的方法与技术手段也正在进行局部的应用示范，取得了较好的效果。

　　目前，蚀变矿物勘查方法研发正处于发展的关键阶段，已有的研究成果还相对比较分散，国内外研究团队的成果也较少有沟通和对比，不利于我国矿产勘查相关人员，特别是一线勘查单位的了解和吸收。鉴于此，本书作者认为有必要对当前蚀变矿物勘查方法研发的最新成果做一次较为全面的梳理和总结，主要针对国内需求对该方法研发过程中的重要实例进行系统的介绍，以帮助读者深入了解蚀变矿物勘查标识的研究方式和提取过程。本书中的大部分研究成果为中国科学院广州地球化学研究所陈华勇研究员研究团队近几年的最新研究成果，同时包括少部分国外经典研究实例的成果。在本书中，编写组也对蚀变矿物勘查方法的产生背景和国内外研究进展进行了较为翔实的介绍，并以独立章节对当前蚀变矿物勘查方法的主要研究思路、采样要求和研究技术手段等进行了细致的介绍。最后本书也对蚀变矿物勘查方法研发在未来的应用前景和研究方向进行了分析与探讨，为今后5~10年该方法的研发工作提出了"更深、更广、更强、更准"的发展方向。

　　本书是在中国科学院广州地球化学研究所"蚀变矿物勘查方法"研究团队的共同努力

下完成的，人员包括青年学术骨干、博士后和硕博士研究生，以下是他们在本书中的具体贡献：

第一章：陈华勇（团队负责人、本书第一作者）；

第二章：张世涛、肖兵、陈华勇；

第三章：肖兵、冯雨周；

第四章：张世涛、初高彬、张宇、程佳敏；

第五章：肖兵、黄健瀚、江宏君、胡霞、张拴亮；

第六章：陈华勇、肖兵。

在当前全球面临隐伏矿体勘查的严峻局面下，新的勘查方法研发迫在眉睫。以矿床地质研究为基础的蚀变矿物勘查方法势必会在今后起到重要作用。我们期待本书的出版能对矿产勘查工作，特别是我国从事金属矿产勘查工作的科研工作者和一线勘查人员起到帮助作用。我们也相信，本书的出版对于正在如火如荼进行的蚀变矿物勘查方法研发工作只是一个初步的介绍，我们也会不断对该方法的持续进展保持关注和更新，期待这些成果能够尽快在勘查预测中得到更为广泛的应用，从而不断完善，成为矿产勘查中不可或缺的高效勘查利器。

本书得到了国家自然科学基金杰出青年项目（编号：41725009）和国家自然科学基金–新疆联合重点项目（编号：U1603244）的资助。本书也得到了中国地质大学（北京）毛景文院士和中国地质调查局吕志成研究员的关心和密切关注，毛景文院士并为本书作序，在此表示衷心的感谢！

中国科学院广州地球化学研究所

2021 年 9 月于广州

目　　录

第1章 绪 论

1.1 蚀变矿物勘查方法定义与产生背景

近年来，蚀变矿物勘查方法正逐渐引起矿床学与矿产勘查研究工作者的广泛关注。然而，利用矿物进行勘查标识的提取并应用于矿产勘查实践，已经在国内外开展了至少半个世纪的研究与探索。我国学者在 20 世纪 80 年代提出的"找矿矿物学"（陈光远等，1987）即包含了蚀变矿物勘查的众多方面。本书中所述的"蚀变矿物勘查方法"是指针对全球主要热液矿床类型中广泛分布的热液蚀变矿物，研究它们及其矿物组合的起源、发生、发展、形成和变化的条件和过程，以及时间和空间上的分布和演化规律，并从中提取可以进行勘查应用的标识特征，形成一套完整的"蚀变矿物勘查方法"理论与应用体系。

蚀变矿物勘查方法再次引起科技界与工业界的关注与近年来科学技术的飞速发展和深部找矿勘查的迫切需求是密切相关的。众所周知，矿床其实是具有经济价值的矿物集合体，因此，矿床学的基础研究大部分都是以矿物为主要研究对象来开展的。矿物的成因信息对矿床的成矿机制与矿体勘查探测都有着重要的指示意义，这些方面的研究工作我国学者在 20 世纪 80 ~ 90 年代曾经做过很好的总结（陈光远等，1987）。近 40 年以来，建立在矿床地质研究基础上的矿物勘查方法，与物探、化探以及遥感方法一起，成为现代矿产勘查方法体系（即常说的"地物化遥"）的重要组成部分。然而，在 20 世纪 90 年代末期至 21 世纪初，由于矿物勘查方法在测试手段和探测精度等方面的局限性和物化遥技术的迅猛进步，作为"矿床地质勘查标识"中重要组成部分的"矿物勘查标识"相关研究进入了发展低谷期，甚至以前研发的众多矿物勘查标识体系的成果也未得到进一步更好的应用

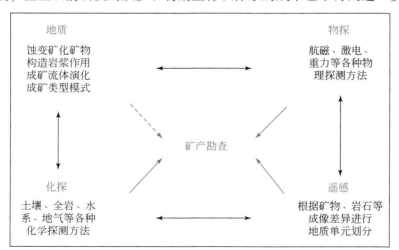

图 1.1 地物化遥勘查方法与矿产勘查及其相互之间的关系现状示意图

和发展。与此同时，"地物化遥"几大主要矿产勘查方法体系之间的关联性没有得到充分重视，甚至出现了严重的脱节（图1.1）。作为"地物化遥"勘查体系中最为基础的"矿床地质勘查标识"更是成为几乎"无人问津"的领域，不仅一线勘查人员感到无所可用，相关科研人员也逐渐失去了研发的兴趣。这些情况的出现也导致当前矿产勘查高度依赖于物化探和遥感等技术性工作，且常常面临地质解译的困难和多解性等问题。

　　随着全球地表矿产资源的逐渐枯竭，当前矿产勘查正在走向"深部勘查"和"隐伏矿体探测"。近几十年的勘探实践表明，全球矿床探测平均深度正逐渐增加，越来越多的重要勘查突破和发现几乎都是隐伏矿体（图1.2a）。然而，令人感到意外的是，近20年来虽然矿产勘查在物化探以及遥感等技术上获得长足进步，对新矿体的勘查发现起到重要推动作用，但全球整体勘查效率却并没有得到显著提高，甚至在近十年来出现明显的下降，勘查成本急剧攀升（图1.2b）。更有统计研究表明，在近年来的很多大型矿床发现过

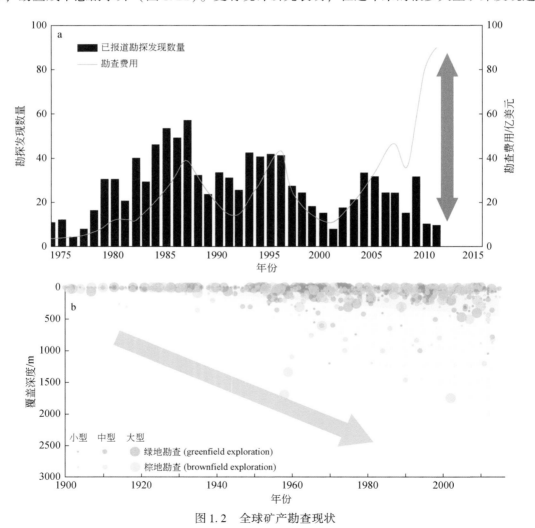

图 1.2　全球矿产勘查现状

a. 西方国家勘查投入与矿床发现趋势统计图（据 Schodde，2016）；b. 全球金属矿产勘查深度演化趋势图
（据 Arndt et al.，2017）

程中，以矿物标识为核心的矿床地质基础信息依然起到了至关重要的作用（表 1.1；Sillitoe，2014）。显然，在当前深部勘查逐渐成为矿产勘查主流的形势下，基于地质基础研究的矿物勘查方法仍然具有旺盛的生命力，可以一定程度上弥补物化探和遥感勘查技术存在的不足。

表 1.1　全球近年来新发现的主要大型斑岩铜矿决定性勘查方法使用情况（据 Sillitoe，2014）

矿床	矿物指示	化探	物探
智利 Toki clusters	√	√	
美国 Pebble East	√		
智利 Pampa Escondida	√		
智利 Esperanza	√		√
智利 Caracoles（Encuentro）	√		√
菲律宾 Boyougan	√	√	
智利 Los Sulfators	√		
印度尼西亚 Tujuh Bukit	√		
蒙古 Oyu Tolgoi			√

与物化探和遥感勘查技术相比较，矿物勘查标识在多个方面具有不可替代的优势，主要表现在：①勘查标识来源于矿物成因，与成矿机制和矿床建模密切相关；②矿物物理结构和化学特征相对比较稳定，不易受表生作用和后期改造等影响；③先进测试技术，特别是矿物微区微量测试手段和分析精度的提高使得利用矿物进行相对精确的矿体空间定位和成矿类型划分等成为可能；④最新研究表明，矿物中元素化学异常范围在三维空间尺度可达 5 km，这在一定程度上能弥补物化探特别是遥感技术等在深部勘查中多解性和浅表性的局限。这些优势也使得现代矿物勘查标识体系的建立能进一步丰富和完善"地物化遥"几大主要勘查技术体系之间的地质关联，从而更好地服务于深部矿产勘查核心任务。

1.2　蚀变矿物勘查方法研究国内外进展综述

蚀变矿物的成因研究与勘查应用在我国起步较早（陈光远等，1987，1989），主要研究手段属于"成因矿物学和找矿矿物学"范畴，是现代矿物学的重要分支，也是矿床学研究的重要手段（李胜荣和陈光远，2001；李胜荣，2013）。在 20 世纪八九十年代，矿物标型特征（主要是物理标型）的研究出现许多优秀的成果，如姚书振等（1990）对湖北省大冶铜山口夕卡岩-斑岩复合型铜（钼）矿床各蚀变带矿物组合、空间变化特征、矿物形成期次等做了仔细研究，划分了 6 个蚀变带；并对矿床中黄铁矿的晶型、硬度、导型、热电系数、化学成分及特征值变化规律等进行了细致分析，建立了黄铁矿标型特征分带，并提出其分带可以为寻找同类型矿床提供重要的信息。近些年来的蚀变矿物工作主要侧重于成因机制研究，如采用电子探针等手段，对蚀变矿物成分及其在不同成矿阶段的演化进行分析，以尝试反演成矿流体变化（赵海杰等，2012；姚磊等，2012；王建等，2014），并对金矿床蚀变矿物找矿标识等做了部分总结（申俊峰等，2021）。但在勘查应用方面，特别是定向定位矿床预测上进展不大。

近 10 年来，国外对蚀变矿物地球化学在勘查方面的应用研究正在如火如荼地进行，并由此产生了区别于全岩地球化学的新型勘查体系——"矿物地球化学勘查"。该方法的兴起是与近年来矿产资源供需失衡有着紧密联系的。以全球著名的安第斯斑岩铜矿带为例，20 世纪七八十年代所发现的一些大型斑岩铜矿一直占据智利–秘鲁主要资源储备量，近 10 多年来并无类似丘奎卡马塔和埃尔特列安提等的超大型铜矿发现。主要原因是目前传统的全岩地球化学方法已经较难有效地指导发现多位于深部的隐伏矿体，比如：大多数矿山浅部有较厚的覆盖层；矿区土壤及水源可能均已遭受污染；当勘探区域离矿体中心一定距离后，全岩异常会变得非常微弱。以上几种现状会导致传统的全岩地球化学方法常得到假异常或者弱异常，从而影响其在勘探方面的有效应用；而新近发展的地球物理方法在深部矿体探测方面也存在很大的不确定因素和多解性。因此，急需更多有效的方法来提高隐伏矿体勘查的准确性，从而能帮助我们确立盲矿体的方向和距离，以及盲矿体的大小和类型等。

随着现代激光熔融–电感耦合等离子质谱（LA-ICP-MS）技术的突破，矿物微区的微量元素测试已成功应用到地质学研究中，这也使得常见蚀变矿物的微量元素测试能被常规使用。相对于传统全岩地球化学方法，定位的矿物微量元素变化能极大提高异常变化范围，从而能够为隐伏矿体勘查提供新的导向。近年来以澳大利亚和加拿大等西方矿业强国为主导的研究团队在蚀变矿物地球化学勘查方法研发方面做了大量工作。如澳大利亚塔斯马尼亚大学国家矿产研究中心（CODES）自 2004 年以来尝试利用先进的 LA-ICP-MS 测试手段对全球多个大型斑岩–浅成低温成矿系统进行蚀变矿物地球化学勘探的应用，取得了显著成果。该项目以矿物微量元素为核心手段，结合地质、传统全岩地球化学和地球物理，力求为斑岩–浅成低温成矿系统隐伏矿体的勘查提供可靠适用的标志体系。该项目完全由国际大中型矿业公司资助，赞助商从当初的 7 个矿业公司发展到 21 个公司，其中包括全球最大的必和必拓（BHP）、力拓（Rio Tinto）、淡水河谷（Vale）、英美矿业（Anglo American）、纽蒙特（Newmont）及巴力克（Barrick）等矿业巨头。项目自 2004 年以来已经在全球 20 多个大型–超大型矿床或矿区进行工作，并将初步成果应用于赞助商所提供的多个试点中，大部分取得了满意的成果，已有的一些成果正被赞助此项目的大型矿业公司应用于勘探实践中。

目前该研究取得的成果主要体现在斑岩和浅成低温两大成矿系统中，主要成矿理论依据是目前较为成熟的斑岩（即"绿岩"，greenrock）与浅成低温（即"盖层"，lithocap）蚀变成矿模式（图 1.3）。浅成低温系统中核心研究实例为菲律宾北吕宋岛 Mankayan 地区，包括 Lepanto 高硫型浅成低温金矿和隐伏的 Farsoutheast 斑岩铜金矿体（Chang et al.，2011）；斑岩系统的核心实例为菲律宾 Baguio 地区和印度尼西亚的 Batu Hijau 斑岩铜–金矿床（Cooke et al.，2014；Wilkinson et al.，2015）。更多的成果在最近的 *Economic Geology* 关于斑岩系统矿物勘查专辑中出版，如智利的 Collahuasi 矿区（Baker et al.，2020）和 El Teniente 矿床（Wilkinson et al.，2020），加拿大 Highland Valley 矿床（Byrne et al.，2020），澳大利亚的 Northparkes 矿区（Pacey et al.，2020）以及美国的 Resolution 矿床（Cooke et al.，2020a）等。其中一些主要研究实例都将在本书相应章节中详细介绍，这里将该项目在蚀变矿物地球化学勘查指示研究中获得的主要成果简介于下。

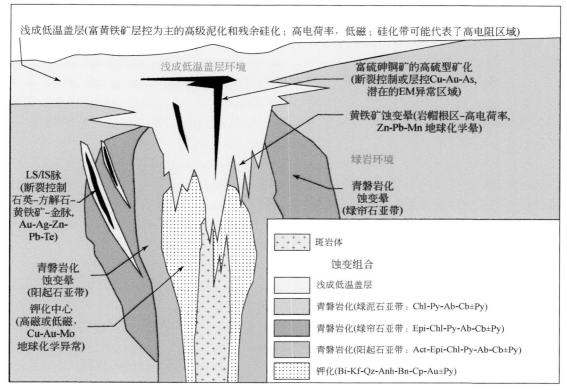

图 1.3 斑岩–浅成低温成矿系统蚀变分带模式（Holliday and Cooke，2007）

Ab. 钠长石；Act. 阳起石；Anh. 硬石膏；Au. 金；Bi. 黑云母；Bn. 斑铜矿；Cb. 碳酸盐矿物；Chl. 绿泥石；

Cp. 黄铜矿；Epi. 绿帘石；Kf. 钾长石；Py. 黄铁矿；Qz. 石英

1. 浅成低温成矿系统中的主要成果

（1）全岩地球化学分析一般对于隐伏矿体指示作用不强，在含隐伏矿体的浅成低温环境中甚至出现极低品位现象，且没有任何指向性。研究发现如果仅使用无矿化且含明矾石的样品，全岩微量元素含量（如铅等）仍可以较为明确地指向矿体及斑岩方向。

（2）由 LA-ICP-MS 分析获得的明矾石矿物微量元素能更加清晰地指示矿体及斑岩体方向，一些元素比值，如 Sr/Pb 等，可以强化这种指示作用。

2. 斑岩铜矿系统中的主要成果

（1）斑岩铜矿系统中典型蚀变矿物——绿帘石可作为指示斑岩体（热源）方向的重要矿物，其主要微量元素中，As、Sb 和 Pb 随远离斑岩体而升高，而 Cu、Mg 等元素则相反。As、Sb 等多种微量元素在远离斑岩体 4～5 km 范围里就出现异常值，而全岩地球化学方法测试显示未检测到此异常。此外绿帘石的 As-Mn 还能帮助判别矿床规模大小及可能的类型。

（2）斑岩系统中另一典型蚀变矿物——绿泥石则显示出比绿帘石更为清晰的矿体方向指示作用。其 Ti 含量直接与温度相关，从而有效地指向斑岩体（热源），而如 Sr 等元素则显示相反指示方向。多种微量元素的含量在 4~5 km 范围里出现异常，从而提供了比传统地球化学方法更为敏捷的判别手段。Ti/Sr 及 Ti 与其他几种元素的比值被证明十分有效地指示斑岩体方向。

（3）由于绿泥石 Ti 及其他几类比值与斑岩体距离具有高度线性相关关系，可以利用得出的线性方程来对斑岩体位置进行计算。即利用样品所含微量元素含量计算产生此蚀变的斑岩体可能距离。研究表明，计算值在 2.5 km 范围里准确率小于 200 m，从而显著提高了隐伏矿体预测的准确性。

在以上研究基础上，Cooke 等初步总结了近年来 CODES 研究团队利用矿物地球化学特征进行勘查标识提取的工作（Cooke et al.，2020b）。同时，国内近几年来围绕不同类型矿床也开展了矿物微量元素地球化学方面的勘查标识研究工作，并取得了部分原创性成果（Xiao et al.，2018a，2020；Chu et al.，2020a，b；Xiao and Chen，2020；Zhang et al.，2020b），在国外斑岩–浅成低温矿床为主的基础上，也对夕卡岩型矿床等进行了有力的补充。

除了蚀变矿物地球化学特征标识方面的进展，近年来，短波红外（short wave infrared，SWIR）光谱技术也正逐渐成为矿产勘查领域内的主要技术方法之一，并已成功运用于斑岩型矿床、浅成低温热液矿床、火山成因块状硫化物矿床（VMS）和部分铁氧化物–铜–金矿床（IOCG）中（Herrmann et al.，2001；Jones et al.，2005；Yang et al.，2005；Chang et al.，2011；Laakso et al.，2016）。目前，SWIR 光谱在热液矿床蚀变填图方面已有较广泛的应用。如 Thompson 等（1999）对多种类型矿床进行了大量的 SWIR 光谱分析，确定了不同类型矿床各个蚀变带中主要存在的蚀变矿物种类及组合特征；在此基础上，详细地划分了围岩蚀变分带，并建立了矿床蚀变模型，为进一步找矿勘查提供了重要的地质信息。近年来，随着大矿区深部及外围进一步找矿勘查的需求，SWIR 光谱三维蚀变填图也得到了较广泛的应用。如 Harraden 等（2013）对北美东部 Pebble 斑岩型 Cu-Au-Mo 矿床开展了大量详细的钻孔岩心 SWIR 光谱分析，在矿区三维尺度上查明了不同蚀变矿物及组合分布特征，详细划分了围岩蚀变分带，并建立了 Pebble 矿床的三维地质和蚀变模型，从而达到了"三维可视化"效果。

在蚀变填图的基础上，利用典型矿物 SWIR 光谱特征参数变化来直接定位热液矿化中心，已成为 SWIR 光谱勘查的核心内容（Chang et al.，2011；杨志明等，2012；张世涛等，2017）。由于受化学成分和/或温度的控制，某些蚀变矿物对 SWIR 光谱特征吸收峰有显著的变化，如明矾石约 1480 nm H_2O 吸收峰位、绿泥石约 2250 nm Fe-OH 吸收峰位和白云母族约 2200 nm Al-OH 吸收峰位及 IC 值等，这些参数变化对指示热液矿化中心都具有重要的作用（Thompson et al.，1999；Herrmann et al.，2001；Jones et al.，2005；Yang et al.，2005；杨志明等，2012；Chang et al.，2011；Laakso et al.，2016；Mauger et al.，2016；Huang et al.，2018）。如 Chang 等（2011）对菲律宾 Lepanto 高硫型浅成低温热液 Cu-Au 矿床进行研究，发现其短波红外光谱（SWIR）特征明显，标志峰值 1480 nm 位置与 K 及 Na 含量相关，即高 K 含量导致低 1480 nm 值，而高 Na 含量则对应高 1480 nm 值。实验表明明矾石中的 K/Na 含量与温度相关，即高温明矾石一般具有较高 Na 含量，而低温则含 K 较高。因此，利用明矾石 1480 nm 谱线值可以很好指示导致高硫蚀变热源（即斑岩体）的来源方向，从而帮助发现邻近侵入体的高品位浅成低温金矿体或者隐伏的斑岩矿体；杨志明等（2012）研究了西藏冈底斯斑岩铜矿带内的念村斑岩铜矿区，发现较高的伊利石结晶度（IC 值 >1.6）和较低的 Al-OH 特征吸收峰位值（<2202 nm）与热液/矿化蚀变中心密切相关。这些相关研究都表明，SWIR 光谱技术在金属矿产勘查中具有良好的应用前景。近年来，国内地质学者利用相关的 SWIR 光谱特征参数，建立了较有效的蚀变矿物 SWIR 勘查标志。如新疆土屋、西藏驱龙和多龙、云南普朗、福建紫金山和黑龙江小柯勒河等斑岩（–浅成低温）铜多金属矿区（Yang et al.，2005；Feng et al.，2019；连长云等，2005；章革等，2005；杨志明等，2012；许超等，2017；郭娜等，2018；李光辉等，2019），以及鄂东南矿集区为代表的夕卡岩型铜金铁矿床等（Han et al.，2018；Tian et al.，2019；Zhang et al.，2020a；张世涛等，2017；陈华勇等，2019；孙四权等，2019）。这些研究和应用为 SWIR 光谱在国内矿产勘查中的广泛应用奠定了基础，部分实例将在本书中做详细介绍。

在现代光谱技术与微量元素成分测试手段的促进下，新型的蚀变矿物勘查标识体系正在逐步建立，如我国鄂东南矿集区，在矿床地质研究基础上，以蚀变矿物地球化学和 SWIR 光谱特征为主要构成的勘查标识体系已经初步建立（图 1.4），并在勘查实践中得到成功应用（陈华勇等，2019；孙四权等，2019）。但总体来看，目前新型蚀变矿物勘查方法的研究和应用还处于初步和扩展阶段，很多工作亟待进行，如将浅成低温金矿系统中的指示矿物从明矾石拓宽到石英和黄铁矿；而在斑岩系统中，除已取得初步成果的绿泥石和绿帘石之外，也需要对磁铁矿和方解石等进行尝试。除了目前研究相对较多的斑岩–浅成低温成矿系统与夕卡岩矿床，其他热液成矿系统，如造山型金矿、SEDEX、VMS、MVT 及 IOCG 等矿床类型都需要更多的研究实例，从而完善和丰富蚀变矿物勘查标识体系，使其成为当前和未来深部矿产勘查中的利器。

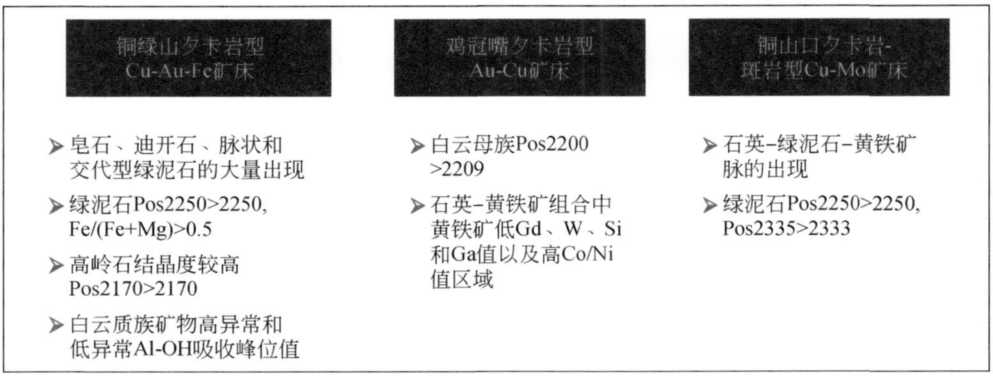

铜绿山夕卡岩型Cu-Au-Fe矿床	鸡冠嘴夕卡岩型Au-Cu矿床	铜山口夕卡岩-斑岩型Cu-Mo矿床
➤ 皂石、迪开石、脉状和交代型绿泥石的大量出现 ➤ 绿泥石Pos2250>2250，Fe/(Fe+Mg)>0.5 ➤ 高岭石结晶度较高Pos2170>2170 ➤ 白云质族矿物高异常和低异常Al-OH吸收峰位值	➤ 白云母族Pos2200>2209 ➤ 石英-黄铁矿组合中黄铁矿低Gd、W、Si和Ga值以及高Co/Ni值区域	➤ 石英-绿泥石-黄铁矿脉的出现 ➤ 绿泥石Pos2250>2250，Pos2335>2333

图 1.4 鄂东南矿集区主要夕卡岩矿床蚀变矿物勘查标识体系

（据陈华勇等，2019；孙四权等，2019）

第2章 主要研究方法简介

本章主要简要介绍蚀变矿物勘查标识体系研究过程中涉及的主要研究内容、采样要求及测试方法。

2.1 研 究 内 容

本书紧密围绕"蚀变矿物勘查标识体系"这一主题，瞄准当前国际矿产资源领域内的深部找矿勘查难题，选取国内外典型斑岩型、夕卡岩型、VMS型、浅成低温金矿、造山型金矿和IOCG型矿床，在查明矿床围岩蚀变分带和成矿期次的基础上，重点介绍典型蚀变矿物的岩相结构特征、物理光谱性质和地球化学特征并探讨其变化规律，建立蚀变矿物综合勘查标识体系并应用到找矿勘查实践中，为金属矿产"深部勘查"提供新方法和新思路。本书涉及的主要研究内容包括以下四个方面。

1. 矿床蚀变分带和蚀变矿物组合

在三维定点采样的基础上，①主要针对目前矿区地表和深部钻孔岩心所揭露的蚀变信息，研究矿床深部的岩体、围岩、地层与各蚀变矿化带的空间关系、蚀变矿物组合的空间分布特征和时序关系，完善已有的蚀变分带模型；②结合深部蚀变特征，对比已有的蚀变分带模型，深入研究矿床在垂向和平面上蚀变分带和矿物组合上的变化；③利用蚀变矿物岩相学和微区分析等方法确立不同期次的主要蚀变矿物和矿石矿物组合，区分不同成矿期次或同一期次不同位置的蚀变叠加对蚀变分带及矿物组合的影响。

2. 蚀变矿物的物理光谱特征

主要利用SWIR光谱技术对样品进行光谱特征分析。选取分布范围广、矿化强度较大的蚀变矿物（如绿泥石、绿帘石、黄铁矿、石英等），采用阴极发光等方法，查明矿物结构和SWIR光谱特征等的时空变化规律，揭示蚀变与成矿作用的内在联系。

3. 蚀变矿物地球化学特征及其变化规律

选取分布范围广、矿化强度较大的蚀变矿物（如绿泥石、绿帘石、黄铁矿、石英等），利用微区分析，查明不同期次或同一期次不同近矿、远矿位置的蚀变矿物元素变化规律，查明矿床蚀变–矿化系统中重要元素的迁移、分带及富集规律，并利用矿物的元素变化规律进行矿化强弱、矿化类型等方面的判别。

4. 蚀变矿物综合勘查标识体系

在蚀变矿物物化特征研究的基础上，结合典型热液矿床成矿模型、含矿地质体地球化学特征、成矿流体特征与演化过程、蚀变矿物地球化学特征，并收集总结已有的典型矿床化探异常、地球物理和遥感等方面的信息，提炼典型热液矿床的综合勘查标识体系，建立蚀变矿物数据库及勘查模型，从而有效指导研究区相关金属矿床的找矿勘查。

2.2　采 样 要 求

蚀变矿物勘查工作涉及的野外地表和钻孔岩心编录/采样工作基本遵循五分段/六对比的编录/采样方法，即矿化分段、蚀变分段、岩性分段、颜色分段、矿物组合分段，和岩性对比、蚀变分带对比、蚀变强度对比、蚀变矿物组合对比、矿化度对比、矿化长度对比。此外，在钻孔编录及采样过程中，遵从全孔控制、小密度覆盖、特征处加重、适量可持续的原则，在蚀变矿化比较集中的区域采取适当加密采样。具体地表和钻孔采样密度可以根据各矿区/工作区实际情况决定，总体而言，地表采样可用 50 m×50 m 网格密度控制，钻孔采样可以依据钻孔深度调整，一般 5 ~ 10 m 间隔采样较为合理（张世涛等，2017；陈华勇等，2019；孙四权等，2019）。

2.3　测 试 方 法

2.3.1　扫描电子显微镜（SEM）

扫描电镜成像原理是从电子枪阴极发出的电子束，经聚光镜及物镜汇聚成极细的电子束（0.00025 ~ 25 μm），在扫描线圈的作用下，电子束在样品表面扫描，激发出二次电子和背散射电子等信号，被二次电子检测器或背散射电子检测器接收处理后在显像管上形成衬度图像。二次电子图像和背散射电子图像能够反映样品表面的微观组织结构和形貌特征等信息。

2.3.2　电子探针成分分析（EPMA）

电子探针是电子探针 X 射线显微分析仪（electron probe X-ray micro-analyzer，EPMA）的简称。它是利用经过加速和聚焦的极窄的电子束为探针，激发试样中某一微小区域（最小范围直径为 1 μm），使其发出特征 X 射线，测定该 X 射线的波长和强度，即可对该微区的元素做定性或定量分析。除 H、He、Li、Be 等几个较轻元素外，都可进行定性和定量分析，但是对于原子序数小于 12 的元素，灵敏度较差。绿泥石、绿帘石、磁铁矿和黄铁矿等矿物 EPMA 测试分析所用的光薄片和激光片大多是从岩矿手标本上直接切取，然后经过打磨和喷炭处理。相关的分析测试工作大多在国内外不同重点实验室采用 JEOL-JXA8100 或 JEOL-JXA8230 型电子探针分析仪完成。通常情况下，测试条件设置为加速电压 15 kV，电流 20 nA，束斑直径 1 ~ 5 μm。主量元素和背景的计数时间分别为 20 s 和 10 s，微量元素和背景的计数时间分别为 40 s 和 20 s。电子探针原始数据一般采用 ZAF 程序校正，排除测试过程中的噪声和干扰。主量元素的分析误差约为2%，微量元素分析误差为5%。

2.3.3 短波红外（SWIR）光谱

短波红外光（short wave infrared light，SWIR）的波长范围在1300~2500 nm，是介于近红外光与中红外光之间的电磁波。短波红外光谱是分子振动光谱的倍频和主频吸收光谱，主要是由分子振动的非谐振性使分子振动从基态向高能级跃迁时产生的（章革等，2005；杨志明等，2012）。由于不同的矿物含有不同的基团，不同的基团有不同的能级，不同的基团与同一基团在不同的物理化学环境中，对短波红外光的吸收波长有明显的差别。当短波红外光照射样品时，频率相同的光线与基团会发生共振现象，光的能量通过分子偶极矩的变化传递给分子，同时也会被吸收并被仪器记录。利用这一物理化学原理，并选用连续变化频率的短波红外光来照射某样品时，样品对不同波长红外光选择性吸收并被仪器记录，透射出来的短波红外光就携带着样品矿物成分和结构的信息（Chang and Yang，2012；杨志明等，2012；许超等，2017；张世涛等，2017）。

常见的短波红外光谱仪器主要有四种，分别为PIMA、TerraSpec、PNIRS和可见光近红外地物波谱仪（张世涛，2018）。澳大利亚的PIMA于20世纪90年代开始商业化生产，其光谱分辨率为7~10 nm，光谱取样间距2 nm，测试窗口为直径1 cm的圆形区域，测试样品所用时间固定，完成一个测点需要50 s。美国TerraSpec生产于2006年，属便携式光谱仪，其光谱分辨率为6~7 nm，光谱取样间距2 nm，测试窗口为直径2.5 cm的圆形区域，测试样品所用时间可由用户自行设置，完成一个岩矿样品测点需4~10 s。国产PNIRS自2005年开始商业化销售，为便携式光谱仪器，野外需要一个6 V电源供电，可维持几个小时，重量约3 kg，其分辨率优于8 nm，光谱取样间距为2~4 nm，测试窗口为2 cm的正方形区域，测试样品所用的时间范围在30~120 s（杨志明等，2012；许超等，2017）。国产的可见光近红外地物波谱仪是最新的国产光谱仪器，其各项参数与美国生产的TerraSpec相似，测试速度稍优于后者。

其中，美国Analytical Spectral Devices，Inc.（ASD）公司生产的TerraSpec，在仪器性能、稳定性和用户体验度等方面都具有良好的优势，因而受到广大地质工作者的青睐，是目前国际上使用最广泛的光谱仪器之一。在测试分析过程中，首先需将样品清洗干净并晾干，避免矿物表面的尘土或水分的干扰。为了提高数据的可靠性，通常每块样品都测试3个不同点，并对每一个测点的位置进行标记。在测试之前，需要对仪器进行校准，仪器参数光谱平均设置为200和基准白（white reference）设置为400，进行优化（optimization）操作，然后进行基准白操作。当仪器的光谱线很平直时即可进行样品的测试工作。测试过程中，为保证测试数据的质量，每隔15 min对仪器进行优化和基准白测量一次。关于TerraSpec上述参数设置值的选取及其他注意事项，详细可参考Chang和Yang（2012）。

对测试所获得的SWIR光谱数据，先用"光谱地质师（The Spectral Geologist，TSG）V.3"软件进行自动解译。然后，需通过人工进行逐条核对和校正，并最终确定矿物的种类。白云母族和蒙脱石（1900 nm和2200 nm）、绿泥石（2250 nm和2335 nm）、高岭石族（2170 nm和2200 nm）、皂石（1900 nm和2335 nm）的吸收峰位（Position）、吸收峰深度

（Deep）等参数都可以通过 TSG V.3 的标量（scalar）直接获取，白云母族和蒙脱石的结晶度（IC card）也可以通过 TSG V.3 的标量（scalar）功能直接求出。

2.3.4 X 射线衍射（XRD）光谱

X 射线衍射分析是利用晶体形成的 X 射线衍射，对物质内部原子在空间分布状况的结构进行分析的方法。将具有一定波长的 X 射线照射到晶体上时，X 射线因在晶面内遇到规则排列的原子或离子而发生散射，散射的 X 射线在某些方向上相位得到加强，从而显示与晶体结构相对应的特有的衍射现象。衍射 X 射线满足布拉格（W. L. Bragg）方程：$2d\sin\theta = n\lambda$，其中 λ 是 X 射线的波长，θ 是衍射角，d 是晶面间距，n 为整数，相当于相干波之间的位相差。波长 λ 可用已知的 X 射线衍射角测定，进而求得晶面间距，即晶体内原子或离子的规则排列状态。晶面间距一般为物质的特有参数，对某一物质若能测定晶面间距及与其相对应的衍射线的相对强度，则能鉴定出该物质（周玉和武高辉，1998）。X 射线衍射图谱可以获得物质的晶体结构，并进行各种定性和定量分析。微区 X 射线衍射仪与传统的 X 射线粉末衍射法相比，更利于对原位、微量、细小矿物的鉴定，基本能完成微米级多晶物相鉴定（范光和葛祥坤，2010）。本书涉及的磁铁矿 X 射线衍射分析测试工作利用中南大学地球科学与信息物理学院的 Rigaku D/max Rapis IIR 微区衍射仪完成。测试参数设置为：Cu 靶 Kα 射线，电压 40 kV，电流 250 mA，束斑直径 40 μm，样品在测试过程中会在一定范围内转动。测试前用多晶硅作为外标对衍射峰位进行校正，峰位误差 $2\theta<0.01°$。

2.3.5 矿物 LA-ICP-MS 微量元素分析

本书涉及的 LA-ICP-MS 微量元素分析的矿物主要包括绿泥石、绿帘石、石英、磁铁矿和黄铁矿，相关的测试分析工作主要在国内的合肥工业大学资源与环境工程学院矿床成因与勘查技术研究中心（OEDC）、广州市拓岩检测技术有限公司，澳大利亚塔斯马尼亚优秀国家矿产中心（CODES）完成。合肥工业大学资源与环境工程学院 OEDC 矿物微区分析实验室的激光剥蚀系统为 Photon Machine 公司生产的 Analyte HE（激光源为相关公司Compex102F），ICP-MS 为 Agilent 7900。激光剥蚀过程中采用氦气作为载气。激光与质谱之间用信号平滑器进行连接，有利于获得更加平滑的信号值。He 气和补偿气 Ar 气通过一个 T 型接头混合进入质谱。每个样品分析数据包括 20 s 的空白信号和 40 s 的样品信号。硅酸盐矿物微量元素分析采用外标矿物为 NIST610、GSD-1G 和 BCR-2G，每分析 10～15 个未知样品，分析一次标样。仪器的运行参数如下：激光剥蚀频率为 6 Hz，剥蚀斑束为45 μm，激光输出能量为 150 mJ，剥蚀点能量密度为 3 J/cm²，He 载气流量为 0.94 L/min；质谱载气为 0.9 L/min，功率为 1350 W。相关的测试数据离线采用 ICPMSDataCal 软件进行处理（Liu et al.，2010）。单矿物微量元素含量采用多外标无内标法进行定量计算，且内部标样的主量和微量元素长期监控误差在 5% 和 10% 以内（汪方跃等，2017）。广州市拓岩检测技术有限公司的激光剥蚀系统是由美国 ESI 公司生产的 NWR 193 准分子激光器（λ = 193 nm）和光学系统构成，电感耦合等离子质谱仪（ICP）由赛默飞世尔科技有限公司生产，型号为 iCAP RQ。激光束斑、能量和频率分别为 30 μm、5 J/cm² 和 8 Hz。澳大利亚塔斯马尼亚大学 CODES 的设备为 COMPex Pro 110 ArF 准分子激光剥蚀器耦合安捷伦 7700 四级杆质谱仪。激光剥蚀过程中氦气和氩气的流速分别为 0.35 L/min 和 1.05 L/min。样品分析束斑约为 29 μm，采用 5 Hz 的激光频率，9.8 J/cm² 能量和 56 s 的剥蚀时间。

第3章 斑岩矿床勘查标识体系

3.1 矿床地质与蚀变特征

3.1.1 矿床地质特征

斑岩型矿床，是典型的岩浆热液矿床，又称细脉浸染型矿床，在时间、空间和成因上与中酸性斑状的浅成或超浅成小型侵入体有关（翟裕生等，2011），类型上包括斑岩铜矿、斑岩铜钼矿、斑岩铜金矿和斑岩钼矿等。该类矿床具有埋藏深度浅、易于露天开采、品位低、规模巨大和矿化均匀等特点，有着十分重要的经济价值，提供了世界上将近75%铜、50%钼和20%金，以及少量的其他金属，如银、锌、铅、铋等，是世界上最重要的铜矿类型（Sillitoe，2010）。

自经典的斑岩铜矿板块构造模型提出以来（Sillitoe，1972），世界上97%以上的斑岩铜矿均发现于有"俯冲带工厂"之称的岩浆弧中（图3.1；Kerrich et al.，2000；Sun et al.，2015），包括岛弧和陆缘岩浆弧，如环太平洋成矿带、特提斯-喜马拉雅成矿带和中亚成矿带（Hedenquist et al.，1998；Cooke et al.，2005），多形成于挤压环境（Masterman et al.，2005），并与板块俯冲具有直接或间接的关系（Richards，2003；Singer et al.，2005）。该类矿床主要与侵位于浅成环境（一般<3 km）的中酸性斑岩体相关（Sillitoe，2010），其中，陆缘弧环境含矿岩体以钙碱性岩浆岩为主，少数为高钾钙碱性；而岛弧环境的含矿岩体一般为钙碱性系列。然而，近年来的研究表明，斑岩铜矿的分布并不局限于弧环境，大陆碰撞带和陆内等非弧环境也是斑岩铜矿产出十分重要的环境（Hou et al.，2003，2009，2011；Chen et al.，2009；Richards，2009；Mao et al.，2011；Richards，2011）。无论是弧环境，还是非弧环境，斑岩铜矿的形成一般在空间上和成因上均与高氧化性斑岩系统相关（Liang et al.，2006；Sillitoe，2010；Sun et al.，2015），以发育大量的高氧化特征的矿物为特征，如硬石膏、赤铁矿、磁铁矿等。在氧逸度高的岩浆体系中，硫主要以SO_2形式存在，结晶过程中无金属硫化物结晶分离，铜可以保存在岩浆中，并在岩浆分异出的流体中富集。然而，最近有人研究表明，斑岩铜矿也可以出现在还原性的斑岩系统中（Shen et al.，2009），以发育大量的原生磁黄铁矿、成矿流体富含还原性气体CH_4、岩浆与流体均表现低氧逸度（$fO_2 < \Delta FMQ$）为特征，但还原性斑岩铜矿规模一般较小。在时间分布上，全球斑岩铜矿大部分形成于中生代和新生代，其次是古生代，少数斑岩铜矿形成于前寒武纪（毛景文等，2014），如我国的山西中条山古元古代铜矿峪斑岩型铜矿（李宁波等，2013），加拿大魁北克东北部的太古宙Lac Troilus铜金矿（Fraser，1993），印度的元古宙Malajkhand斑岩铜矿等（Stein et al.，2004）。已有研究表明斑岩铜

矿其实可以出现在地质历史的任何时期，但往往只有相对年轻或者保存条件比较好的斑岩铜矿得以保存下来，古老的尤其是前寒武纪的斑岩铜矿通常被剥蚀掉了（Kesler and Wilkinson，2006）。

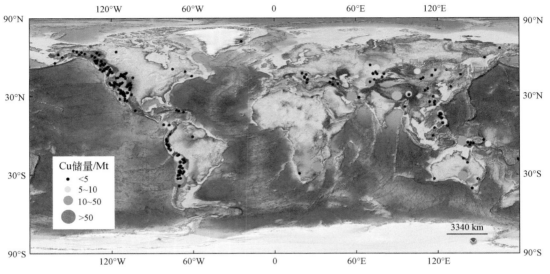

图 3.1　全球斑岩型铜矿床分布图（据 Sun et al.，2015）

3.1.2　蚀变特征

斑岩铜矿侵入体和围岩广泛发育蚀变和矿化，具有十分显著的蚀变分带特点，从深部钾硅酸盐化蚀变带，到中部围岩黄铁绢英岩化蚀变带，再到外围青磐岩化蚀变带和泥化蚀变带，形成具有"钟罩"状的圈层结构（图 3.2；Lowell and Guilbert，1970），其中，矿化主要分布于钾化蚀变带和绢英岩化蚀变带中。作为斑岩铜矿最早的蚀变类型，钾硅酸盐带常常产于斑岩体顶部，主要热液蚀变矿物为钾长石、黑云母和石英等，其形成一般与岩浆热液有关；青磐岩化蚀变一般同时或略晚于钾硅酸盐化蚀变，远离斑岩中心产出，以绿泥石–绿帘石–方解石等蚀变矿物组合发育为特征，硫化物不太发育；黄铁绢英岩化蚀变经常叠加在钾硅酸盐化和青磐岩化蚀变带之上，以绢云母–石英–黄铁矿等蚀变矿物组合发育为特征；泥化蚀变主要呈补丁状产出，依据成因可分为两种：中级泥化和高级泥化，前者以高岭土、伊利石等黏土矿物为特征，后者以水铝石–红柱石–明矾石蚀变矿物为特征。上述四个带在单个矿床中不一定都存在，可以是其中某一两个带特别发育，如中国大部分斑岩铜（钼）矿床泥化带不发育（翟裕生等，2011）。斑岩铜矿典型的蚀变和矿化分带体现了单一岩浆热液的成矿过程，其主要与成矿流体外移过程中温度降低导致的矿物分阶段沉淀密切相关（Seedorff et al.，2005）。

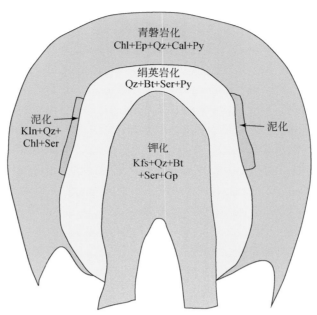

图 3.2　斑岩矿床蚀变分带图（据 Lowell and Guilbert，1970 修改）

Bt. 黑云母；Cal. 方解石；Chl. 绿泥石；Ep. 绿帘石；Gp. 石膏；Kfs. 钾长石；Kln. 高岭石；
Py. 黄铁矿；Qz. 石英；Ser. 绢云母

3.2　研　究　实　例

相对于其他类型热液矿床，蚀变矿物地球化学勘查方法在斑岩型矿床应用较多。我们挑选了 6 个典型应用实例（图 3.1）来介绍这些矿床地质、蚀变特征、蚀变矿物地球化学特征及其空间变化规律包括印度尼西亚巴都希贾乌（Batu Hijau）斑岩铜-金矿床（Wilkinson et al.，2015）、智利埃尔特尼恩特（El Teniente）斑岩铜-钼矿床（Wilkinson et al.，2020）、澳大利亚北帕克斯（Northparkes）斑岩铜-金矿床（Pacey et al.，2020），以及我国新疆土屋-延东大型斑岩铜矿床（Xiao et al.，2018a，2020）、福建紫金山斑岩铜-钼矿床（许超等，2017）、大兴安岭北部的小柯勒河和岔路口斑岩铜-钼矿床（Feng et al.，2019；Deng et al.，2019a）。

3.2.1　印度尼西亚巴都希贾乌斑岩铜-金矿床

1. 矿床地质与蚀变特征

巴都希贾乌超大型斑岩铜-金矿床位于近东西向的巽他-班达岛弧带上，印度尼西亚努沙登加拉省松巴岛西南部，属于环太平洋成矿域的一部分。巽他-班达岛弧带发育的岩浆岩形成时代可以划分为三个阶段：①晚渐新世到早中新世钙碱性玄武-安山质火山岩；

②中新世到上新世钙碱性岩浆，包含玄武–安山质火山岩以及钙碱和拉斑质的侵入岩；③第四纪玄武–安山质火山岩盖层以及局部出露的流纹质火山岩。

巴都希贾乌斑岩铜–金矿床位于巽他–班达岛弧带以北 30 km 相对隆起的区域（北纬 8°57′55″，东经 116°52′21″），与近南北向延伸的 Roo 海隆向巽他–班达岛弧带俯冲相关（Garwin，2002）。巴都希贾乌矿床位于左旋斜滑断裂带内，该断裂带控制了该区火山沉积岩、侵入岩以及海岸线的分布。矿区出露最老的地层主要包含火山质砂岩和火山质泥岩，局部发育灰岩，地层中的化石研究表明该地层形成于 21 ~ 15 Ma（Adams，1984；Berggren et al.，1995）。该地层被含角闪石石英闪长斑岩（5.0 ~ 4.7 Ma）和英安斑岩（3.9 Ma 左右）所侵入。与矿化相关的石英闪长斑岩岩株侵入到安山质火山岩地层中，形态近似于钟状，直径为 200 ~ 300 m，锆石 SHRIMP U-Pb 定年显示其形成年龄为 3.8 ~ 3.7 Ma。根据侵入接触关系，该岩株可以划分为成矿前、成矿期、成矿后三期石英闪长斑岩，主矿体主要位于第二期石英闪长斑岩之中。

近似于钟状的石英闪长斑岩岩株侵入到相对均一的火山岩地层中，使得矿区发育典型的环状蚀变分带，主要包含 5 个蚀变带（图 3.3），从中心到外围依次是：①中心强黑云母蚀变带，呈圆形分布（直径约为 400 m），主要发育在石英闪长斑岩之上；②弱黑云母蚀变带，发育在强黑云母蚀变带向外约 500 m 范围内；③高温青磐岩化亚带，主要由阳起石±绿帘石（脉状或者交代成因）±绿泥石组成；④中温绿帘石（交代斜长石）±绿泥石带；⑤低温绿泥石带，该带以不发育绿帘石与其他蚀变带相区别。在矿化中心

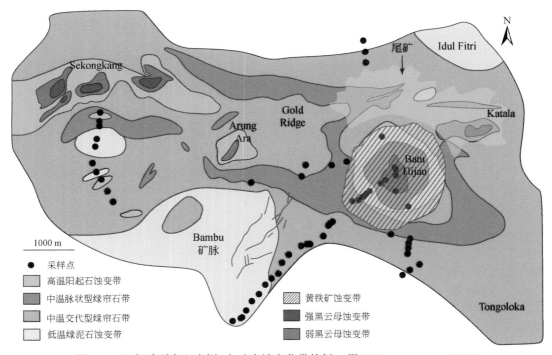

图 3.3　巴都希贾乌斑岩铜–金矿床蚀变分带特征（据 Wilkinson et al.，2015）

向外大概 1.5 km 的范围内，均发育有热液黄铁矿。该矿床已探明的矿石储量为 16.4×10^8 t，铜的平均品位为 0.46%，金的平均品位为 0.35 g/t。矿石矿物以黄铜矿、斑铜矿和黄铁矿为主，以及少量辉铜矿、自然金、银金矿、辉钼矿、方铅矿、闪锌矿、磁铁矿；脉石矿物主要有石英、方解石、黑云母、绿泥石、黏土矿物、绿帘石、绢云母、钠长石、红柱石、榍石等。

2. 绿泥石地球化学特征与空间变化规律

电子探针分析表明，巴都希贾乌斑岩铜-金矿床青磐岩化蚀变相关的绿泥石为铁绿泥石，Fe/(Fe+Mg) 原子数平均比值为 0.51。背散射图片分析表明绿泥石成分均一，没有明显环带特征；LA-ICP-MS 元素面扫描也表明绿泥石成分基本是均一的，而且 LA-ICP-MS 信号比较平直，这些特征表明绿泥石的微量元素进入到晶格中，而非以矿物包裹体的形式存在于绿泥石中。75% 以上的绿泥石中的 Li、Na、Mg、Al、Si、K、Ca、Ti、V、Mn、Fe、Co、Ni、Cu、Zn、Ga、Sr、Y、Ba 和 Pb 含量都可以达到检测线以上，因而，可用这些元素来探讨绿泥石化学特征空间变化规律。根据巴都希贾乌斑岩铜-金矿床青磐岩化蚀变相关的绿泥石元素空间变化规律，可以将绿泥石元素分为三组：①第一组元素从矿化中心到外围逐渐降低。Ti（矿化中心向外 2.5 km 范围内），以及 V 和 Al（矿化中心向外 5 km 范围内），随着绿泥石远离矿体，含量逐渐降低。②第二组元素从矿化中心到外围逐渐升高。Li（在距离矿化中心 2.5 km 范围内），Ca、Sr、Ba（在距离矿化中心 5 km 范围内），随着绿泥石远离矿体，含量逐渐降低。③第三组元素从矿化中心到外围先升高后降低，如 Fe、Zn 和 Mn 元素（图 3.4）。

用第一组元素和第二组元素的比值可以放大绿泥石成分空间变化的效果，因而可以更好地应用于蚀变矿物找矿勘查。通过研究，绿泥石的 Ti/Sr、Ti/Pb 和 Ti/Ba 值在距离矿化中心 2 km 范围，V/Ni、Mg/Sr 和 Mg/Ca 值在距离矿化中心 5 km 范围，从矿化中心到外围逐渐降低。通过数据拟合，得到绿泥石距矿体的距离与绿泥石微量元素之间的关系（图 3.5），这样可以根据绿泥石的元素含量得到绿泥石距矿体的距离。

Wilkinson 等（2015）认为斑岩系统绿泥石元素空间变化规律可能与两种机制有关：①与热液流体的迁移扩散有关，如斑岩矿床矿体外围经常出现的贵、贱金属异常；②由温度控制的元素替换。Ti 元素属于高场强元素，在热液流体中很难迁移，因而巴都希贾乌斑岩铜-金矿床青磐岩化蚀变相关的绿泥石 Ti 元素的空间变化与热液流体的迁移扩散关系不大。绿泥石 Mn 和 Zn 元素在矿体附近出现高值，与斑岩矿床矿体附近出现的 Mn 和 Zn 异常相似，因而巴都希贾乌斑岩铜-金矿床青磐岩化蚀变相关的绿泥石 Mn 和 Zn 的空间变化可能受控于热液流体的迁移扩散。虽然目前还没有针对绿泥石中 Ti 元素的控制因素相关的实验报道，但前人针对黑云母开展了相关的研究，发现黑云母的 Ti 含量受控于温度。由于绿泥石和黑云母有着相似的结构特征，可以近似认为绿泥石的 Ti 含量受控于温度。此外，从矿化中心到外围，巴都希贾乌斑岩铜-金矿床青磐岩化蚀变相关的绿泥石形成温度逐渐降低，也说明了绿泥石形成温度对于其 Ti 含量的控制（图 3.6）。

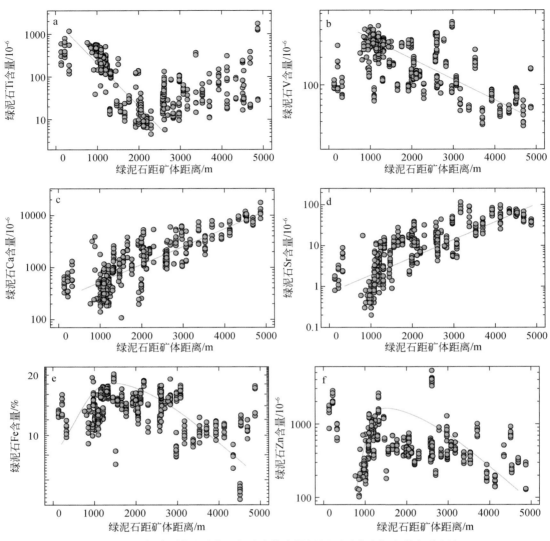

图 3.4　巴都希贾乌斑岩铜–金矿床代表性绿泥石元素空间变化规律图解

（Wilkinson et al.，2015）

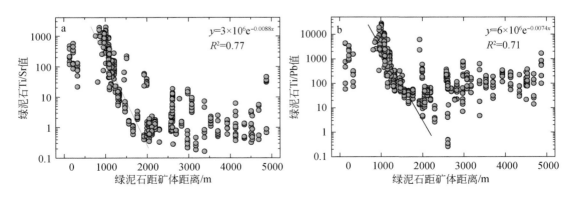

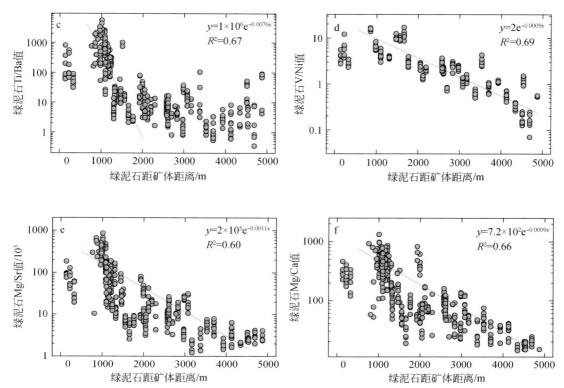

图 3.5　巴都希贾乌斑岩铜−金矿床代表性绿泥石元素比值空间变化规律

（Wilkinson et al., 2015）

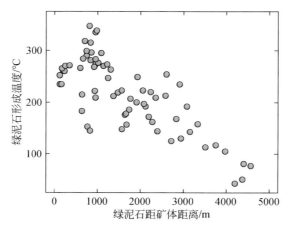

图 3.6　巴都希贾乌斑岩铜−金矿床绿泥石形成温度空间变化规律

（Wilkinson et al., 2015）

3.2.2　智利埃尔特尼恩特斑岩铜-钼矿床

1. 矿床地质与蚀变特征

埃尔特尼恩特斑岩铜-钼矿床位于智利首都圣地亚哥市西南约70 km处（南纬34°80′50″，西经70°82′10″），北北西向 Codegua 断裂和北北东向 Teniente 断裂的交汇部位（Camus，1975；Cannell et al.，2005；Vry et al.，2010；Spencer et al.，2015）。该矿床是世界上最大的地下开采铜矿，探明铜矿石量 124×10^8 t，铜的平均品位为 0.62%，钼的平均品位为 0.018%（Cannell et al.，2005；Vry et al.，2010）。赋矿地层主要是中-晚中新世的伐尔隆组（Farellones），由厚度大于 2500 m 的玄武-流纹质的喷出岩和侵入岩组成。矿区构造以北东走向断裂带和岩脉群为主，地层（伐尔隆组）显示宽缓的褶曲，近断层处局部形成拖拽褶皱，许多褶皱轴的走向为南北向。矿体主要赋存于中新世英安斑岩和埃尔特尼恩特铁镁质杂岩体中。英安斑岩（5.28±0.10 Ma）是矿区最为主要的致矿岩体，呈浅灰色至白色，斑晶由斜长石、黑云母和角闪石（已蚀变为绿泥石、绢云母、石英）以及少量石英组成，基质由细晶状石英、斜长石微晶、钾长石和少量铜铁硫化物、绢云母、绿泥石、硬石膏、锆石和磷灰石的集合体组成。该岩体为北北西向，长约 1300 m、宽约 200 m 的扁平岩墙。

根据埃尔特尼恩特矿床的矿物组合、脉体穿插关系和热液蚀变可将成矿作用分为四个阶段：①前成矿期阶段，发育早期的磁铁矿化蚀变（磁铁矿、钙长石、石英、阳起石和硬石膏脉）和绢英岩化蚀变（石英±电气石、绢云母、绿泥石脉），该阶段不发育硫化物。②晚岩浆期阶段，以网脉状石英-硬石膏-硫化物（±钠-钾长石-黑云母-金红石-绿泥石-绢云母脉）为特征，蚀变类型以钠-钾长石蚀变、钾化蚀变和青磐岩化蚀变为主，包含了整个矿床中 60% 金属铜。③主热液期阶段，以绢英岩化蚀变为主要特征，脉体主要为石英、硬石膏和硫化物脉，硫化物为黄铜矿、黄铁矿和辉钼矿，该阶段发育有矿床中 30% 金属铜。④晚热液期阶段，为次生绢英岩化蚀变叠加在主热液期阶段上，该阶段与 Braden 岩筒和晚期英安岩侵入体有关，蚀变热液脉主要集中在相关侵入体附近，且在矿区南部最为发育。硫化物主要为黄铜矿、斑铜矿、黄铁矿和辉钼矿，蕴含了 10% 金属铜（Cannell et al.，2005）。埃尔特尼恩特矿床主要蚀变带特征如图 3.7 所示，钾化蚀变主要发育在英安斑岩之上，蚀变矿物主要为石英、硬石膏、黑云母、钠-钾长石，少量绢云母、绿泥石，硫化物为黄铜矿和斑铜矿，黑云母与硫化物共生；绢英岩化蚀变发育在钾化蚀变带外围，矿物组合主要为石英、绢云母、硬石膏、硫化物等；青磐岩化蚀变是埃尔特尼恩特矿区发育最为广泛的蚀变，基本在整个矿区都有发育，蚀变矿物为绿泥石、绿帘石、黄铁矿、石英、硬石膏、±绢云母、磁铁矿、钠-钾长石，硫化物以黄铁矿为主，该带铜品位较低；泥化蚀变发育在钾化蚀变带的西南和西北方向，由最上部淋滤层和低处富集层组成，蚀变矿物主要为高岭石，少量的蒙脱石、明矾石和残余绢云母，矿石矿物为辉铜矿和铜蓝。

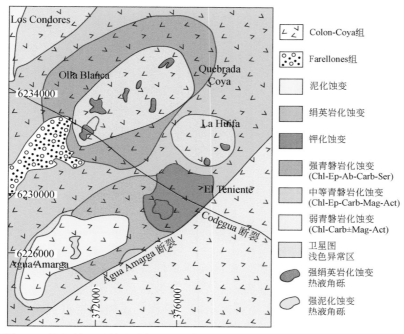

图 3.7 埃尔特尼恩特斑岩铜-钼矿床蚀变分带特征（Wilkinson et al.，2020）

Chl. 绿泥石；Ep. 绿帘石；Ab. 钠长石；Carb. 碳酸盐矿物；Ser. 绢云母；Mag. 磁铁矿；Act. 阳起石

2. 绿泥石地球化学特征与空间变化规律

189 个青磐岩化蚀变样品采自伐尔隆组，样品成分主要是玄武质-安山质火山岩，以及少量侵入体。电子探针分析表明埃尔特尼恩特斑岩铜-钼矿床青磐岩化蚀变相关的绿泥石介于斜绿泥石和鲕绿泥石两个端元之间，Fe 和 Mg 呈明显的负相关（图 3.8），化学组成为：Si 11.32% ~ 15.67%，Al 7.31% ~ 12.80%，Fe 8.36% ~ 29.81%，Mg 3.16% ~ 15.07%，Mn 0.04% ~ 2.55%，Fe/(Fe+Mg) 值为 0.36 ~ 0.90。采用 Walshe（1986）的研究成果进行绿泥石温度计算，绿泥石的形成温度范围为 113 ~ 356 ℃，平均值为 241 ℃。与巴都希贾乌斑岩铜-金矿床相似，分布于矿化中心的绿泥石形成温度相对较高，而远离矿化中心的绿泥石形成温度相对较低。

LA-ICP-MS 分析表明，埃尔特尼恩特斑岩铜-钼矿床青磐岩化蚀变相关的绿泥石含量较高的微量元素为 Mn、Ca、Zn、V、K、Co、Ni、Ti、Li 和 Na，这些元素的含量基本在 100×10^{-6} ~ 1000×10^{-6} 之间。V 在绿泥石中一般为正三价，替代绿泥石中八面体 Al 的位置，就像三价的 Cr 在铬绿泥石中一样。二价 Co 的离子半径和二价 Fe 和 Ni 相似，因而 Co 和 Ni 在绿泥石中一般占据八面体 Fe 的位置。四价的 Ti 一般也是占据绿泥石中八面体位置。绿泥石中 Cu、Sr、As、Ba、Sn、Pb、Y、Zr、Ce 和 La 的含量依次降低，一般位于 100×10^{-6} 以下，并且这些元素的 LA-ICP-MS 信号平直，表明这些元素应该是进入到绿泥石晶格中。一价的 Cu 和一价的 Li 有着相似的离子半径，两者可能在绿泥石中占据着相似的位置。

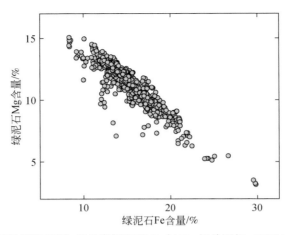

图 3.8　埃尔特尼恩特斑岩铜–钼矿床绿泥石 Fe 与 Mg 相关图解（Wilkinson et al.，2020）

　　由于埃尔特尼恩特斑岩铜–钼矿床矿区岩性多样，从玄武岩、辉绿岩、玄武–安山质火山角砾岩、闪长岩、安山岩、石英闪长岩、二长岩、花岗闪长岩，到英安岩都有分布，因而在探讨绿泥石元素空间变化规律之前，首先要了解原岩对于绿泥石地球化学特征的影响。通过对比发现，相对于基性岩石，酸性岩石中形成的绿泥石 Fe 含量较低，而 Mg 含量较高。绿泥石中 Fe 和 Mg 是相互替代的，这表明原岩中的 Fe 含量明显影响了绿泥石中 Fe 的含量，进而影响绿泥石中 Mg 的含量。不同岩性形成的绿泥石 Si 和 Al 含量基本没有太大区别。不同岩性 Cr 和 Ni 含量差别较大，而不同岩性中形成的绿泥石的 Ni 和 Cr 含量基本上没有区别。绿泥石 As 和 Sb 含量倾向于在基性岩石中含量较高，但这也可能与这些基性岩一般分布在离矿化中心较远的地方有关。相对于基性岩石，酸性岩石 K 和 Zr 含量较高，然而酸性岩石中形成的绿泥石较低，这可能也与酸性岩石靠近矿化中心有关（图 3.9）。此外，不同岩性形成的绿泥石其他微量元素含量基本差别不大。

　　由于绿泥石 Fe 和 Mg 含量受原岩成分的影响，因而埃尔特尼恩特斑岩铜–钼矿床青磐岩化蚀变相关的绿泥石 Fe 和 Mg 含量空间变化规律不明显，但与巴都希贾乌矿床相似，绿泥石的 Fe 和 Mg 在矿体最外围附近出现峰值。从矿化中心到外围，绿泥石的 Al 含量逐渐降低，而 Si 含量逐渐升高。埃尔特尼恩特斑岩铜–钼矿床绿泥石大部分微量元素都展现了明显的空间变化规律。从矿化中心到外围，绿泥石 Ti 和 V 含量逐渐降低，而 Li、As、Co、Sr、Ca、La 和 Y 含量逐渐升高，这些规律与巴都希贾乌斑岩铜–金矿床相似（图 3.10）。

3. 绿帘石地球化学特征与空间变化规律

　　电子探针分析表明，埃尔特尼恩特斑岩铜–钼矿床青磐岩化蚀变相关的绿帘石介于斜黝帘石和绿帘石两个端元之间，Fe 和 Al 呈明显负相关关系（图 3.11），化学组成为：Ca 14.87% ～17.01%，平均值为 16.36%；Si 16.57% ～ 18.09%，平均值为 17.19%；Al 8.51% ～14.42%，平均值为 12.32%；Fe 6.48% ～16.19%，平均值为 9.63%；Fe/（Al+Fe）值为 0.31～0.66。绿帘石中 Mn 含量最高达到 2.42%，但大部分 Mn 含量低于 1.00%。

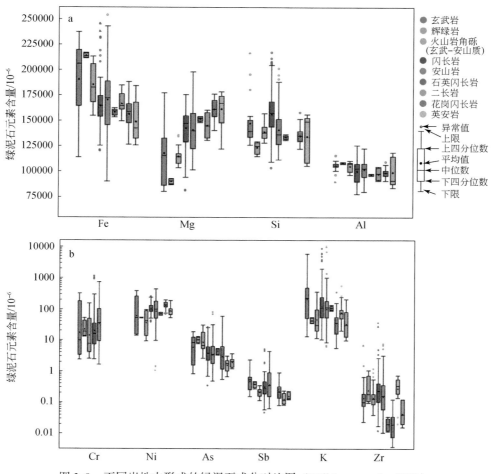

图 3.9　不同岩性中形成的绿泥石成分对比图（Wilkinson et al., 2020）

LA-ICP-MS 分析表明，埃尔特尼恩特斑岩铜-钼矿床青磐岩化蚀变相关的绿帘石中含量较高的微量元素为 Mn、Sr、Mg、Ti、V 和 As，这些元素的含量基本在 100×10^{-6} 以上。超过三分之二的绿帘石，Ga、Pb、Na、Sb、Zn、Ce、La、Y、Zr、Sn、Ba、Eu、U、Yb、Th 和 Lu 含量位于 $0.01 \times 10^{-6} \sim 200 \times 10^{-6}$ 之间。由于绿帘石中经常出现成分环带，绿帘石的 Sb、REE-Y、Th 和 U 含量变化范围较大。

　　不同岩性中的绿帘石主量元素 Ca、Al 和 Fe 含量基本上没有区别，表明原岩成分对于绿帘石的主量元素影响不大。除了 Ba、Pb、Sr 和 Zr，不同岩性中的绿帘石微量元素差别也不大。相对于安山质岩石和二长岩，玄武岩中形成的绿帘石 Ba 含量较高，然而花岗闪长岩和砂岩中形成的绿帘石也有着相对较高的含量。不同岩性中 Pb 的含量有着明显的区别，可能和这些岩性距离矿化中心的远近不同有关，但富 Pb 的花岗闪长岩中形成的绿帘石 Pb 含量也较高。相对于基性岩石，酸性岩石中形成的绿帘石更加富 Sr，但是这也可能和酸性岩石靠近矿化中心有关。相对于基性岩石，酸性岩石更加富 Zr，但酸性岩石中形成的绿帘石 Zr 含量更低，表明绿帘石中 Zr 含量可能与距离矿化中心的远近有关（图 3.12）。

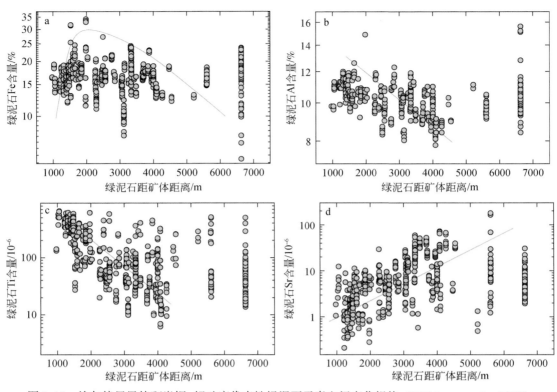

图 3.10　埃尔特尼恩特斑岩铜–钼矿床代表性绿泥石元素空间变化规律（Wilkinson et al., 2020）

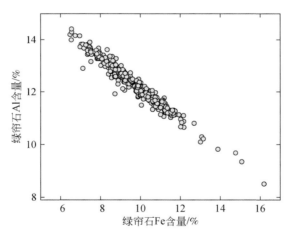

图 3.11　埃尔特尼恩特斑岩铜–钼矿床绿帘石 Fe 和 Al 关系图解（Wilkinson et al., 2020）

　　埃尔特尼恩特斑岩铜–钼矿床青磐岩化蚀变相关的绿帘石主量元素只有 Fe 展示了明显的空间变化规律，从矿化中心到矿体最外围附近逐渐升高，距离矿化中心 1 km 左右，达到最大值，然后绿帘石随着远离矿体，含量逐渐降低。微量元素方面，与 Fe 相似，从矿化中心到矿体最外围附近绿帘石 Cu、As、Zr、Zn、La、Yb 和 Y 逐渐升高，然后随着远离矿体逐渐降低（图 3.13）。

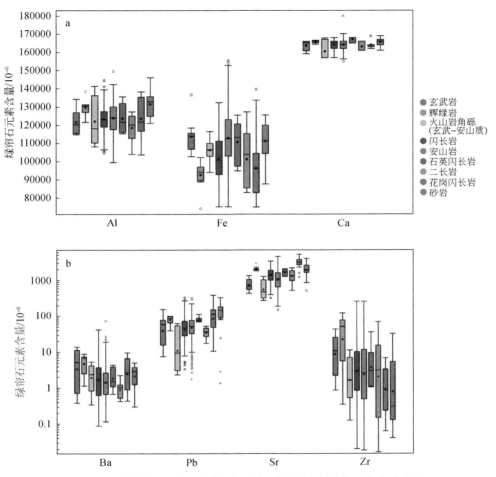

图 3.12　埃尔特尼恩特斑岩铜-钼矿床不同岩性中绿帘石成分对比图

（Wilkinson et al.，2020）

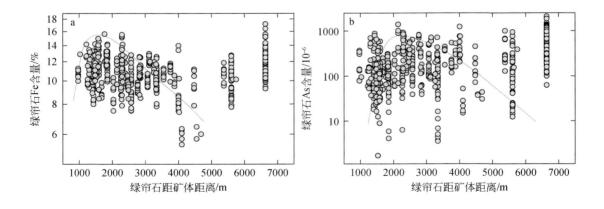

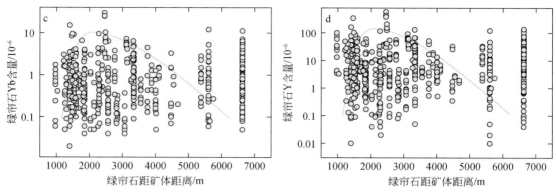

图 3.13　埃尔特尼恩特斑岩铜–钼矿床绿帘石元素空间变化规律图解
（Wilkinson et al.，2020）

3.2.3　澳大利亚北帕克斯斑岩铜–金矿床

1. 矿床地质与蚀变特征

北帕克斯铜–金矿床位于澳大利亚新南威尔士州中西部，拉克兰造山带东带北部的麦考瑞大洋岛弧带内，是澳大利亚第四大在产铜矿，该矿床已探明的矿石储量为 4.72×10^8 t，铜的平均品位为 0.56% ，金的平均品位为 0.19 g/t（Pacey et al.，2019）。围岩主要由一套连续演化的高钾–钾玄质的玄武–粗面质火山–火山碎屑岩组成，形成时代为奥陶纪——早志留世，按照形成时代可以划分为三组：Nelungaloo（早奥陶世），Goonumbla（中–晚奥陶世）和 Wombin（晚奥陶世——早志留世）。

年代学研究表明，该矿床矿化相关的侵入体基本与晚奥陶世——早志留世 Wombin 火山岩同时形成。矿区发育最广泛的侵入体是一个花岗岩岩株，成分为黑云母石英二长岩到斜长–碱性长石花岗斑岩，基本在整个矿区都有出露，该岩株被晚期的石英二长岩侵入。致矿的石英二长斑岩侵入到黑云母石英二长岩和石英二长岩中，直径为 50 ~ 100 m。强烈的钾化蚀变和局部发育的石英网脉主要发育在石英二长斑岩中，并伴随着铜矿化。从矿化中心到外围，蚀变带依次为绢云母–石英–钠长石带、绢云母+绿泥石带、钾长石+黑云母±斑铜矿±石英±磁铁矿带、磁铁矿±黑云母±钾长石±黄铜矿带和绿帘石+绿泥石+赤铁矿±钠长石±方解石±黄铁矿±黄铜矿带，其中绿帘石+绿泥石+赤铁矿±钠长石±方解石±黄铁矿±黄铜矿带（青磐岩化）带发育最为广泛（图 3.14）。

2. 绿泥石地球化学特征与空间变化规律

在扫描电镜分析的基础上，Pacey 等（2020）对北帕克斯铜–金矿床青磐岩化蚀变相关的绿泥石和区域变质绿泥石开展了能谱和 LA-ICP-MS 分析。能谱分析结果表明，研究区内的绿泥石为斜绿泥石，Fe/（Fe+Mg）原子数比值为 0.3 ~ 0.4，Si 含量为 2.8 ~ 3.2

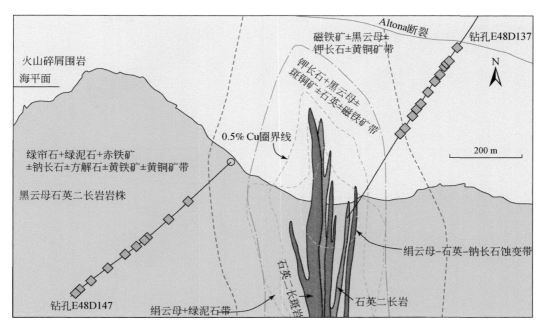

图 3.14　北帕克斯斑岩铜-金矿床蚀变分带特征（Pacey et al.，2020）

apfu（atoms per formula unit，单位分子式中原子的含量）。其中，青磐岩化蚀变相关的绿泥石平均分子式为（$Mg_{2.91}Fe_{1.66}Mn_{0.13}Al_{1.22}$）［（$Al_{1.09}Si_{2.91}$）$O_{10}$］（OH）$_8$，而区域变质绿泥石平均分子式为（$Mg_{2.77}Fe_{1.89}Mn_{0.07}Al_{1.17}$）［（$Al_{1.04}Si_{2.96}$）$O_{10}$］（OH）$_8$。在主要阳离子间相关关系图解中，北帕克斯铜-金矿床青磐岩化蚀变相关绿泥石和区域变质绿泥石中 Al和 Si，以及 Mg 和 Fe 均显示非常好的线性关系（图 3.15），反映了绿泥石 Al 和 Si，Mg 和Fe 之间的相互替代。此外，两种绿泥石的 Ti 与其四面体 Al 含量呈正相关关系，而与 Si 呈负相关关系，表明绿泥石 Ti 与 Si 相互替代。

　　LA-ICP-MS 分析表明，大部分绿泥石 Na 和 K 含量一般位于 $100×10^{-6}$ ~ $200×10^{-6}$ 之间，Ag、Bi、Cr、Ce、La 和 U 一般低于检测线，Y、Sn 和 Zr 虽然高于检测线，但含量一般较低，Y 一般低于 $1.5×10^{-6}$，Zr 和 Sn 低于 $2×10^{-6}$。此外，这些元素在三维空间上没有明显变化规律，而且青磐岩化蚀变相关的绿泥石和区域变质绿泥石这些元素也没有明显差别。根据能谱分析，青磐岩化蚀变相关的绿泥石的 Fe 和 Mg 含量变化范围较小，分别为1.4 ~ 2.0 apfu 和 2.5 ~ 3.5 apfu，在三维空间没有明显的变化规律。相对于变质绿泥石，青磐岩化绿泥石有着相对较高的 Fe 含量和较低的 Mg。靠近矿化中心绿泥石 Al 含量一般位于 2.2apfu 左右，随着远离矿化中心，绿泥石的 Al 含量迅速增加，并在距离矿化中心 800 左右达到最大值（2.6 apfu），然后随着绿泥石远离矿化中心，逐渐降低（2.1 apfu），而绿泥石Si 含量则表现出与 Al 相反的规律。此外，区域变质绿泥石与远端青磐岩化蚀变相关的绿泥石 Si 和 Al 含量没有太大区别（图 3.16）。

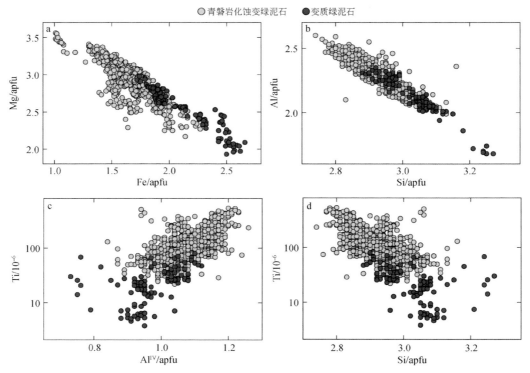

图 3.15　北帕克斯斑岩铜-金矿床绿泥石主要阳离子和 Ti 相关关系（Pacey et al.，2020）

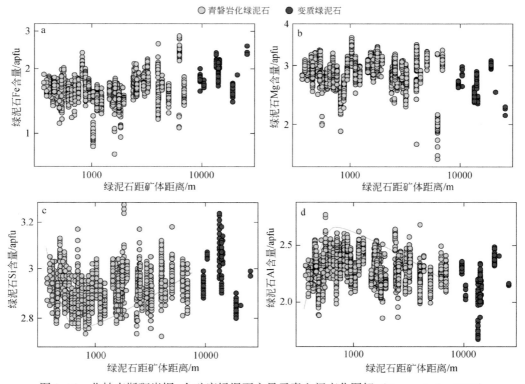

图 3.16　北帕克斯斑岩铜-金矿床绿泥石主量元素空间变化图解（Pacey et al.，2020）

　　总体上，随着远离矿化中心，青磐岩化蚀变相关的绿泥石 Ti 含量逐渐降低。区域变质绿泥石的 Ti 含量基本低于青磐岩化蚀变相关的绿泥石。从矿化中心向外 600 m 到 800 m 左右，青磐岩化蚀变相关的绿泥石 V 含量从约 400×10^{-6} 迅速降低到约 100×10^{-6}，随着绿泥石远离矿化中心，V 含量迅速升高到 500×10^{-6} 左右，然后逐渐降低。区域变质绿泥石的 V 含量基本在 $100 \times 10^{-6} \sim 200 \times 10^{-6}$ 之间，整体上低于青磐岩化蚀变相关的绿泥石。从矿化中心向外，青磐岩化蚀变相关的绿泥石 Zn 含量逐渐升高，在距离矿化中心 800 m 左右达到最高值，然后随着绿泥石远离矿化中心，其 Zn 含量逐渐降低，绿泥石 Mn 元素空间变化规律与 Zn 相似。区域变质绿泥石 Zn 和 Mn 含量基本上与远端青磐岩化蚀变绿泥石相似。从矿化中心向外 8 km 范围内，青磐岩化蚀变相关的绿泥石的 Ca 和 Li 含量有着较弱的升高趋势，而 Sr 元素变化规律不明显。相对于区域变质绿泥石，青磐岩化蚀变相关的绿泥石 Sr、Ca 和 Li 含量明显偏低（图 3.17）。

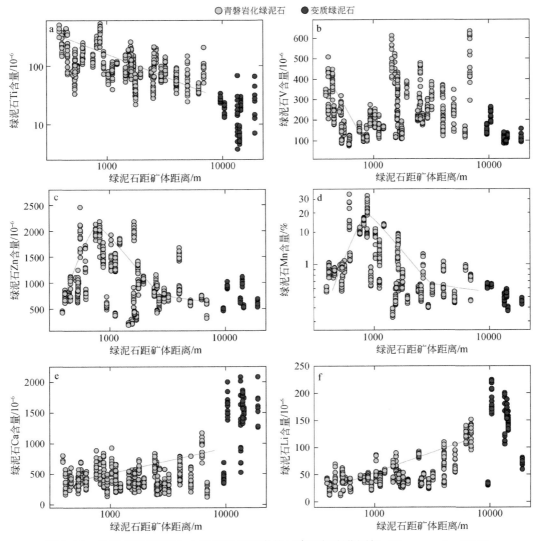

图 3.17　北帕克斯斑岩铜-金矿床绿泥石微量元素空间变化图解（Pacey et al., 2020）

3. 绿帘石地球化学特征与空间变化规律

绿帘石结构通式为 $X_2Y_3Z_3O_{12}(OH)$，X 主要为 Ca 及少量的 Fe^{2+} 和 Mn^{2+} 等，Y 为 Al、Fe^{3+}、Ti 等，Z 为 Si，其中 Y 离子在晶格中为八面体配位，单位晶胞中有 3 个八面体位置（M1，M2 和 M3），M1 和 M2 主要为 Al 充填，M3 位置由 Fe^{3+} 和 Al 充填。当 M3 位置主要为 Al 时，构成斜黝帘石端元，而当 M3 位置全部为 Fe^{3+} 时，构成绿帘石端元。当绿帘石端元分子 X_{ps} [$Fe^{3+}/(Fe^{3+}+Al)$] 小于 0.15 时，为斜黝帘石；X_{ps} 大于 0.15 时，为绿帘石。所有绿帘石分析结果以 12.5 个氧原子作为标准计算绿泥石的结构式。

能谱分析表明，北帕克斯斑岩铜-金矿床青磐岩化蚀变相关的绿帘石和变质绿帘石介于斜黝帘石和绿帘石两个端元之间，这两种绿泥石的 Fe 与 Al，以及 Ca 与 Mn 都显示出较好的负相关关系，表明 Fe 与 Al，以及 Ca 和 Mn 的相互替代关系。两种绿帘石 Si 和 Fe+Al 呈明显的负相关关系，表明这两种绿帘石 Y 和 Z 位置阳离子总数保持在 6 apfu 附近，且这两个位置的阳离子可能相互替代。另外，两种绿帘石 X 位置（Ca+Mn）和 M 位置（Fe+Al）阳离子总和呈负相关关系，表明绿帘石 X 和 M 位置的阳离子数保持在 5 apfu 附近，且这两个位置的阳离子也有相互替代关系。相对于变质绿帘石，青磐岩化蚀变相关的绿帘石的 Ca 和 Mn 含量较高，而二者 Fe 和 Al 含量相似（图 3.18）。

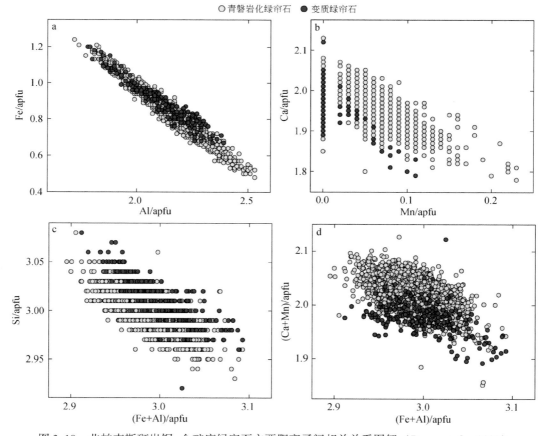

图 3.18　北帕克斯斑岩铜-金矿床绿帘石主要阳离子间相关关系图解（Pacey et al., 2020）

　　LA-ICP-MS 分析表明北帕克斯斑岩铜–金矿床青磐岩化蚀变相关的绿帘石和变质绿帘石 Na、K、Au、Ag、Tl、Ta、Lu、Hf 和 Th 含量大部分低于检测线。两种绿帘石，只有 9% 的样品能检测到 Cu，25% 的样品检测到 Mo；Eu 和 Y 含量一般低于 $4×10^{-6}$，平均值为 $1×10^{-6}$；Y 一般低于 $40×10^{-6}$，平均值为 $7×10^{-6}$；Zr 低于 $10×10^{-6}$，平均值为 $2×10^{-6}$；U 一般低于 $1×10^{-6}$，平均值为 $0.4×10^{-6}$。此外，两种绿帘石的这些元素在三维空间没有明显的变化规律，并且差别也不大。

　　根据能谱分析结果，尽管数据较为分散，青磐岩化蚀变相关的绿帘石 Fe 含量从矿化中心向外，逐渐降低，并在距离矿化中心 800 m 左右，达到最低值（0.8 apfu），而 Al 空间变化规律与 Fe 相反，在 800 m 左右达到最大值（2.3 apfu）。青磐岩化蚀变的绿帘石 Mn 含量从矿化中心到外围逐渐升高，在距离矿化中 800 m 左右达到最大值（0.15 apfu），这与该矿床绿泥石 Mn 的空间变化相似。然而相对于绿泥石，绿帘石的 Mn 含量数据较为分散。由于绿帘石的 Mn 与 Ca 呈现负相关关系，绿帘石的 Ca 空间变化规律与 Mn 相反。总体上，根据能谱的分析，变质绿帘石与青磐岩化绿帘石主量元素差别不大（图 3.19）。

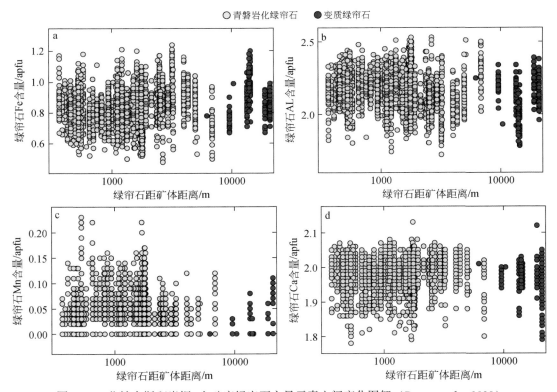

图 3.19　北帕克斯斑岩铜–金矿床绿帘石主量元素空间变化图解（Pacey et al., 2020）

　　根据 LA-ICP-MS 分析结果，从矿化中心到外围，青磐岩化蚀变相关的绿帘石 Ti 含量呈逐渐降低的趋势。区域变质绿帘石与远端青磐岩化蚀变相关的绿帘石 Ti 含量接近。从矿化中心到外围 800 m 范围内，青磐岩化蚀变相关的绿帘石 V 含量迅速从 $1500×10^{-6}$ 左右降低到500×10⁻⁶以下，而变质绿帘石 V 含量一般低于500×10⁻⁶，与远端青磐岩化蚀变相关的绿帘石相似。相对于区域变质绿帘石，青磐岩化蚀变相关的绿帘石 Sr 含量较低（一般低于5000×10⁻⁶），但在三维空间变化规律不明显。从矿化中心到外围，青磐岩化蚀变相关的绿帘石 As 含量有明显降低的趋势，而且含量明显低于区域变质绿帘石。从矿化中心到外围，青磐岩化蚀变相关的绿帘石 Sn 和 Mg 含量先增高后降低，在距离矿化中心 1 km 左右达到最大值，而且含量明显高于区域变质绿帘石（图3.20）。

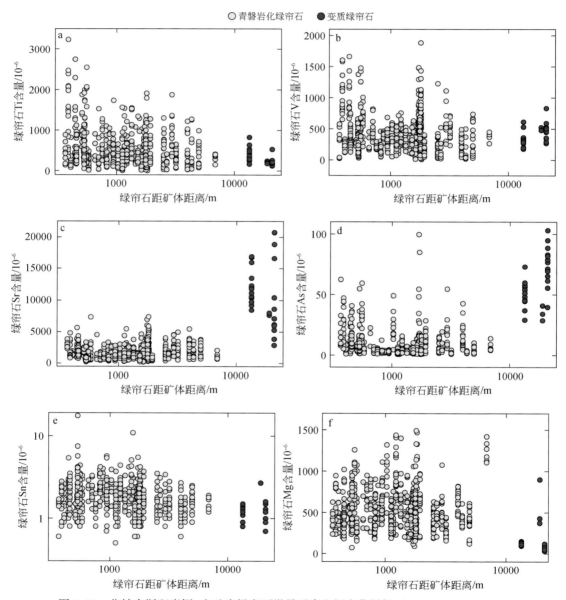

图 3.20　北帕克斯斑岩铜–金矿床绿帘石微量元素空间变化图解（Pacey et al., 2020）

3.2.4　新疆土屋–延东斑岩铜矿床

土屋–延东铜矿带位于吐哈盆地南缘（图 3.21），康古尔断裂以北 1~4 km，东天山大南湖–头苏泉岛弧带上，由土屋和延东两个铜矿组成（二者相距 6 km）。矿区发育近东西向、北西向和北东向断裂，出露的地层主要为石炭系企鹅山群、侏罗系西山窑组以及第四系。铜矿体主要赋存在石炭纪的斜长花岗斑岩（也称为英云闪长岩；Wang et al., 2014）和企鹅山群中。已探明铜资源储量接近 270×10⁴ t，铜平均品位为 0.46%，并伴生有金、钼和银等，是目前新疆最有经济价值和规模最大的铜矿带（张达玉等，2010；Shen et al., 2014）。

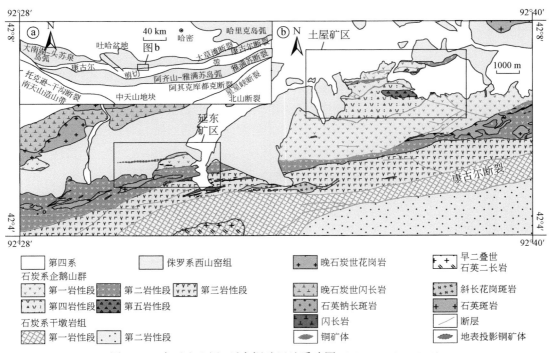

图 3.21　东天山土屋–延东铜矿田地质略图（Shen et al., 2014）

企鹅山群总体走向为北东东向，倾向南，倾角为 43°~63°，厚度为 600~2000 m，片理发育，自上而下划分为五个岩性段：第一岩性段主要为玄武岩、安山岩、英安岩和凝灰岩，局部夹粉砂质复成分砾岩；第二岩性段为含砾岩屑砂岩、凝灰岩、沉凝灰岩，夹玄武岩、安山岩、安山质角砾熔岩，局部夹薄层状、透镜状灰岩和生物碎屑灰岩；第三岩性段为（含砾）不等粒长石岩屑砂岩、粉砂岩、砂质千糜岩、凝灰岩，夹杂火山角砾岩和玄武岩；第四岩性段以安山质集块角砾熔岩为主，夹安山岩和玄武岩块体；第五岩性段为灰绿色复成分砾岩。西山窑组出露于土屋–延东铜矿带矿区北部，岩性主要为含砾砂岩、粗砂岩、细砂岩、粉砂岩、泥岩等。

矿区侵入体发育，地表出露的有斜长花岗斑岩、石英钠长斑岩、闪长岩和石英斑岩，这些侵入体都侵入到企鹅山群火山岩中。斜长花岗斑岩，呈灰白色，斑状结构和块状构造，斑晶主要为斜长石和石英，基质主要是石英、斜长石和少量黑云母等，副矿物有锆石和磷灰石等。矿体附近的斜长花岗斑岩基本都发生了较强的绢英岩化蚀变和碳酸盐化蚀变。石英钠长斑岩侵入到企鹅山群第一岩性段中，只在延东铜矿矿区地表有少量出露。显微镜观察表明石英钠长斑岩具有斑状结构和块状构造，斑晶主要为钠长石、石英以及少量的黑云母，石英斑晶有熔蚀边界，基质为细粒结构，副矿物为锆石和榍石等。闪长岩呈灰绿色，主要由斜长石（>90%）和角闪石（5%~10%）组成，副矿物有磷灰石和锆石。石英斑岩主要分布在延东铜矿南部，在延东铜矿钻孔中也有发现，斑状结构和块状构造，斑晶主要是石英，副矿物有锆石和磷灰石。延东铜矿铜矿体大部分产在斜长花岗斑岩中，少部分处于企鹅山群火山岩中，而土屋铜矿铜矿体少部分产在斜长花岗斑岩中，大部分处于企鹅山群火山岩中。石英钠长斑岩侵入到企鹅山群第一岩性段中，只是在延东铜矿矿区地表有少量出露。成岩成矿年代学研究表明，含矿斜长花岗斑岩的成岩时代在 340~333 Ma（Xiao et al., 2017），与斑岩成矿期绢云母^{40}Ar/^{39}Ar 年龄（332.8±3.8 Ma）一致，而叠加改造期辉钼矿的 Re-Os 年龄（324.3±2.7 Ma）与矿区石英钠长斑岩的形成年龄（323.6±2.5 Ma）一致，表明斜长花岗斑岩导致了早期的斑岩矿化，而石英钠长斑岩与晚期的叠加改造矿化相关。岩石地球化学特征表明与斑岩成矿相关的斜长花岗斑岩来源于俯冲古天山洋板片的部分熔融，与古天山洋向北俯冲相关，而与叠加改造矿化相关的石英钠长斑岩，则与俯冲板片的回撤会导致软流圈的上涌而引起新生下地壳的部分熔融相关（Xiao et al., 2017）。

1. 延东铜矿矿床地质与蚀变特征

延东铜矿矿区出露的地层有企鹅山群第一、第二和第三岩性段，以及侏罗系西山窑组（图 3.22）。铜矿体主要分布在斜长花岗斑岩岩体中（图 3.23），占矿体总量的 60%~70%，

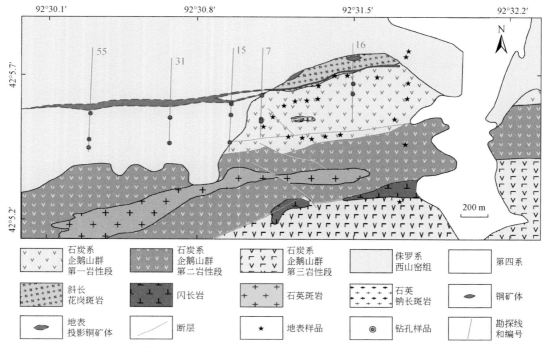

图 3.22　延东铜矿矿床地质图（Shen et al., 2014）

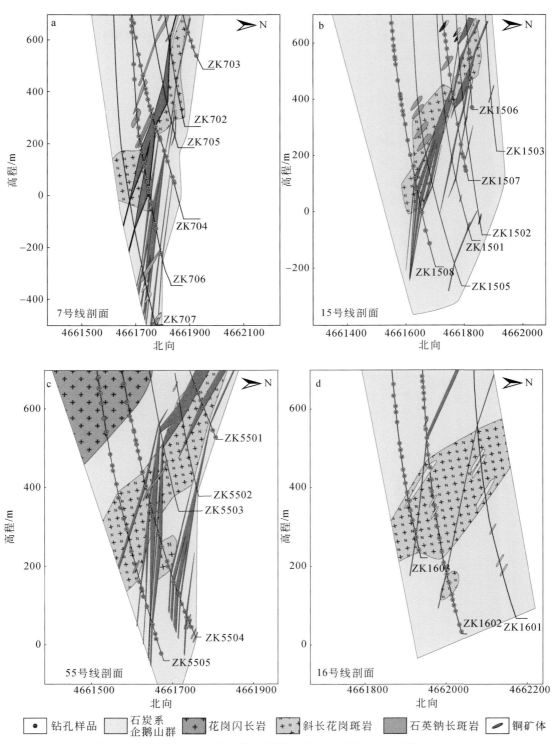

图 3.23　延东铜矿矿床剖面图（新疆地质矿产局第一地质大队，2012）

另外有 30% ~40% 的矿体分布在企鹅山群火山岩中。地表出露部分以 0.2% 为边界品位，圈定铜矿体长 900 m，最大厚度 25 m。隐伏铜矿体共圈出两个，均呈透镜状。主矿体长 3900 m，厚 10 ~62 m，倾角 68° ~80°，矿体单个样品 Cu 的最高品位 2.2%，最低品位为 0.2%，主要集中在 0.2% ~0.7% 之间（王云峰等，2016）。

　　矿体与围岩之间并没有明显的边界，呈渐变过渡关系。矿石为中-细粒半自形至他形粒状结构，局部为中粗粒结构；矿石构造以细脉浸染状、细脉状为主，局部呈团块状。延东铜矿床矿石矿物以黄铜矿、黄铁矿为主，其次有少量斑铜矿、辉钼矿、磁铁矿，微量矿物有闪锌矿、黝铜矿、蓝辉铜矿等，次生矿物有孔雀石、氯铜矿、铜蓝和褐铁矿。脉石矿物以石英和绢云母为主，其次少量碳酸盐矿物、绿泥石、白云母、绿帘石、黝帘石等。围岩蚀变有绿泥石化、高岭石化、绢-白云母化、硅化、绿帘石化、钠长石化、碳酸盐化等，以矿体为中心，向两侧蚀变分带由内向外依次为石英-绢云母化带、青磐岩化带。延东铜矿的成矿期次，从早到晚依次为斑岩成矿期、叠加改造期和表生期，其中铜矿化主要发生在叠加改造期，在斑岩成矿期铜矿化相对较弱（图3.24）。

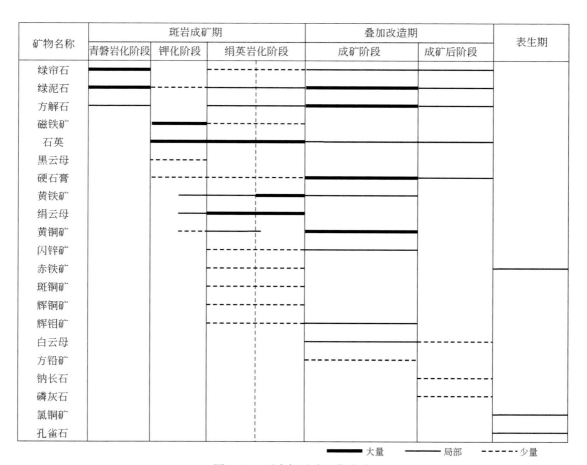

图 3.24　延东铜矿成矿期次表

斑岩成矿期：该期包括青磐岩化、钾化和绢英岩化三个阶段。青磐岩化是延东矿区最早的热液蚀变，在整个矿区都有发育，在矿体附近最强烈。发育该蚀变的岩石主要是企鹅山群火山岩地层，原岩为玄武岩、玄武-安山岩、安山岩及火山碎屑岩，蚀变后的岩石常呈绿色和深绿色（图 3.25a）。蚀变矿物主要为绿帘石、绿泥石、方解石和石英，以及少量的磷灰石和榍石（图 3.25b）。青磐岩化表现形式有弥散状和脉状。弥散状青磐岩化主要表现为企鹅山群火山岩中暗色矿物被绿泥石、绿帘石、方解石和石英等矿物取代；脉状主要表现为石英-绿帘石脉、方解石脉、石英脉、绿泥石脉等发育在企鹅山群火山岩地层中。该阶段硫化物基本不发育。钾化阶段发育的矿物主要有石英和磁铁矿（图 3.25c），并有少量的黄铁矿、绢云母、黄铜矿、绿泥石、黑云母、绿帘石等矿物。磁铁矿主要以石英-磁铁矿脉的形式产出，脉体穿切青磐岩化的企鹅山群火山岩和斜长花岗斑岩。在企鹅山群火山岩中的石英-磁铁矿脉两侧常发育绿泥石-绿帘石蚀变晕，而在斜长花岗斑岩石英-磁铁矿脉两侧则常发育石英-绢云母晕。延东铜矿的石英-磁铁矿脉通常出现在矿体下盘，钻孔中多见于 500 m 以下。相比世界上典型的斑岩铜矿，延东铜矿钾化蚀变较弱，可能是由后期的热液蚀变叠加与破坏导致，经常可以看到后期的蚀变矿物叠加在磁铁矿脉中（图 3.25d）。绢英岩化主要发育在斜长花岗斑岩岩体（图 3.25e）以及附近的企鹅山群火山岩围岩中，该阶段的主要矿物有石英、绢云母、白云母、黄铁矿（图 3.25f），并有少量的黄铜矿、方解石、辉钼矿等矿物。在斜长花岗斑岩中，斑晶石英多呈椭圆形和圆形，斜长石基本被完全蚀变为绢云母和方解石等矿物。火山岩围岩也发育强烈的绢云母化，并叠加在之前的青磐岩化之上。Qin 等（2002）报道了一个绢云母 K-Ar 年龄为 341.0±4.9 Ma，与斜长花岗斑岩的年龄一致，表明绢英岩化蚀变与斜长花岗斑岩有着紧密联系，这也与绢英岩化主要发育在斜长花岗岩之上或者附近一致。

叠加改造期：该期是延东铜矿床铜、钼的主要成矿阶段，该阶段最特征的矿物组合为黄铜矿-硬石膏-方解石-绿泥石，该组合通常交代前期石英-磁铁矿脉（图 3.25d）、石英-硫化物脉（图 3.25g）以及石英脉，在斜长花岗斑岩、石英钠长斑岩（图 3.25h）和企鹅山群火山岩地层均有发育，并交代之前的绢英岩化蚀变（图 3.25i）。该阶段的黄铜矿也以黄铜矿-绿泥石-辉钼矿脉（图 3.25j），黄铜矿-绿帘石脉、黄铜矿-绿帘石-黄铁矿-闪锌矿-方铅矿-辉钼矿（图 3.25k）等形式产出。在斜长花岗斑岩中的石英-黄铁矿-黄铜矿脉中，可以看到黄铁矿被后期的黄铜矿-硬石膏-方解石-绿泥石组合所交代。在钻孔中也可见粗粒黄铜矿-绿泥石-硬石膏-方解石穿切早期的石英-绢云母-硫化物，这种组合明显不同于世界上典型的斑岩铜矿（主要发育网脉状石英-硫化物脉）。在延东铜矿石英钠长斑岩比较发育的 7 号、15 号以及 55 号钻孔剖面中，铜矿化明显要比石英钠长斑岩不发育的 16 号钻孔剖面弱。在叠加改造期后，发育无矿化的石英-方解石-硬石膏脉、石英-方解石-绿帘石脉-方解石脉、硬石膏±方解石脉、白云石脉以及石英-重晶石脉，但这些脉相互关系不明显。

表生期：延东矿区地表发育大量表生氧化矿物，主要矿物为铜蓝、孔雀石、赤铁矿及一些黏土矿物等。

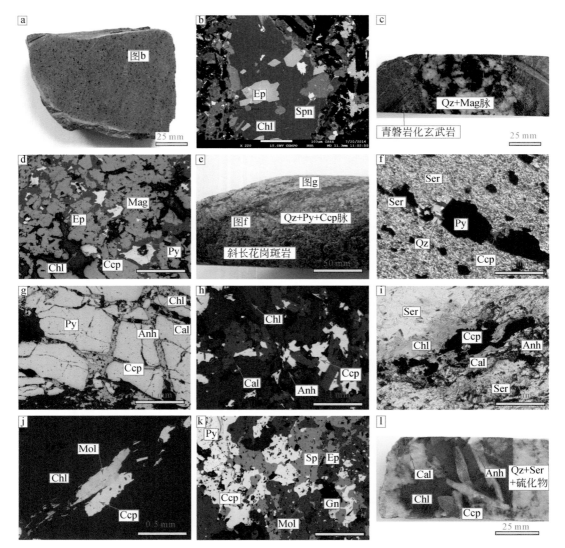

图 3.25　延东铜矿手标本及镜下照片

a. 青磐岩化玄武岩；b. 玄武岩中暗色矿物被绿泥石+绿帘石+榍石替代；c. 石英+磁铁矿脉穿切青磐岩化玄武岩；d. 石英+磁铁矿脉被后期的绿帘石+黄铜矿+绿泥石+黄铁矿叠加；e 和 f. 绢英岩化斜长花岗斑岩；g. 绢英岩化斜长花岗斑岩中石英-硫化物脉被后期的黄铜矿+绿泥石+硬石膏+方解石交代；h. 石英钠长斑岩中黄铜矿+绿泥石+硬石膏+方解石；i. 绢英岩化被黄铜矿+绿泥石+方解石叠加；j. 辉钼矿与黄铜矿+绿泥石共生；k. 黄铜矿+黄铁矿+辉钼矿+闪锌矿+方铅矿组合；l. 粗粒黄铜矿+绿泥石+方解石+硬石膏穿切早期的绢英岩化蚀变；Anh. 硬石膏；Cal. 方解石；Ccp. 黄铜矿；Chl. 绿泥石；Ep. 绿帘石；Mag. 磁铁矿；Mol. 辉钼矿；Py. 黄铁矿；Qz. 石英；Ser. 绢云母；Sp. 闪锌矿；Spn. 榍石；Gn. 方铅矿

2. 延东铜矿绿泥石地球化学特征与空间变化规律

延东铜矿青磐岩化阶段的绿泥石（Chl-1）：SiO_2 26.75% ~ 31.91%，Al_2O_3 16.00% ~ 22.30%，FeO 9.47% ~ 21.01%，MgO 19.21% ~ 26.83%，$Fe/(Fe+Mg)$ 值为 0.17 ~ 0.37。与 Chl-1 比较，叠加改造阶段的绿泥石（Chl-2）显示较低的 SiO_2（22.41% ~ 29.65%）和

MgO（7.78%～20.51%），以及较高的 FeO（16.71%～34.57%）、Al_2O_3（15.89%～24.36%）和 Fe/（Fe+Mg）值（0.31～0.71）。两种绿泥石的 Cr_2O_3、TiO_2、CaO、K_2O、P_2O_5 和 Na_2O 含量均较低。所有绿泥石分析结果以 14 个氧原子作为标准计算绿泥石的结构式。在绿泥石分类图解中（Deer et al., 1962），Chl-1 主要落在密绿泥石区域，而 Chl-2 则主要落在蠕绿泥石（铁绿泥石）和密绿泥石区域。在主要阳离子间相关关系图解中（图3.26），Chl-1 和 Chl-2 中 Al 和 Si，以及 Mg 和 Fe 均显示非常好的线性关系，反映了 Al 和 Si，Mg 和 Fe 之间的相互替代（Monteiro et al., 2008）。

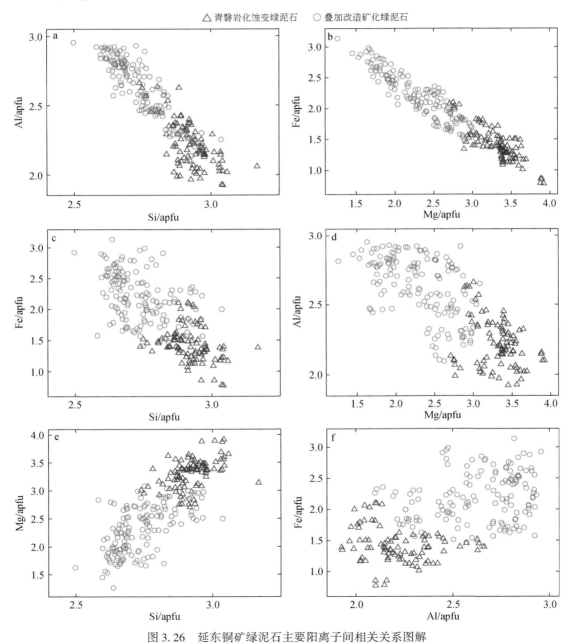

图 3.26　延东铜矿绿泥石主要阳离子间相关关系图解

LA-ICP-MS 分析表明，Chl-1 中含量最高的微量元素为 Mn，含量都在 $1000 \times 10^{-6} \sim 10000 \times 10^{-6}$ 之间，其次为 Zn、V 和 Cr，含量大部分在 $100 \times 10^{-6} \sim 1000 \times 10^{-6}$ 之间，其他元素的含量如 B、Na、K、Sc、Co、Ni、Cu、Ga、As、Rb、Ba、Sr 和 Ti 大部分都在 $1 \times 10^{-6} \sim 1500 \times 10^{-6}$ 之间，而其余元素的含量如 Y、Zr、Nb、Mo、Ag、Sn、Sb 和 REE 大部分都低于 1×10^{-6}，其中 V（$54.6 \times 10^{-6} \sim 267 \times 10^{-6}$）、Cr（$23.4 \times 10^{-6} \sim 3315 \times 10^{-6}$）、Mn（$1083 \times 10^{-6} \sim 4261 \times 10^{-6}$）、Co（$24.9 \times 10^{-6} \sim 153 \times 10^{-6}$）、Ni（$206 \times 10^{-6} \sim 1175 \times 10^{-6}$）、Cu（$0.47 \times 10^{-6} \sim 1671 \times 10^{-6}$）、Zn（$142 \times 10^{-6} \sim 949 \times 10^{-6}$）、Sr（$1.87 \times 10^{-6} \sim 460 \times 10^{-6}$）和 Ti（$13.1 \times 10^{-6} \sim 871 \times 10^{-6}$）变化范围较大。Chl-2 中含量最高的微量元素为 Mn 和 Zn，含量都在 $1000 \times 10^{-6} \sim 10000 \times 10^{-6}$ 之间，其次为 V 和 Cr，含量大部分在 $100 \times 10^{-6} \sim 1000 \times 10^{-6}$ 之间，其他元素的含量如 B、Na、K、Sc、Co、Ni、Cu、Ga、As、Rb、Ba、Sr 和 Ti 大部分都在 $1 \times 10^{-6} \sim 1000 \times 10^{-6}$ 之间，而其余元素的含量如 Y、Zr、Nb、Mo、Ag、Sn、Sb 和 REE 大部分都低于 1×10^{-6}，其中 V（$6.91 \times 10^{-6} \sim 616 \times 10^{-6}$）、Cr（$1.85 \times 10^{-6} \sim 372 \times 10^{-6}$）、Mn（$473 \times 10^{-6} \sim 8659 \times 10^{-6}$）、Co（$0.02 \times 10^{-6} \sim 159 \times 10^{-6}$）、Ni（$2.27 \times 10^{-6} \sim 1662 \times 10^{-6}$）、Cu（$0.24 \times 10^{-6} \sim 25529 \times 10^{-6}$）、Zn（$198 \times 10^{-6} \sim 3860 \times 10^{-6}$）、Sr（$0.30 \times 10^{-6} \sim 338 \times 10^{-6}$）和 Ti（$23.8 \times 10^{-6} \sim 469 \times 10^{-6}$）变化范围较大。Chl-1 和 Chl-2 中 Ga 和 V、Co 和 Ni，以及 Mn 和 Zn 都显示较好的正相关性，而 Sn 和 As 之间显示较弱的负相关性。相比较于 Chl-1，Chl-2 显示较高的 Sc、Ga、Sn、Ti、Zn 和 Mn 含量，而较低的 Cr、Ni、Co、B、Ca 和 Sr 含量（图 3.27）。

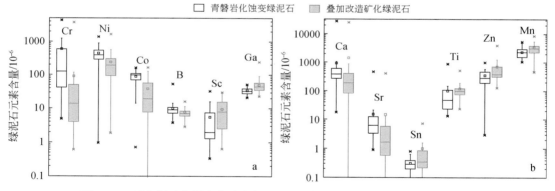

图 3.27　延东铜矿青磐岩化阶段绿泥石和叠加改造阶段绿泥石元素对比图

延东铜矿绿泥石微量元素成分分析表明 Chl-1 和 Chl-2 大部分元素在空间上显示了相似的变化规律。相对于远离矿体的绿泥石，靠近矿体的 Chl-1 和 Chl-2 的 Ti 的含量相对较高（图 3.28）。通过研究绿泥石的温度和 Ti 含量之间的关系，Wilkinson 等（2015）发现绿泥石的温度和 Ti 含量呈正相关关系。这表明延东铜矿青磐岩化阶段和叠加改造阶段的热液中心都是在矿体附近。虽然花岗闪长岩远离矿体，但是花岗闪长岩中的绿泥石也具有高的 Ti 含量，也许表明这些绿泥石与花岗闪长岩有紧密的成因联系。在 16 号剖面 ZK1602 钻孔最下面的样品也具有高的 Ti 含量，可能表明在该钻孔更深处存在着热液中心及可能的矿体。延东铜矿 Chl-1 和 Chl-2 的 V 含量也显示了与印度尼西亚巴都希贾乌斑岩铜-金矿床一致的变化规律，即越靠近矿体，V 的含量越高（图 3.29）。而与 Batu Hijau 不一致的是，越远离矿体，Chl-1 的 Zn 含量反而越低；虽然不如 Chl-1 规律那么明显，Chl-2 Zn 含量高的样品也常常在矿体之上或附近。相对于其他勘探线剖面，在 7 号线剖面中的样品基本都含有高的 Zn 含量。因此，绿泥石中的 Zn 是否可以如 Batu Hijau 中作为远矿指示元素可能还存在疑问。另外，延东铜矿的 Chl-1 和 Chl-2 的 As、Sc 和 Cu 元素也是越靠近矿体，

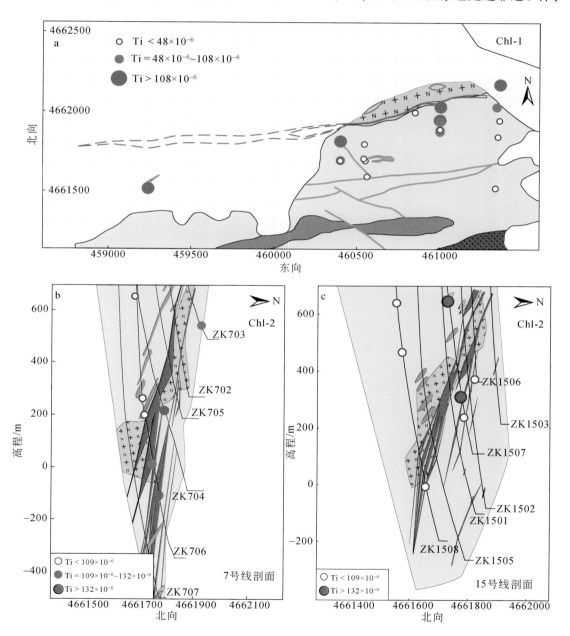

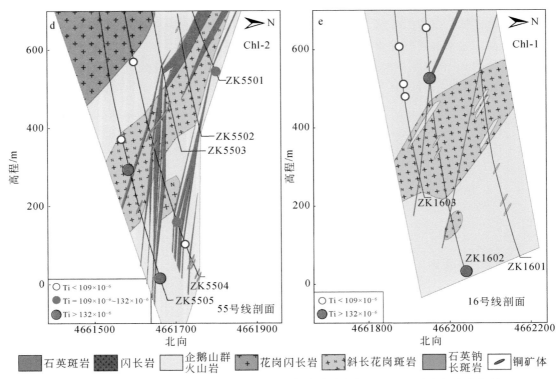

图 3.28　延东铜矿青磐岩化阶段绿泥石和叠加改造阶段绿泥石 Ti 元素空间变化规律

含量越高，Chl-2 的 Au 和 Sn 一般在矿体之上或附近时，含量较高，而远离矿体时常常低于检测线，而 Chl-1 的 Au 和 Sn 变化规律不明显，这些变化规律与 Batu Hijau 不同。在 Wilkinson 等（2015）研究中，大离子亲石元素（K、Ca、Sr 和 Ba）含量越远离矿体越低，然而本次研究中，Chl-1 和 Chl-2 的 K、Ca、Sr 和 Ba 空间变化规律不明显，这或许与这些大离子亲石元素易受到后期热液活动影响有关。

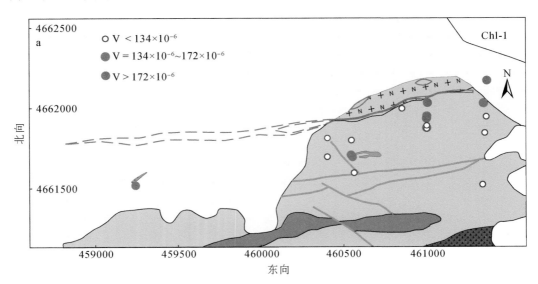

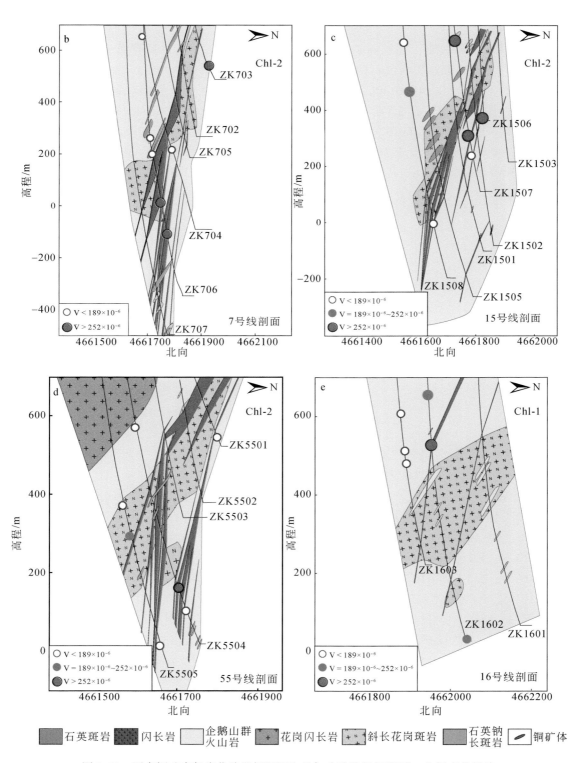

图 3.29 延东铜矿青磐岩化阶段绿泥石和叠加改造阶段绿泥石 V 空间变化规律

3. 延东铜矿绿帘石地球化学特征与空间变化规律

电子探针分析表明，延东铜矿青磐岩化阶段绿帘石（Ep-1）和叠加改造阶段绿帘石（Ep-2）介于斜黝帘石和绿帘石两个端元之间（图 3.30），Ep-1 的 X_{ps} 值为 0.18 ~ 0.40，而 Ep-2 的 X_{ps} 值为 0.14 ~ 0.40，两种绿帘石的 SiO_2 和 CaO 含量都相对集中，而 Al_2O_3 和 FeO 变化范围较大。Ep-1 的化学组成为：SiO_2 31.92% ~ 41.16%，Al_2O_3 18.43% ~ 28.19%，FeO 6.36% ~ 17.54% 和 CaO 16.75% ~ 23.70%；Ep-2 的化学组成为：SiO_2 28.99% ~ 39.84%，Al_2O_3 19.90% ~ 29.90%，FeO 6.75% ~ 15.77% 和 CaO 19.00% ~ 23.63%，两种绿帘石的 Cr_2O_3、MnO、K_2O、TiO_2、P_2O_5 和 Na_2O 均较低，这些特征表明两种绿帘石主量元素差别不大。

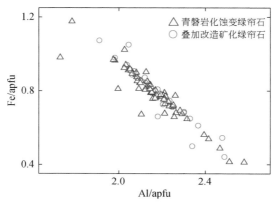

图 3.30　延东铜矿绿帘石 Fe 和 Al 关系图解

LA-ICP-MS 分析表明，Ep-1 中含量最高的微量元素为 Mn 和 Sr，含量分别在 500×10^{-6} ~ 8000×10^{-6} 和 600×10^{-6} ~ 7000×10^{-6} 之间，其他元素的含量如 B、Na、K、Sc、Ti、V、Cr、Co、Ni、Cu、Zn、Ga、As、Y、Zr、Sn、Sb、Ba、Pb、Hf 和 REE 含量大部分在 1×10^{-6} ~ 2000×10^{-6} 之间，其余元素的含量如 Ag、Mo、Nb、Au、Tl、Bi、Th 和 U 大部分都低于 1×10^{-6}，其中 Sc（1.04×10^{-6} ~ 267×10^{-6}）、V（118×10^{-6} ~ 736×10^{-6}）、Cr（3.76×10^{-6} ~ 2358×10^{-6}）、Cu（0.04×10^{-6} ~ 654×10^{-6}）、Zn（0.91×10^{-6} ~ 204×10^{-6}）、As（1.67×10^{-6} ~ 656×10^{-6}）、Y（1.09×10^{-6} ~ 276×10^{-6}）、Zr（1.03×10^{-6} ~ 244×10^{-6}）、Sb（0.33×10^{-6} ~ 391×10^{-6}）、Ba（0.95×10^{-6} ~ 342×10^{-6}）以及 REE（1×10^{-6} ~ 2000×10^{-6}）等元素的变化范围较大。Ep-2 中含量最高的微量元素也是 Mn 和 Sr，含量分别在 658×10^{-6} ~ 4063×10^{-6} 和 1640×10^{-6} ~ 7737×10^{-6} 之间，其他元素的含量如 B、Na、K、Sc、Ti、V、Cr、Co、Ni、Cu、Zn、Ga、As、Y、Zr、Sn、Sb、Ba、Pb、Hf 和 REE 含量大部分在 1×10^{-6} ~ 2000×10^{-6} 之间，其余元素的含量如 Ag、Mo、Nb、Au、Tl、Bi、Th 和 U 大部分都低于 1×10^{-6}，其中 Sc（2.75×10^{-6} ~ 138×10^{-6}）、V（127×10^{-6} ~ 841×10^{-6}）、Cr（0.55×10^{-6} ~ 1407×10^{-6}）、Cu（0 ~ 12350×10^{-6}）、Zn（1.49×10^{-6} ~ 131×10^{-6}）、As（5.34×10^{-6} ~ 711×10^{-6}）、Y（19.1×10^{-6} ~ 788×10^{-6}）、Zr（0.05×10^{-6} ~ 119×10^{-6}）、Sb（0.54×10^{-6} ~ 1180×10^{-6}）以及 REE（20×10^{-6} ~ 2000×10^{-6}）等元素的变化范围较大。相比较于 Ep-1，Ep-2 有着更高

的 Sn、Y、Ga、Ag、U、Y、Cu 和 Sr，和较低的 B、Zr、Ba 和 Ti（图 3.31）。

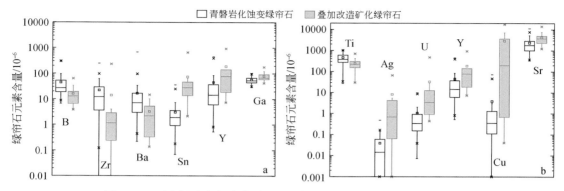

图 3.31　延东铜矿青磐岩化阶段和叠加改造阶段绿帘石元素对比图

由于此次研究中叠加改造期绿帘石不太发育，而且基本都集中在矿体之上或者附近，空间分布比较局限，元素空间变化规律也不太明显。因此，这里我们主要探讨了青磐岩化期绿帘石（Ep-1）元素空间变化规律。延东铜矿绿帘石 LA-ICP-MS 分析表明，地表样品中 Ep-1 Ti 元素表现了比较好的空间变化规律，一般在靠近矿体附近较高（图 3.32a），而 Sc 元素则是靠近矿体附近含量较低，菲律宾 Bugio 地区斑岩–夕卡岩矿床也没有表现出这些类似规律（图 3.32b）。地表样品中 Ep-1 Zr 元素是靠近矿体附近含量较低，远离矿体则较高，而菲律宾 Bugio 地区斑岩–夕卡岩矿床在黄铁矿蚀变晕边缘的绿帘石 Zr 含量最高（图 3.32c）。地表样品中 Ep-1 Sb 元素也是靠近矿体附近含量较低，远离矿体则较高，这与菲律宾 Bugio 地区斑岩–夕卡岩矿床类似（图 3.32d）。以上这些规律在延东铜矿 7 勘探

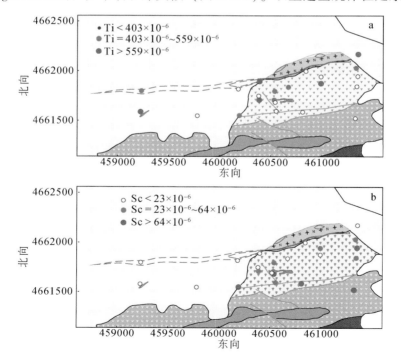

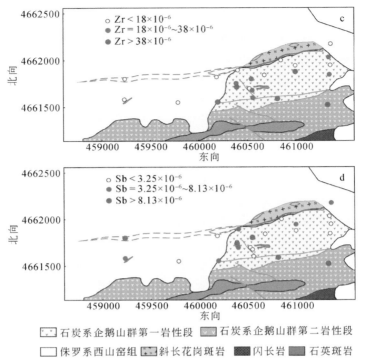

图 3.32　延东铜矿青磐岩化绿帘石 Ti、Sc、Zr 和 Sb 元素空间变化规律

线剖面、15 号勘探线剖面、55 勘探线剖面和 16 勘探线剖面上不明显，这可能与后期的叠加改造作用相关。在 Cooke 等（2014）研究中，菲律宾 Bugio 地区斑岩-夕卡岩矿床中青磐岩化蚀变相关的绿帘石在钾化带附近具有最高的 Cu、Mo、Au 和 Sn 含量，而 As、Pb、Zn 和 Mn 含量远离矿体 1.5 km 最高，这些规律在延东矿床中并不明显。

4. 土屋铜矿矿床地质与蚀变特征

土屋铜矿位于延东铜矿东北方向约 6 km 处，矿区出露侏罗系西山窑、企鹅山群第一、第二、第三、第四和第五岩性段（图 3.33）。大约 70% 铜矿体分布在企鹅山群地层中，另外约 30% 的铜矿体分布在斜长花岗斑岩中（图 3.34）。矿区共圈出 3 个铜矿体，呈透镜体状，在平面上呈右行斜列状分布。3 个矿体上部均为氧化性矿石，深度可达 80 ~ 120 m，倾角为 60°~80°，氧化矿下面为原生矿石，最大斜深可达 755 m，倾角为 70°~83°，铜品位为 0.3% ~ 1.0%。矿体与围岩之间并没有明显的边界，呈渐变过渡关系。矿石为中-细粒半自形至他形粒状结构，局部为中粗粒结构；矿石构造以细脉浸染状、细脉状为主，局部呈团块状。

矿石金属矿物以黄铜矿、黄铁矿为主，偶见少量斑铜矿、铜蓝和辉钼矿。黄铁矿主要发育在矿体顶底板，在主矿体中基本无黄铁矿存在。脉石矿物以石英、绢云母为主，其次为绿泥石、绿帘石、长石、黑云母和碳酸盐矿物等。矿区蚀变类型齐全，蚀变分带明显，有绿泥石化、黑云母化、绢-白云母化、硅化、绿帘石化、钠长石化、碳酸盐化等，黑云母带基本分布在主矿体内部。自中心向两侧可依次划分出强硅化带、黑云母带、石英-绢云母带和青磐岩化带。

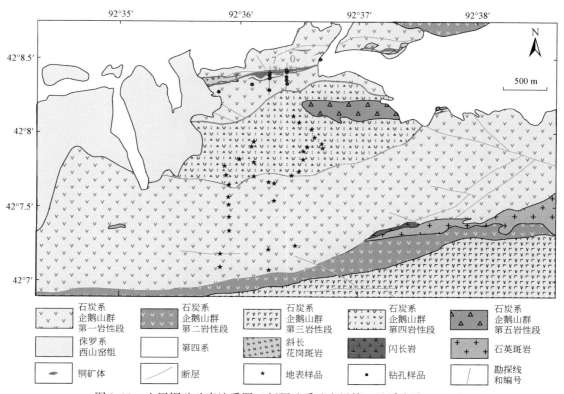

图 3.33 土屋铜矿矿床地质图（新疆地质矿产局第一地质大队，2012）

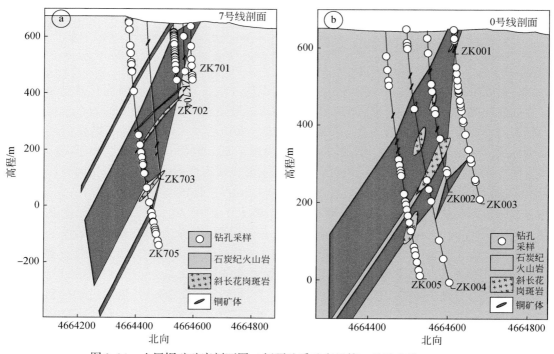

图 3.34 土屋铜矿矿床剖面图（新疆地质矿产局第一地质大队，2012）

　　根据脉次穿插关系、蚀变矿物组合、矿物共生关系以及蚀变矿物 SWIR 分析，与延东铜矿相似，土屋铜矿的成矿期次，从早到晚依次为斑岩成矿期、叠加改造期和表生期，但铜矿化主要发生在叠加改造期和斑岩成矿期（图 3.35）。

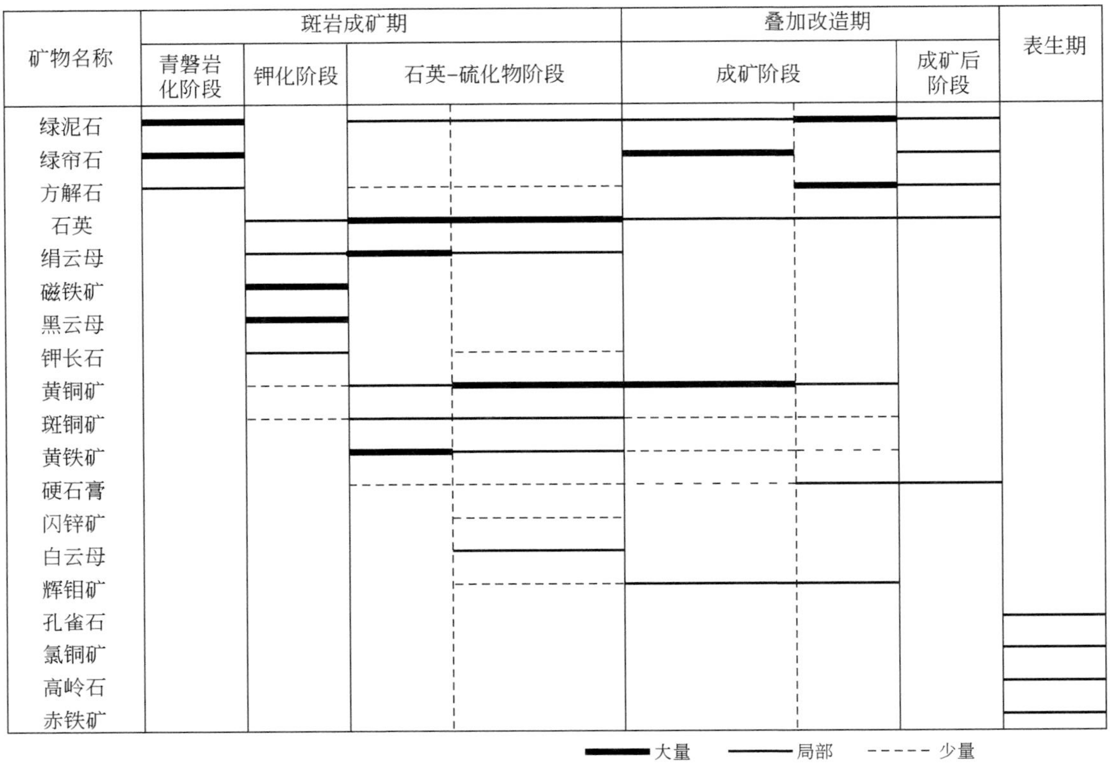

矿物名称	斑岩成矿期			叠加改造期		表生期
	青磐岩化阶段	钾化阶段	石英–硫化物阶段	成矿阶段	成矿后阶段	
绿泥石						
绿帘石						
方解石						
石英						
绢云母						
磁铁矿						
黑云母						
钾长石						
黄铜矿						
斑铜矿						
黄铁矿						
硬石膏						
闪锌矿						
白云母						
辉钼矿						
孔雀石						
氯铜矿						
高岭石						
赤铁矿						

　━━━ 大量　　　──── 局部　　　----- 少量

图 3.35　土屋铜矿成矿期次表

　　斑岩成矿期：该期包括青磐岩化、钾化和绢英岩化三个阶段。青磐岩化是土屋矿区最早的热液蚀变，在整个矿区都有发育，在矿体附近最强烈。发生该蚀变的岩石主要是企鹅山群火山岩地层，原岩为玄武岩、玄武–安山岩、安山岩及火山碎屑岩，蚀变后的岩石常呈绿色或深绿色（图 3.36a）。蚀变矿物主要为绿帘石、绿泥石、方解石和石英。青磐岩化表现形式有弥散状和脉状。弥散状青磐岩化主要表现为企鹅山群火山岩中暗色矿物被绿泥石、绿帘石、方解石和石英等矿物取代（图 3.36b）；脉状主要表现为石英+绿帘石脉、方解石脉、石英脉、绿泥石脉等发育在企鹅山群火山岩地层中，该阶段硫化物基本不发育。土屋铜矿钾化阶段较为发育，主要分布在企鹅山群火山岩和斜长花岗斑岩中，主要表现为企鹅山群火山岩发生磁铁矿+黑云母化（图 3.36c），而斜长花岗斑岩斜长石被钾长石替代（图 3.36d 和 e），并发育石英+磁铁矿+黑云母脉和石英+钾长石±黄铜矿±斑铜矿脉。该阶段的黑云母被后期蚀变叠加，常发生绿泥石蚀变（图 3.36c），呈绿色和棕色，但依然保留着黑云母的晶形。绢英岩化阶段主要矿物有石英、黄铜矿、绢云母、黄铁矿等，并有少量的方解石、硬石膏、闪锌矿、绿泥石、白云母及斑铜矿等。该阶段可以细分为早、晚两个亚阶段。早绢英岩化阶段主要见于地层围岩中，以大量出现黄铁矿、绢云母等为特征（图 3.36f），并伴生有绿泥石、石英及少量的黄铜矿、斑铜矿。晚绢英岩化阶段以大量出现网脉状石英+黄铜矿、石英+黄铜矿±黄铁矿脉及石英+黄铁矿+黄铜矿脉为特征，且脉体常常切穿早阶段形成的黄铁绢英岩，使其呈角砾状分布在脉体之间（图 3.36g）。从矿体内部向外，逐渐由石英+黄铜矿脉过渡为石英+黄铁矿脉。部分石英脉样品中可见到微斜长石、黄铜矿及绿泥石等。

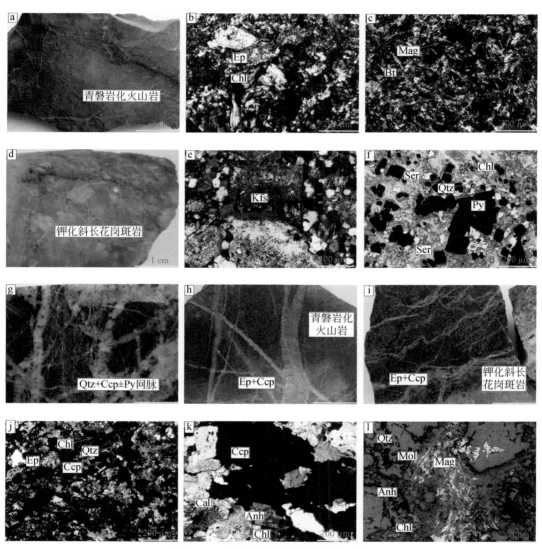

图 3.36　土屋铜矿手标本及镜下照片

a. 青磐岩化玄武岩；b. 玄武岩中暗色矿物被绿泥石+绿帘石替代；c. 磁铁矿+黑云母化火山岩；d. 钾化斜长花岗斑岩；e. 斜长花岗斑岩斜长石被钾长交代；f. 黄铁绢英岩化；g. 石英+黄铜矿±黄铁矿网脉；h. 绿帘石+黄铜矿脉穿切青磐岩化火山岩；i. 绿帘石+黄铜矿脉穿切钾化斜长花岗斑岩；j. 浸染状绿帘石+石英+绿泥石+黄铜矿；k. 黄铜矿+硬石膏+绿泥石+方解石脉；l. 绿帘石+辉钼矿+硬石膏交代早期的石英+磁铁矿脉。矿物缩写：Anh. 硬石膏；Cal. 方解石；Ccp. 黄铜矿；Chl. 绿泥石；Ep. 绿帘石；Mag. 磁铁矿；Mol. 辉钼矿；Py. 黄铁矿；Qtz. 石英；Ser. 绢云母；Bt. 黑云母；Kfs. 钾长石

　　叠加改造期可分为成矿阶段及成矿后阶段。成矿阶段也可细分为早、晚两个亚阶段。早阶段以出现大量的绿帘石、黄铜矿及少量的石英、白云母、绿泥石为特征，主要分布在围岩中（图3.36h），黄铜矿主要以绿帘石+黄铜矿±绿泥石±石英±白云母脉的形式出现，并可见到脉体切过青磐岩及钾化斜长花岗斑岩（图3.36h和j）。此外，黄铜矿也可以浸染状、细脉浸染状的形式产出，并与绿帘石、绿泥石、石英等矿物共生（图3.36j）。晚阶段矿物以黄铜矿+硬石膏+绿泥石+方解石组合为主（图3.36k），主要出现在岩体中，常常呈脉状切穿前期形成的矿脉，也常见其呈浸染状叠加于绢英岩化之上。土屋矿区辉钼矿化主要形成于叠加改造期，呈细脉状、浸染状产出。成矿后该阶段矿物有绿帘石、绿泥石、方解石、石英及硬石膏等，呈脉状产出，矿物自形程度较好。土屋铜矿辉钼矿主要产于叠加改造期（图3.36i），以细脉状或浸染状产出。

　　表生期主要的矿物有高岭石、氯铜矿、孔雀石及赤铁矿等。在土屋铜矿区，地表附近矿体发生较强的高岭石化，矿石呈灰白色。

5. 土屋铜矿绿泥石地球化学特征与空间变化规律

　　青磐岩化阶段的绿泥石（Chl-1）：SiO_2 25.1% ~ 32.0%，Al_2O_3 13.7% ~ 22.4%，FeO 2.9% ~24.3%，MgO 16.0% ~33.2%，Fe/（Fe+Mg）值为0.05 ~0.43。与Chl-1比较，土屋铜矿叠加改造阶段的绿泥石（Chl-2）显示较低的SiO_2（23.6% ~29.2%）和MgO（9.8% ~25.6%），以及较高的FeO（13.5% ~33.3%）、Al_2O_3（16.5% ~22.7%）和Fe/（Fe+Mg）值（0.23 ~0.66）。两种绿泥石的Cr_2O_3、TiO_2、CaO、K_2O、P_2O_5和Na_2O含量均较低。所有绿泥石分析结果以14个氧原子作为标准计算绿泥石的结构式。在绿泥石分类图解中（Deer et al., 1962），土屋铜矿 Chl-1 也主要落在密绿泥石区域，而 Chl-2 也主要落在蠕绿泥石（铁绿泥石）和密绿泥石区域。在主要阳离子间相关关系图解中，Chl-1 和 Chl-2 中 Al 和 Si，以及 Mg 和 Fe 也显示非常好的线性关系，反映了 Al 和 Si，Mg 和 Fe 之间的相互替代。在本次研究中，采用 Cathelineau（1988）的研究成果进行绿泥石温度计算，Chl-1 的形成温度范围为196 ~384 ℃，峰值在300 ℃左右，而 Chl-2 的形成温度范围为271 ~413 ℃，峰值在330 ℃左右，二者存在明显区别。

　　LA-ICP-MS 分析表明，Chl-1 中含量最高的微量元素为 Mn，含量都在 $1000×10^{-6}$ ~ $10000×10^{-6}$ 之间，其他元素的含量如 Li、B、Na、K、Sc、Ti、V、Cr、Co、Ni、Cu、Zn、Ga、As、Rb、Sr、Sn 和 Ba 大部分都在 $1×10^{-6}$ ~ $1000×10^{-6}$ 之间，而其他元素如 Y、Zr、Nb、Mo、Ag、Cd、Sb、REEs、Ta、W、Au、Bi、Pb、Th 和 U 都低于检测线或者在检测线附近。虽然青磐岩化期和叠加改造期的绿泥石形成在不同热液阶段，但这两种绿泥石大部分元素的含量是相似的。相对于叠加改造期的绿泥石，青磐岩化阶段的绿泥石有着更高的 B、Cr、Co、Ni 和 Sn 含量（图3.37）。青磐岩化期和叠加改造期的绿泥石 K 与 Rb、Zn 与 Mn、Ga 与 V、Zn 与 Li 以及 Sc 与 V 之间都显示正相关关系。此外，青磐岩化期的绿泥石的 Co 与 Li 以及 Co 与 Mn 之间都显示较好的正相关关系，而 Ti 与 Mn 和 V 与 Li 之间显示较好的负相关关系，而叠加改造期的绿泥石这些元素的相关关系不明显（图3.38）。

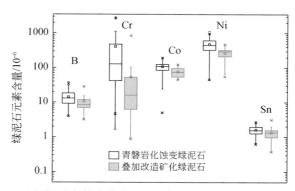

图 3.37　土屋铜矿青磐岩化阶段和叠加改造阶段绿泥石元素对比图

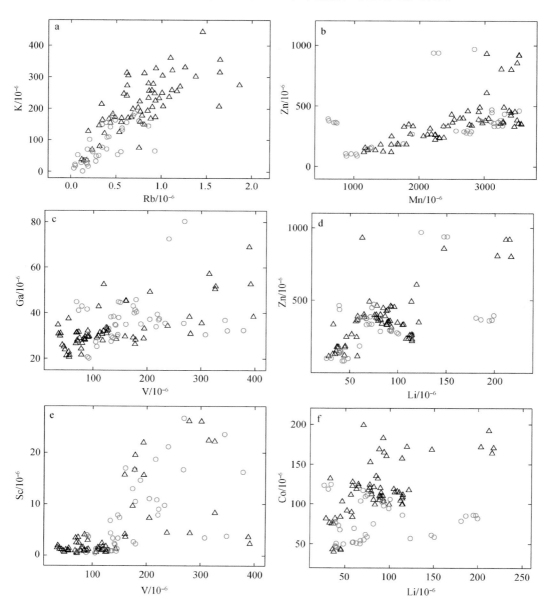

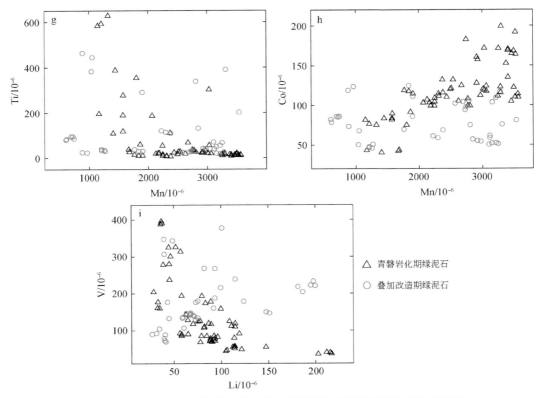

图 3.38　土屋铜矿青磐岩化与叠加改造阶段绿泥石微量元素相关关系图解

　　土屋铜矿叠加改造阶段的绿泥石主要发育在铜矿体附近或者之上，因此，只探讨了土屋铜矿青磐岩化阶段的绿泥石的空间变化规律。在距离矿体 1.2 km 的范围内，相对于远离矿体的绿泥石，靠近矿体的绿泥石明显要更加亏损 Li、Mn、Sr 和 Zn，这些规律与年轻斑岩系统（巴都希贾乌和埃尔特尼恩特）一致但控制的范围相较于年轻的斑岩系统要短。在距离土屋矿体 1.2 km 的范围内，随着远离矿体，土屋铜矿青磐岩化阶段的绿泥石 Ti 和 V 的含量逐渐降低，这些规律与年轻的斑岩系统和延东铜矿是一致的，但控制的范围相较于年轻的斑岩系统要短。与年轻的斑岩系统不一致的是，土屋青磐岩化阶段的绿泥石 Sc 和 Ga 显示了与 Ti 和 V 一致的变化规律，这是在年轻的斑岩系统和延东铜矿所没有发现的。此外，在土屋和延东铜矿中，青磐岩化阶段的绿泥石的 K、Ca、Ba、Co、Ni 和 Pb 并没有显示出明显的空间变化规律，这也与年轻的斑岩系统不同。

　　基于微量元素与形成温度以及与矿体距离之间的关系，土屋青磐岩化阶段的绿泥石的微量元素可以分为五组：①Li、Sr、Mn 和 Zn，这些元素与绿泥石的形成温度呈负相关关系，与绿泥石距离矿体之间的距离呈正相关关系；②Sc、V、Ti 和 Ga，这些元素与绿泥石的形成温度呈正相关关系，与绿泥石距离矿体之间的距离呈负相关关系；③B、K、Ca、Co、Ni、Rb、Cs 和 Ba，这些元素与绿泥石的形成温度呈正相关关系，而与绿泥石距矿体之间的距离关系不明显；④Na、Cr、Cu 和 Y，这些元素随着绿泥石的形成温度升高先升高后降低，而与绿泥石距矿体之间的距离关系不明显；⑤Sn 和 Pb 与绿泥石的形成温度和绿泥石距矿体之间的距离关系都不明显（图 3.39 和图 3.40）。这些特征表明，绿泥石的部

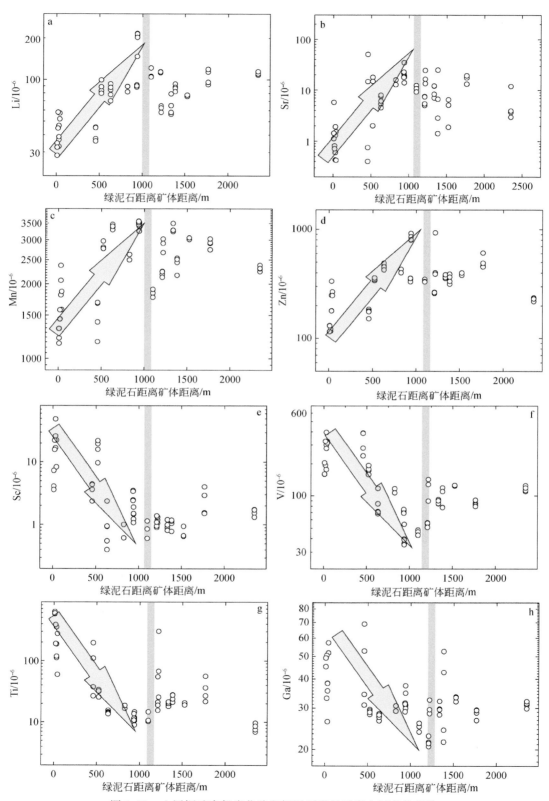

图 3.39　土屋铜矿青磐岩化阶段绿泥石微量元素空间变化规律

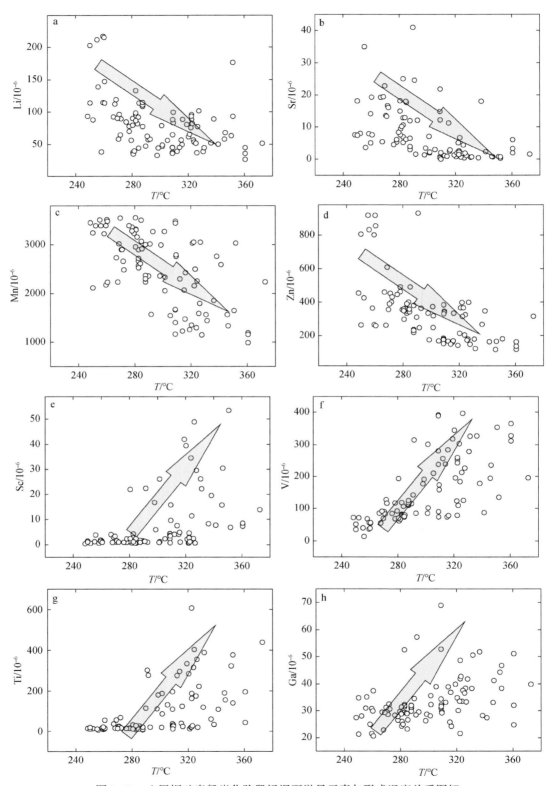

图 3.40 土屋铜矿青磐岩化阶段绿泥石微量元素与形成温度关系图解

分微量元素主要受到温度的控制，如 Li、Sr、Mn、Zn、Sc、V、Ti 和 Ga，所以才会在空间上随着绿泥石远离矿体（也就是岩体）显示出规律的变化，而绿泥石另外一些元素如 B、K、Ca、Co、Ni、Rb、Cs 和 Ba 不仅仅受绿泥石形成温度的控制，还受其他因素控制，而绿泥石其他元素如 Na、Cr、Cu、Y、Sn 和 Pb 可能不受绿泥石的形成温度的控制。遗憾的是，关于绿泥石实验方面的工作还比较少见，目前有人发现绿泥石的 Li 在 120 ℃ 的时候为 105×10^{-6}，而在 350 ℃ 的时候降到 45×10^{-6}，这与本书的发现是一致的。

土屋铜矿青磐岩化阶段的绿泥石微量元素的空间变化仅仅控制在 1.2 km 的范围内，相较于年轻的斑岩系统明显要短。在土屋矿区图中，我们发现在距离土屋矿体 1.2 km 的地方，刚好存在一条东西向的断裂，因此，很可能这条断裂也影响了绿泥石微量元素的空间变化。土屋铜矿和延东铜矿虽然相距不远，矿床成因也相似，但是相对于土屋铜矿，延东铜矿经历了更强的后期叠加改造作用。因而，相对于延东铜矿，土屋铜矿青磐岩化阶段的绿泥石空间变化规律与年轻的斑岩系统有更多的相似性。总的来说，虽然土屋铜矿和延东铜矿遭受了后期的叠加改造作用，但是这两个矿床青磐岩化阶段的绿泥石的 Ti 和 V 还是显示出与年轻的斑岩系统一致的规律，这表明绿泥石的 Ti 和 V 的空间变化规律还是可以应用于古老斑岩矿床的找矿勘查中。

3.2.5 福建紫金山矿田西南铜-钼矿段

1. 矿床地质与蚀变特征

福建紫金山矿田位于华夏板块的东南缘（图 3.41a），是我国最典型的斑岩-浅成低温热液成矿系统（So et al., 1998；黄文婷等，2013；Zhong et al., 2014）。截至 2013 年底，矿区内的金金属量为 400 t（品位约 0.3 g/t），铜金属量约 400×10^4 t（品位约 0.4%）以及钼金属量 11×10^4 t（品位约 0.032%）。矿田发育的矿床类型主要有四种：斑岩型、高硫型浅成低温热液型、中低硫型浅成低温热液和斑岩-高硫型叠加型。主要实例包括：①斑岩型矿床有罗卜岭铜-钼矿床（铜金属量 1.4 Mt @ 0.3%，钼金属量 0.11 Mt @ 0.039%；张锦章，2013）和西南铜-钼矿段（目前铜金属量 0.02 Mt @ 0.2%，还有少量钼）；②高硫型浅成低温热液矿床有紫金山金-铜矿床（金金属量 300 t，铜金属量 2 Mt；钟军，2014）；③中低硫型浅成低温热液矿床有悦洋银-金-铜多金属矿床（银金属量 1300 t，铜金属量 0.039 Mt，金 8000 kg；张锦章，2013）；④斑岩-高硫型叠加矿床有东南铜-钼矿段、五子骑龙铜矿床、龙江亭铜矿床和二庙沟铜矿床等（陈静等，2011，2015）。

西南铜-钼矿段是紫金山矿田内最新发现的矿床（图 3.41b），最新钻孔资料显示其具有斑岩型矿床的矿化蚀变特征，可作为矿田内斑岩矿床另一个理想的研究对象。西南铜-钼矿段位于福建紫金山矿田的中南部，距离紫金山金-铜矿床西南侧约 2 km 处，是矿田中最新发现的铜-钼矿化点，当前初步勘查获得铜金属量约 2×10^4 t（品位约 0.2%），并伴生有钼矿化。矿区出露的地层包括震旦纪楼子坝群和早白垩世石帽山群，震旦纪楼子坝群主要出露于矿区北部，早白垩世石帽山群地层主要零星分布于矿区的南部地区。矿区主要位于宣和复式背斜的轴部，区内广泛发育 NE 和 NW 向断裂系统，其中 NW 向断裂是西南矿段的主要控矿与导矿构造。

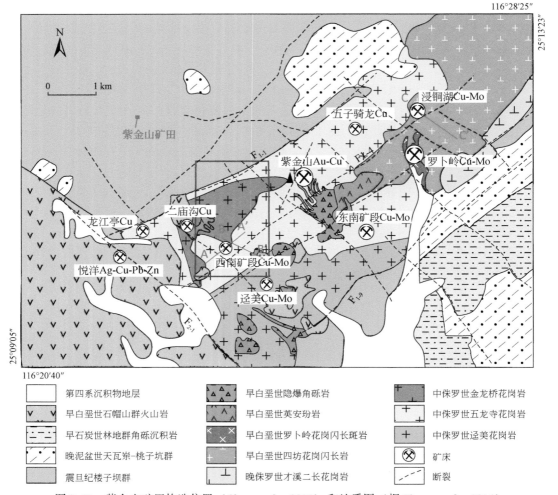

图 3.41　紫金山矿田构造位置（Chen et al.，2007）和地质图（据 Zhong et al.，2014）

矿区侵入岩为紫金山复式花岗岩、二长花岗岩、（细粒）花岗闪长斑岩和中酸性脉岩。紫金山复式花岗岩含三类岩相（迳美中粗粒花岗岩、五龙寺中细粒花岗岩和金龙桥细粒花岗岩），主要就位于矿区的浅部地区；二长花岗岩主要发育在矿区的深部；花岗闪长斑岩是西南矿段的成矿岩体，沿着紫金山复式花岗岩与二长花岗岩的接触薄弱带呈小岩枝状水平侵位，在花岗闪长斑岩的中心部位发育粒度较细的（小于 2 mm）细粒花岗闪长斑岩（矿化弱）。另外，脉岩为英安玢岩、闪长玢岩、花岗细晶岩和花岗斑岩等，脉岩均为成矿期后形成，穿切区内中侏罗世岩体（图 3.42）。

西南矿段的矿体主要集中发育在花岗闪长斑岩中，矿化主要以浸染状和细脉浸染状见于钻孔 ZK1127、ZK729、ZK327 和 ZK325，但未能连成一个矿体，规模较小，品位低。西南矿段的矿石矿物主要为黄铁矿、黄铜矿、辉钼矿、磁铁矿，其次为斑铜矿、方铅矿、闪锌矿，少量锌砷黝铜矿等；脉石矿物主要为白云母、蒙脱石、伊利石、石英、迪开石和高岭石，其

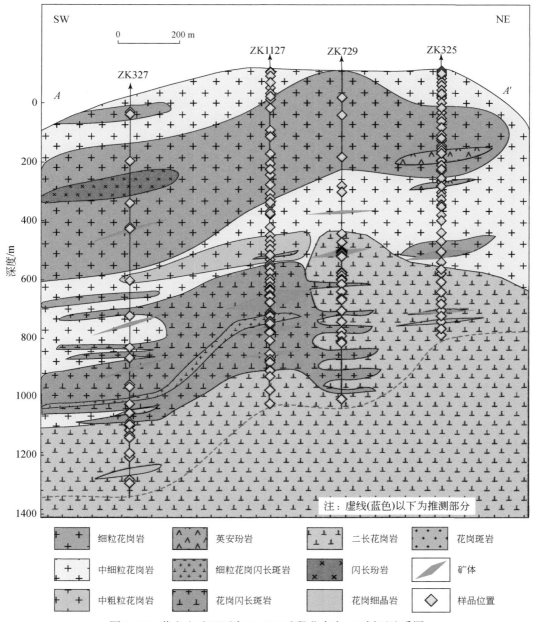

图 3.42　紫金山矿田西南 Cu-Mo 矿段北东向 AA′剖面地质图

图例：细粒花岗岩、英安玢岩、二长花岗岩、花岗斑岩、中细粒花岗岩、细粒花岗闪长斑岩、闪长玢岩、矿体、中粗粒花岗岩、花岗闪长斑岩、花岗细晶岩、样品位置

注：虚线(蓝色)以下为推测部分

次为绿泥石、绿帘石、硬石膏、石膏、钾长石、黑云母及方解石，少量明矾石和叶蜡石。矿石结构为半自形-他形、叶片状和板状结构；矿石构造为浸染状、细脉浸染状和脉状。

　　西南矿段成矿期次可以划分为五个期（图 3.43），分别为（早期）绢英岩期、斑岩矿化期、浅成低温热液叠加期、成矿后期脉和表生期，其中，斑岩矿化期可分为钾硅酸盐化阶段、青磐岩化阶段和（晚期）绢英岩化阶段；浅成低温热液叠加期主要为泥化-高级泥化蚀变。

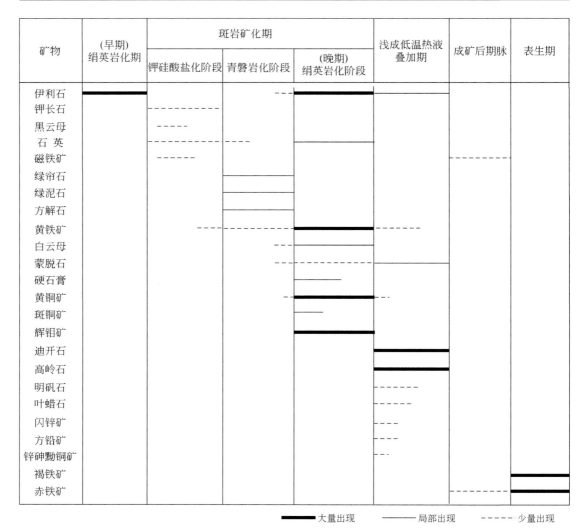

图 3.43　西南 Cu-Mo 矿段蚀变矿化期次

　　（早期）绢英岩化期发育在中侏罗世紫金山复式花岗岩体中，主要蚀变矿物为白云母族矿物，交代花岗岩中的斜长石，可见（晚期）绢英岩化阶段中的白云母包裹早期细粒伊利石集合体。斑岩成矿期钾硅酸盐化阶段蚀变在矿区发育较少，仅在局部或显微镜下可见钾化残留。钾硅酸盐化阶段主要发育钾长石和热液黑云母，可见面状钾化蚀变的钾长石被后期青磐岩化阶段中的绿帘石（含少量硬石膏）脉穿切，另外局部钾化蚀变的钾长石被（晚期）绢英岩化阶段的白云母叠加，细粒不规则的热液黑云母与磁铁矿共生，并沿着斜长石边部对其交代，少量黑云母已蚀变成绿泥石。青磐岩化阶段蚀变主要发育在深部二长花岗岩中，以绿泥石、绿帘石、方解石等矿物组合为特征，常被（晚期）绢英岩化阶段矿物叠加。（晚期）绢英岩化阶段蚀变与西南矿段矿化密切相关，主要发育在花岗闪长斑岩中，其次发育在与花岗闪长斑岩接触的紫金山复式花岗岩和二长花岗岩中。（晚期）绢英岩化阶段主要发育白云母、伊利石、石英、黄铁矿、黄铜矿和辉钼矿，同时该阶段还共生有少量斑铜矿、硬石膏和蒙脱石。浅成低温热液叠加期蚀变主要发育在矿区浅部的紫金山复式花岗岩中，其中，高级泥化蚀变发育较局限，星点状分布，特征矿物为叶蜡石和明矾石，有少量伊利石共生，可见高级泥化蚀变的叶蜡石+伊利石组合呈脉状穿切了（晚期）绢英岩化蚀变的紫金山复式花岗岩；泥化蚀变广泛发育，特征矿物以迪开石、高岭石、伊利石为主，另外还有少量黄铁矿、黄铜矿、闪锌矿、方铅矿、锌砷黝铜矿和蒙脱石，可见该阶段的闪锌矿叠加在（晚期）绢英岩化阶段的黄铜矿和白云母+伊利石+石英之上，虽然高级泥化蚀变有可能是在泥化之后叠加，但目前所观察到的证据并不足以证明这一点，故而将泥化蚀变与高级泥化蚀变统一作为浅成低温热液叠加期。成矿后期脉阶段主要发育赤铁矿（少量磁铁矿）脉，少量局部发育在钻孔中，镜下呈针状，穿切绢英岩化阶段中石英+黄铁矿±黄铜矿脉。表生期主要发育在矿区的最浅部，主要为紫金山复式花岗岩中的黄铁矿氧化形成褐铁矿和赤铁矿。

　　西南铜-钼矿段围岩蚀变由深到浅划分为：青磐岩化带、绢英岩化带、高级泥化-泥化带和氧化带（图 3.44），其中高级泥化-泥化带包括绢云母化带、迪开石-高岭石化带和少量叶蜡石-明矾石化带。青磐岩化带中的主要矿物组合为绿泥石、绿帘石、方解石，含少量伊利石、黄铁矿等；绢英岩化带中以石英、白云母、伊利石、黄铁矿为主，含少量绿泥石和硬石膏；高级泥化-泥化带中的绢云母化蚀变带以伊利石和黄铁矿为主，含少量白云母和硬石膏；迪开石-高岭石化带以迪开石、高岭石为主，含少量伊利石和蒙脱石。

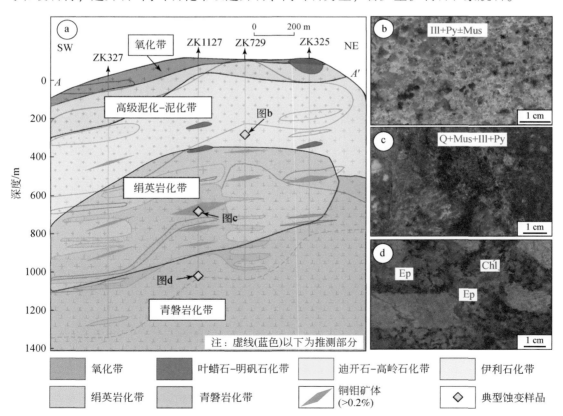

图 3.44　西南 Cu-Mo 矿段北东向剖面（AA′）蚀变分带图

Chl. 绿泥石；Ep. 绿帘石；Ill. 伊利石；Mus. 白云母；Py. 黄铁矿；Q. 石英

2. 西南铜–钼矿段蚀变矿物 SWIR 特征与空间变化规律

SWIR 波谱测试在西南矿段钻孔样品中共识别出 11 种蚀变矿物，分别为伊利石、白云母、蒙脱石、高岭石、迪开石、明矾石、叶蜡石、绿泥石、绿帘石、方解石和石膏。其中伊利石、白云母和绿泥石尤为发育。

以西南矿段北东向剖面为例，绢云母族矿物（伊利石、白云母和少量蒙脱石）主要分布在矿区的浅部地区，发育在紫金山复式花岗岩和花岗闪长斑岩中，高岭石、迪开石、明矾石和叶蜡石主要零星不连续分布在矿区浅部（小于 400 m），绿泥石和绿帘石主要分布在矿区的深部（大于 650 m，主要发育在二长花岗岩中，少量发育在花岗闪长斑岩中）。总体上呈现出，浅部为伊利石+白云母+蒙脱石为主的矿物组合，深部为绿泥石+绿帘石+伊利石为主的矿物组合（图 3.45）。

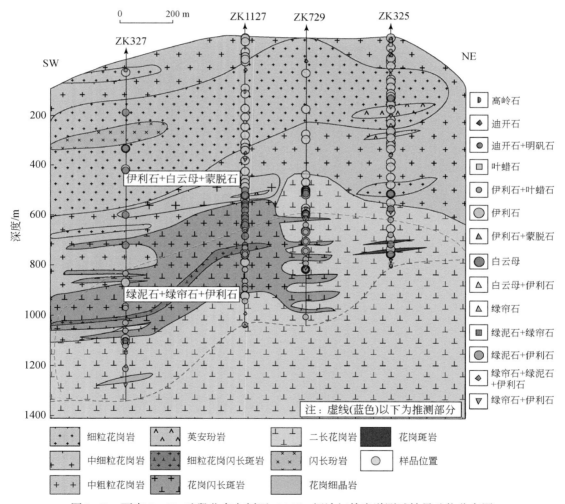

图 3.45　西南 Cu-Mo 矿段北东向剖面（AA'）短波红外光谱测试结果矿物分布图

白云母族矿物（伊利石、白云母和少量蒙脱石）在西南矿段广泛分布，属于含水硅酸盐矿物，分子式为（K，H_3O）（Al，Mg，Fe）$_2$（Si，Al）$_4O_{10}$ [（OH）$_2$，（H_2O）]，其结构中主要含有 3 个特征的基团–OH、Al–OH 和 H_2O。当短波红外照射时，–OH 基团对应的 1400 nm 的波峰，该位置称为"伊利石 1400 nm 吸收峰位（Pos1400）"；Al–OH 在 2200 nm 附近出现特征峰吸收，该位置称为"伊利石 2200 nm 吸收峰位（Pos2200）"，相应的吸收峰的深度称为"伊利石 2200 nm 吸收峰深度（Dep2200）"；H_2O 在 1900 nm 附近出现特征峰吸收，该位置称为"伊利石 1900 nm 吸收峰位（Pos1900）"，相应的吸收峰的深度称为"伊利石 1900 nm 吸收峰深度（Dep1900）"；伊利石的结晶度（IC）即为伊利石 2200 nm 吸收深度与伊利石 1900 nm 吸收深度的比值，公式为：IC = Dep2200/Dep1900。伊利石结晶度与温度呈正相关关系（杨志明等，2012）。

西南矿段北东向剖面的绢云母族矿物样品中，伊利石 Pos1900 值变化于 1907.36 ~ 1925.85 nm（平均值为 1912.56 nm），Dep1900 值变化范围是 0.04 ~ 0.49（平均值为 0.16）；Pos2200 值变化于 2193.30 ~ 2220.02 nm（平均值为 2202.01 nm），Dep2200 值变化范围是 0.09 ~ 0.48（平均值为 0.30）；伊利石的结晶度（IC 值）变化于 0.41 ~ 7.30（平均值为 2.32）。在矿区空间上，IC 和 Pos2200 值具有明显的变化规律，从矿化中心附近的绢英岩化带到远离矿化中心的高级泥化–泥化带和青磐岩化带，IC 和 Pos2200 值均有明显的从高值变为低值的变化趋势（图 3.46）。但伊利石 1900 nm 吸收峰位值在空间上无特别明显的变化趋势（图 3.47）。

在西南矿段北西向剖面中，伊利石 Pos1900 值变化于 1907.36 ~ 1925.85 nm（平均值为 1912.51 nm），Dep1900 值变化范围是 0.05 ~ 0.49（平均值为 0.19）；Pos2200 值变化于 2193.73 ~ 2215.13 nm（平均值为 2201.89 nm），Dep2200 值变化范围是 0.09 ~ 0.47（平均值为 0.31）；伊利石的结晶度（IC 值）变化于 0.6 ~ 8.1（平均值为 2.16）。同样，矿区空间上，IC 和 Pos2200 值具有明显的变化规律，从矿化中心到远离矿化中心，IC 和 Pos2200 值均有明显的从高值变为低值的变化趋势（图 3.47），但是 Pos2200 值在北西向剖面上的变化规律没有其在北东向剖面上的变化规律明显，存在部分异常高值。

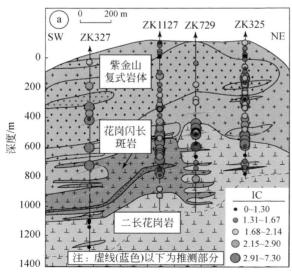
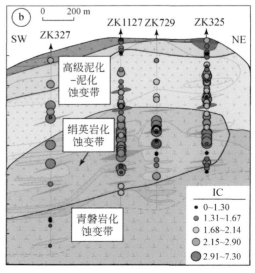

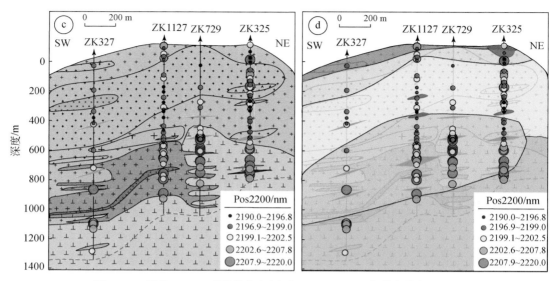

图 3.46　西南 Cu-Mo 矿段北东向剖面（AA'）SWIR 光谱参数变化规律

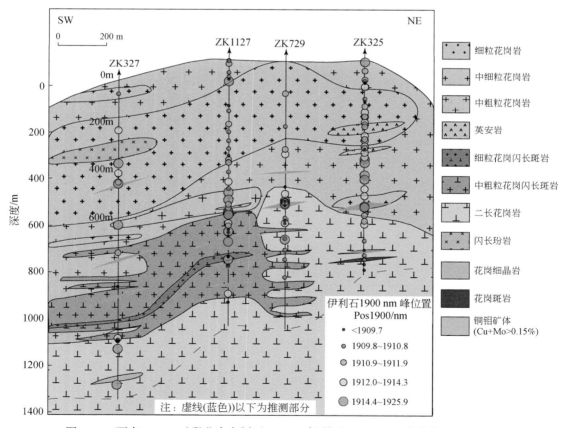

图 3.47　西南 Cu-Mo 矿段北东向剖面（AA'）伊利石 1900 nm 吸收峰位置变化规律

在斑岩矿床深部勘查新方法应用中，前人利用短波红外光谱技术（SWIR）对埋藏较深的矿化中心进行找矿勘查效果显著，并建立了一系列科学有效的找矿勘查新标志，为后续的找矿勘查工作提供了科学的依据。如杨志明等（2012）在研究西藏念村矿床时提出，靠近矿化中心附近伊利石结晶度值（IC）高，远离矿化中心 IC 值逐渐降低。Jin 等（2001）在研究德兴斑岩矿床时提出 XRD-IC 值［与本书研究的伊利石结晶度（IC）具有相反的规律，下同］在靠近矿体时会变小。表明伊利石结晶度（IC 值）呈现出靠近矿化中心变大，而远离矿化中心而变小。伊利石 2200 nm 吸收峰位值（Pos2200）在不同矿床内的变化规律则不尽相同，第一种呈现出靠近矿化中心 Pos2200 值变小，远离矿化中心其值变大，如杨志明等（2012）在研究西藏念村矿床时发现，靠近矿化中心 Pos2200 值变小，远离矿化中心 Pos2200 值变大；同样，Yang 等（2005）在研究新疆土屋斑岩矿床时发现，伊利石 2200 nm 吸收峰位值（Pos2200）在矿化中心处会变小（<2206 nm）。第二种呈现出靠近矿化中心 Pos2200 值变大而远离矿化中心其值变小，如 Laakso 等（2015）在研究加拿大 Izok Lake 矿床时得出靠近矿体的 Pos2200 值较高（平均值 2203 nm），而远离矿体的 Pos2200 值低（平均值 2201 nm）；同样，Sun 等（2001）在研究澳大利亚 Elura 铅锌银矿床时也发现，靠近矿体 Pos2200 值变大，远离矿化中心 Pos2200 值变小。第三种是 Pos2200 值在矿区呈现出无明显规律，如日本的 Hishikari 矿床（Yang et al.，2005）。由此可见，伊利石 2200 nm 吸收峰位值在不同的矿床内的规律性并不一致。

许超等（2017）在西南矿段矿区内发现，北东向剖面总体上，IC 和 Pos2200 值具有明显的变化规律，由矿化中心附近的绢英岩化带到远离矿化中心的高级泥化–泥化带和青磐岩化带，IC 值和 Pos2200 值均有明显的从高值变为低值的变化趋势（图 3.48），IC 值的变化规律与前人在其他斑岩矿床的研究成果很接近；而 Pos2200 值的变化规律主要与上述第二种类型相似（Sun et al.，2001；Laakso et al.，2015）。另外，也可见部分 IC 高值出现在了西南矿段北东向剖面的左侧 ZK327 的浅部（400 m 附近），ZK729 的靠近花岗闪长斑岩附近（400 m 附近）及剖面右侧 ZK325 的浅部（220 m 和 400 m 附近）；而 Pos2200 高值主要出现在剖面右侧 ZK325 的浅部（50 m 和 200 m 附近）。伊利石 1900 nm 吸收峰位值（Pos1900）在空间上无特别明显的变化，与杨志明等（2012）在西藏念村矿区的研究结果一致。

研究表明 IC 值可能与矿物形成温度有直接关系（杨志明等，2012）。伊利石在高温条件下具有最接近理想的配比成分，随着温度的降低，其晶格中的 Al、K 逐渐地被 Si 和一些缺陷所替代，导致层间位置容纳了更多的 H_2O，同时也使 Al 的流失。高的 H_2O 含量会引起较强的 1900 nm 吸收，致使伊利石 1900 nm 吸收深度值增大；而 Al 流失会使伊利石的 2200 nm 峰吸收强度降低从而降低伊利石 2200 nm 吸收峰吸收深度，IC 值降低。因此，温度高时，IC 值较大，温度降低，IC 值会变小（杨志明等，2012）。这一原理可以很好地解释我们在西南矿段矿区内发现的由矿化中心到外围 IC 值具有明显的从高值变为低值的变化趋势，同时，在 ZK327 的浅部 400 m 出现的 IC 高值，主要是由于其附近存在脉状矿化及后期闪长玢岩的侵位，从而造成局部较高温度，形成含有较高 IC 值的绢云母族矿物；在 ZK729 的浅部 400 m 出现的 IC 高值，主要是由于花岗闪长斑岩的侵位并伴随矿化的影响，同时，与我们在 ZK729 的 394 m 发现含有较高 IC 值的白云母矿物吻合；在 ZK325 的

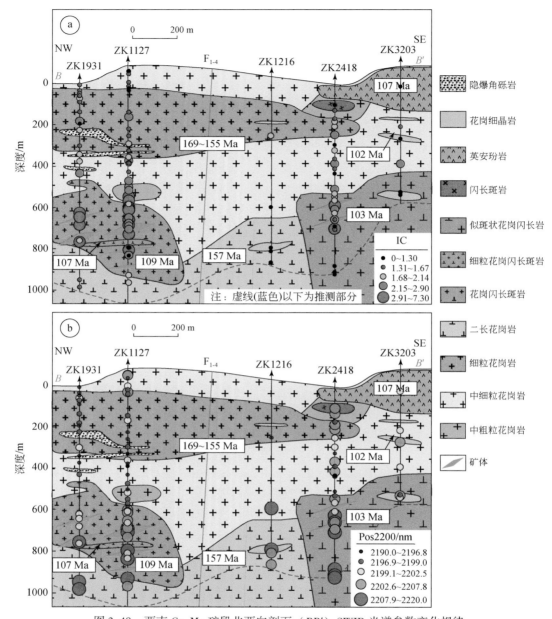

图 3.48　西南 Cu-Mo 矿段北西向剖面（BB′）SWIR 光谱参数变化规律

浅部（220 m 和 400 m 附近）出现的 IC 高值，同样也是由其附近的后期英安玢岩的侵位造成的。伊利石 2200 nm 吸收峰位值与其八面体内的 Al^{VI} 含量呈负相关关系，而与白云母族矿物内的 Fe、Mg 含量呈正相关关系，蚀变越强、温度越高及附近存在含 Fe、Mg 的矿物（如绿泥石和绿帘石），都会促使伊利石八面体内的 Al^{VI} 与 Fe、Mg 相互类质同象作用的发生，从而降低伊利石八面体内的 Al^{VI} 含量值，提高 Fe、Mg 含量，导致 Pos2200 变大（Post and Noble，1993；Duke，1994；Laakso et al.，2015）。在西南矿段的矿化中心蚀变比较强，加上西南矿段的蚀变分带与典型斑岩矿床不同，从剖面上可以看出靠近矿化中心底部存在大面积的青磐岩化（含 Fe、Mg 的绿泥石和绿帘石矿物多），会加强绢云母族矿物中的 Al^{VI} 与 Fe、Mg 的类质同象作用，造成矿物内 Al^{VI} 含量降低及 Fe、Mg 含量的提高，从而导致 Pos2200 值高；在浅部蚀变强度变弱，另外含 Fe、Mg 的绿泥石和绿帘石矿物极少，不利于绢云母族矿物中的 Al^{VI} 与 Fe、Mg 相互类质同象作用进行，造成矿物内 Al^{VI} 含量高及 Fe、Mg 含量的极低，从而导致 Pos2200 值低；而在最深处的青磐岩化带内，尽管存在富含 Fe、Mg 的绿泥石和绿帘石矿物，但其蚀变强度弱，同样也不利于绢云母族矿物中的 Al^{VI} 与 Fe、Mg 相互类质同象作用进行，造成 Pos2200 值低。同时，在 ZK325 的（50 m 和 200 m 附近）出现的 Pos2200 高值，可能是由其附近的后期英安玢岩的侵位造成的。

综上所述，通过西南矿段系统的 SWIR 光谱研究发现，从矿化中心向外，伊利石结晶度（IC 值）和伊利石 2200 nm 吸收峰位值均有明显的从高值变为低值的变化趋势，在矿化中心处，是高 IC 值与高 Pos2200 值的叠加区域。高 IC 值（>2.1）和高 Pos2200 值（>2203 nm）可作为紫金山地区勘查该类矿床的找矿新标志。

3.2.6　大兴安岭北部晚侏罗世斑岩铜-钼矿床

大兴安岭地区位于西伯利亚克拉通和华北克拉通之间的中亚造山带东段，为中国东北地质构造单元的重要组成部分。显生宙期间多期大洋板块俯冲和陆陆碰撞造山过程使得大兴安岭地区构造格局以多微板块、多缝合带为特征（Wu et al.，2011；Xu et al.，2013），自北向南包括额尔古纳地块、兴安地块和锡林浩特地块，这些地块之间被德尔布干断裂和贺根山-黑河断裂所分割。小柯勒河和富克山斑岩型铜钼矿床分别位于大兴安岭北部的额尔古纳地块和兴安地块内。截至 2019 年，小柯勒河矿床已累计探明 Cu 金属资源量超过 0.5 Mt（品位 0.20%～4.01%），Mo 金属资源量超过 0.1 Mt（品位 0.030%～0.803%）（尚毅广，2017）。富克山矿床也是大兴安岭北部近年来找矿勘查的一个重大发现，由于勘查工作还在进行，具体的 Cu-Mo 储量还待评估。

1. 小柯勒河矿床地质与蚀变特征

在小柯勒河矿区，出露的地层包括下奥陶统—下志留统倭勒根群吉祥沟组 $[(O_1\text{-}S_1)j]$ 和上侏罗统白音高老组（J_3by）（图 3.49）。吉祥沟组出露于小柯勒河矿区北部，岩性主要为青灰色粉砂质板岩、变质砂岩、粉砂岩和暗色含碳变砂岩。白音高老组出露于矿区南部，主要由酸性火山岩组成，岩性主要为流纹岩和流纹质凝灰岩（黑龙江省地质矿产局，1997）。

小柯勒河矿区内构造以断裂构造为主，包括小柯勒河断裂和大乌苏河断裂。小柯勒河断裂与小柯勒河河谷相吻合，为矿区主要断裂构造之一，其改造并破坏了新元古界—下寒武统倭勒根岩群变基性-酸性火山岩、变质长石石英砂岩、片岩、千枚岩和板岩，同时控制了该地区中生代的岩浆和热液活动。大乌苏河断裂与大乌苏河河谷相吻合，形成时间晚于小柯勒河断裂，其改造并破坏了吉祥沟组地层，同时控制了小柯勒河地区中生代的岩浆热液矿化活动。小柯勒河矿床受到大乌苏河断裂和小柯勒河断裂的共同影响，位于这两条断裂交汇的部位（尚毅广，2017）。小柯勒河矿区内出露的岩浆岩包括成矿前流纹岩、成

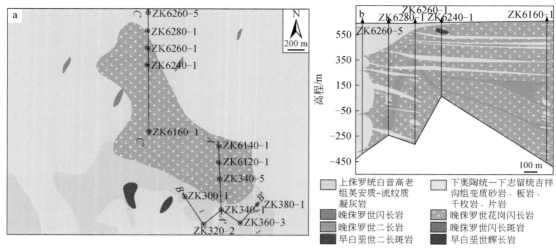

图 3.49　小柯勒河矿区地质简图（a）及 CC'勘探线剖面图（b）

矿期花岗闪长斑岩及成矿后闪长岩、闪长斑岩、二长岩、二长斑岩、辉长岩和花岗斑岩
（Deng et al., 2019a；Feng et al., 2020）。

1）成矿前岩浆岩

流纹岩：流纹岩在小柯勒河矿区内出露广泛，为白音高老组火山碎屑岩的主要成分。
流纹岩呈灰白色，具有斑状结构和块状构造，斑晶成分主要为石英和钾长石，基质成分以
隐晶质、微晶石英和长石为主。岩相学观察发现，石英和钾长石斑晶以他形晶为主，并具
有明显的港湾状交代结构。另外，流纹岩发育了广泛的绢英岩化蚀变作用，且部分绢英岩
化发育强烈的岩石，其原岩结构已经难以辨别。锆石 LA-ICP-MS U-Pb 定年指示其形成年
龄为 152.5 ± 1.7 Ma（Deng et al., 2019a）。

2）成矿期岩浆岩

花岗闪长斑岩：花岗闪长斑岩侵入小柯勒河矿区吉祥沟组浅变质碎屑岩、白音高老
组火山碎屑岩，接触界线截然，出露面积约 4.5 km²（图 3.49a），钻孔揭露花岗闪长斑
岩在地表之下延伸深度超过 1 km（图 3.49b）。花岗闪长斑岩呈灰白色，斑状结构，块
状构造。斑晶占岩石总量 75% 以上，矿物包括石英、长石、黑云母及少量的角闪石和
钾长石，基质以细粒石英和长石为主。副矿物主要有榍石、磷灰石、锆石、硬石膏和磁
铁矿。岩相学观察发现，斜长石斑晶（40%）呈灰色，自形-半自形板状结构，粒径位
于 2~5 mm 之间，并具有聚片双晶和环带结构；黑云母斑晶（10%~15%）为自形-半
自形片状晶体，粒径大小为 0.7~2.5 mm；石英斑晶（25%~30%）为半自形-他形粒
状晶体，粒径变化范围较大（<3 mm）。角闪石斑晶（<3%）为自形-半自形柱状或粒
状晶，粒径变化范围较大（<8 mm）。花岗闪长斑岩为小柯勒河矿区的主要赋矿围岩，发
育广泛的蚀变，包括钠钙化、钾化、绿泥石-伊利石化和绢英岩化蚀变。在强烈的蚀变影
响下，花岗闪长斑岩中的矿物发生了不同程度的蚀变，如斜长石颗粒被钾长石交代且长石
颗粒表面发生了弱的蚀变，黑云母和角闪石蚀变形成绿泥石或绿帘石（Feng et al.,

2020）。锆石 LA-ICP-MS U-Pb 定年指示其形成年龄为 148.9 ±1.4 Ma（Feng et al.，2020），与前人通过辉钼矿 Re-Os 定年测得的成矿年龄（148.5 ±1.5 Ma；冯雨周等，2020）在误差范围内一致。

3）成矿后岩浆岩

闪长岩：闪长岩在小柯勒河矿区内分布广泛，主要以岩脉的形式产出，脉宽范围为 1~10 m，且主要分布于靠近地表的区域内（图 3.49a）。闪长岩侵入吉祥沟组浅变质碎屑岩和白音高老组火山碎屑岩，接触界线截然。闪长岩呈灰绿色，中粒等粒结构，块状构造。矿物成分主要有斜长石（69%）、钾长石（11%）、辉石（10%）、角闪石（6%）和少量的石英（2%），副矿物包括磁铁矿、锆石和磷灰石。斜长石为自形–半自形板状晶体，粒径大小为 0.8~4.0 mm，发育有聚片双晶结构；钾长石为自形–半自形板状晶体，粒径大小为 0.8~2.5 mm，发育有卡式双晶结构；辉石为自形–半自形粒状晶体，粒径 <1 mm；角闪石为自形–半自形柱状晶体，粒径 <1.5 mm。另外，闪长岩发育不同程度的绿泥石化、绢英岩化和黏土化。锆石 LA-ICP-MS U-Pb 定年指示其形成年龄为 149.4 ± 4.0 Ma（Feng et al.，2020）。

闪长斑岩：闪长斑岩以岩脉的形式侵入新元古代和晚侏罗世地层及花岗闪长斑岩中，接触界线截然。另外，在闪长斑岩与花岗闪长斑岩接触部位，后者表现出局部钾化蚀变增强。闪长斑岩呈灰黑色，斑状结构，块状构造。斑晶主要包括斜长石（约 45%）、黑云母（约 10%）、辉石（约 15%）和少量的角闪石（<2%）；基质为隐晶质–微晶长英质物质；副矿物包括磁铁矿、锆石和磷灰石（Deng et al.，2019a）。斜长石斑晶为半自形–他形板状，粒径小于 6 mm，并具有明显的聚片双晶结构；辉石为半自形–他形晶体，粒径小于 2 mm，偶见卡式双晶结构；黑云母为自形–半自形片状晶体，粒径小于 2 mm。另外，闪长玢岩发育不同程度的绿泥石化、绢英岩化和黄铁矿化。锆石 LA-ICP-MS U-Pb 定年指示其形成年龄为 147.9 ± 1.3 Ma（Deng et al.，2019a）。

二长岩：二长岩在小柯勒河矿区以岩脉的形式侵入花岗闪长斑岩中，脉宽 1~110 m，且在垂向上具有多段产出的特征（图 3.50b）。野外观察发现二长岩与花岗闪长斑岩接触界线截然，且靠近花岗闪长斑岩具有粒度变细的特征，同时发育有冷凝边结构，偶见二长岩包含花岗闪长斑岩角砾。二长岩呈灰绿色，细粒等粒结构，块状构造，矿物主要为斜长石（约 49%）和钾长石（约 42%），还有少量的辉石（约 2%）、角闪石（1%）和石英（约 5%），副矿物包括磁铁矿、锆石和磷灰石。斜长石为自形–半自形板状晶体，粒径大小为 0.05~0.20 mm；钾长石为自形–半自形板状晶体，粒径大小为 0.03~0.20 mm；辉石为自形–半自形粒状晶体，粒径小于 0.3 mm，部分颗粒发育有卡式双晶结构；石英为他形粒状晶体，充填于其他矿物颗粒之间，粒径小于 0.2 mm。另外，二长岩发育不同程度的绿泥石化、绢英岩化和黏土化蚀变。锆石 LA-ICP-MS U-Pb 定年指示其形成年龄为 146.9 ± 4.1 Ma（Feng et al.，2020）。

辉长岩：辉长岩在小柯勒河矿区发育较少，以岩脉的形式侵入新元古代浅变质碎屑岩和花岗闪长斑岩中，接触界线截然，且见靠近新元古代浅变质碎屑岩的岩石中包裹有围岩角砾。岩石呈灰绿色或灰黑色，斑状结构，块状构造。岩石矿物成分主要有辉石（25%）、斜长石（55%）和钾长石（18%），副矿物包括磁铁矿和锆石。辉石为半自形–他形粒状晶体，粒径大小为 0.1~1.0 mm，分布于自形斜长石或钾长石颗粒之间；斜长石为自形–半自形板状晶体，粒径大小为 0.5~3.0 mm；钾长石为自形–半自形板状晶体，粒径大小为 0.4~2.0 mm。另外，辉长岩发育不同程度的绿泥石化、绢英岩化和黏土化。锆石 LA-ICP-MS U-Pb 定年指示其形成年龄为 140.6 ± 3.8 Ma（Feng et al., 2020）。

二长斑岩：二长斑岩主要分布于小柯勒河矿区北侧，以岩脉的形式侵入于新元古代浅变质碎屑岩、花岗闪长斑岩和二长岩中，接触界线截然，且二长斑岩靠近被侵入体具有粒度减小的规律，同时发育有冷凝边结构。岩石呈灰色，浅肉红色，斑状结构，块状构造。斑晶占岩石总量的大约 10%，矿物成分主要为辉石（3%）和斜长石（7%），基质成分以隐晶质或微晶石英和钾长石为主。辉石以自形–半自形粒状晶体产出，粒径大小为 0.3~4.0 mm；斜长石以自形–半自形板状晶体产出，粒径大小为 1.0~5.0 mm，可见斜长石颗粒包含辉石颗粒。另外，二长斑岩发育较强的绿泥石化、绢英岩化和黄铁矿化。锆石 LA-ICP-MS U-Pb 定年指示其形成年龄为 139.9 ± 4.3 Ma（Feng et al., 2020）。

花岗斑岩：花岗斑岩在小柯勒河矿区分布广泛，以岩脉的形式侵入于花岗闪长斑岩中，接触界线截然。花岗斑岩呈灰白色，斑状结构，块状构造。斑晶大约占岩石总量的 25%，以长石和石英为主，基质主要为隐晶质的长英质物质，副矿物包括磷灰石和锆石。斜长石为半自形–他形板状晶体，颗粒细小；石英为他形粒状结构，粒径小于 1 mm。另外，岩石发育不同程度的绢云母化、黏土化和方解石化。锆石 LA-ICP-MS U-Pb 定年指示其形成年龄为 123.2 ± 1.7 Ma（Deng et al., 2019a）。

截至目前，在小柯勒河矿区内共圈定了 71 条铜（钼）矿体。其中，01#、02#、03# 和 04# 矿体为矿区 AA′ 剖面中较为重要的四条隐伏矿体（尚毅广，2017）。01# 钼矿体长约 248.2 m，垂直厚度为 67.8 m（图 3.50）。该矿体钼最高品位为 0.246%，平均品位为 0.064%。02# 矿体长约 315.6 m，垂直厚度为 71.0 m（图 3.50）。该矿体钼最高品位为 0.120%，平均品位为 0.060%。03# 铜矿体长约 424.0 m，垂直厚度为 75.9 m（图 3.50）。该矿体铜最高品位为 1.640%，平均品位为 0.420%。04# 长约 361.0 m，垂直厚度为 41.9 m（图 3.50）。该矿体铜最高品位为 2.419%，平均品位为 0.509%；钼最高品位为 0.427%，平均品位为 0.095%（尚毅广，2017）。

小柯勒河矿区内矿石类型包括细脉浸染状石英–钾长石–绿泥石±黑云母±磁铁矿±黄铁矿±黄铜矿矿石、细脉浸染状石英–钾长石–绿泥石–黄铁矿–黄铜矿矿石、细脉浸染状石英–绿泥石–辉钼矿±钾长石±黄铁矿±黄铜矿矿石和细脉浸染状石英–绿泥石–白云母–黄铁矿±黄铜矿±辉钼矿矿石。金属矿物以黄铜矿、辉钼矿、黄铁矿和磁铁矿为主，还有少量的闪锌矿和金红石；非金属矿物主要有石英、钾长石、白云母、伊利石、绿泥石、奥长石、硬石膏及少量的黑云母、绿帘石、榍石和蒙脱石。小柯勒河矿区矿石结构多样，包括交代结构、晶粒结构、镶边结构、包含结构、填隙结构等，其中最常见的是交代结构、晶粒结构、包含结构和填隙结构。小柯勒河矿区内矿石构造较为简单，以细脉浸染状构造为主，还有少量浸染状构造（李光辉等，2019；冯雨周，2020）。矿区内围岩蚀变强烈，蚀变类型主要有钠钙化、钾化（黑云母化和钾长石化）、绿泥石–伊利石化和绢英岩化（Feng et al., 2019；冯雨周，2020）。

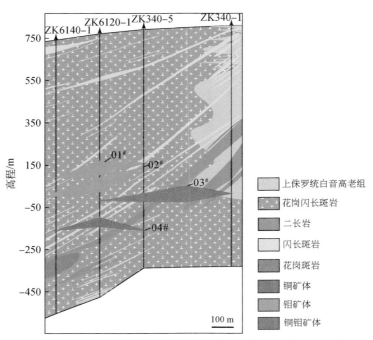

图 3.50　小柯勒河铜钼矿床 *AA′* 剖面地质图（据尚毅广，2017 修改）

图例（从上到下）：
- 上侏罗统白音高老组
- 花岗闪长斑岩
- 二长岩
- 闪长斑岩
- 花岗斑岩
- 铜矿体
- 钼矿体
- 铜钼矿体

100 m

　　钠钙化蚀变：小柯勒河矿区花岗闪长斑岩发育有弱的钠钙化蚀变，表现为花岗闪长斑岩发育浸染状或细脉状钠化长石（电子探针鉴定结果为奥长石）和绿帘石（图 3.51）（Feng et al.，2019）。

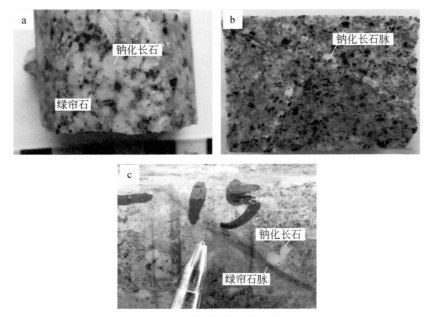

图 3.51　小柯勒河铜钼矿床钠钙化蚀变

a. 花岗闪长斑岩钠化长石与绿帘石共生；b. 花岗闪长斑岩内发育脉状钠长石；c. 花岗闪长斑岩中发育绿泥石脉

　　钾化蚀变：小柯勒河矿区内钾化蚀变包括钾长石化和黑云母化两种类型，表现为花岗闪长斑岩内发育大量浸染状钾长石和黑云母（Feng et al.，2019）。另外，可见钾长石沿着石英-硫化物脉体的两侧分布（图3.52）。

图3.52　小柯勒河铜钼矿床钾化蚀变

a. 花岗闪长斑岩内浸染状钾长石，且钾长石由斜长石蚀变而来；b. 钾长石沿着石英-黄铁矿-黄铜矿脉脉侧分布；
c. 花岗闪长斑岩中发育浸染状热液黑云母

　　绿泥石-伊利石化：绿泥石化在钻孔揭露的花岗闪长斑岩中基本都有发育，表明花岗闪长斑岩的原生黑云母已部分或完全蚀变为绿泥石，也有少量绿泥石分布于石英-硫化物中。显微镜下观察到花岗闪长斑岩中热液黑云母部分或完全蚀变为绿泥石（图3.53）。另外，短波红外光谱（SWIR）分析结合显微镜观察发现，伴随着绿泥石化还发育有伊利石化，为长石蚀变形成的伊利石（Feng et al.，2019）。

　　绢英岩化蚀变：小柯勒河矿区内绢英岩化十分发育，在花岗闪长斑岩及与其接触的白音高老组和吉祥沟组地层中均有发育，表现为花岗闪长斑岩或围岩中暗色矿物和长石强烈蚀变为绢云母，并发育大量石英-绢云母-黄铁矿细脉（图3.54）（Feng et al.，2019）。

　　野外观察发现，小柯勒河矿区围岩蚀变由花岗闪长斑岩内部向外部的新元古界和侏罗系—白垩系围岩呈现出明显的分带特征。钠钙化在空间上位于花岗闪长斑岩的深部。钾化蚀变在空间上也位于花岗闪长斑岩的深部，但其分布范围比钠钙化大，且钾化蚀变带环绕钠钙化蚀变带。钻孔编录发现绿泥石-伊利石化蚀变基本分布于钻孔揭露的整个花岗闪长斑岩内，但更集中于花岗闪长斑岩的中下部。绢英岩化主要分布于小柯勒河矿床的外部，且环绕钾化。此外，钾化、绿泥石-伊利石化和绢英岩化的强度在空间上有变化。在此基

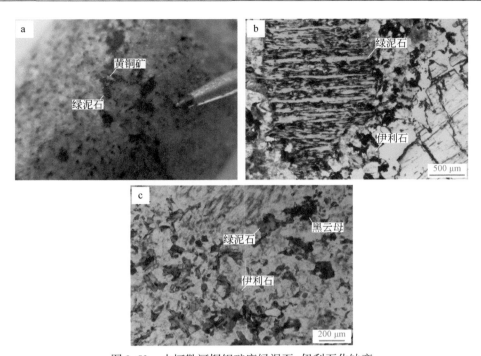

图 3.53　小柯勒河铜钼矿床绿泥石–伊利石化蚀变

a. 花岗闪长斑岩内浸染状绿泥石，且绿泥石与黄铜矿密切相关；b. 绿泥石分布于石英–黄铁矿–黄铜矿脉中；

c. 花岗闪长斑岩中原生黑云母完全蚀变为绿泥石

图 3.54　小柯勒河铜钼矿床绢英岩化蚀变

a. 花岗闪长斑岩绢英岩化，并发育石英–绢云母–黄铁矿脉；b. 流纹质凝灰岩绢英岩化蚀变；

c. 变质砂岩绢英岩化，发育石英–绢云母–黄铁矿脉础上，小柯勒河矿床围岩蚀变在空间上可以划分出钠钙化蚀变、强钾化蚀变带、弱钾化蚀变带、强绿泥石－伊利石蚀变带、弱绿泥石－伊利石蚀变带、强绢英岩化带和弱绢英岩化带（图3.55）（Feng et al.，2019）。蚀变带的强弱是根据肉眼观察钻孔样品确定的，其中蚀变强烈指的是岩石中的矿物除石英外大部分受到了热液蚀变的影响，同时原岩的结构也遭到了不同程度的破坏，甚至难以辨认。弱蚀变指的是岩石中发育了少量的热液蚀变矿物，但是原岩的结构大部分还保留着。

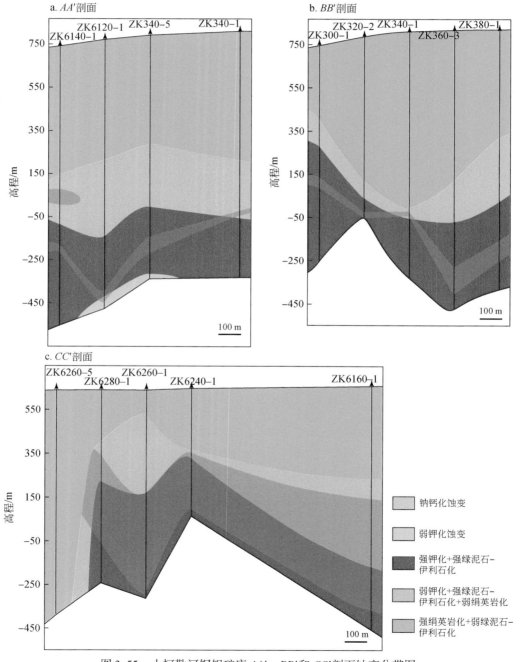

图3.55　小柯勒河铜钼矿床 AA'、BB' 和 CC' 剖面蚀变分带图

根据脉体穿插关系和矿物组合特征，小柯勒河矿区蚀变矿化作用过程可以划分为钠钙化阶段、钾化阶段、绿泥石–伊利石化阶段和绢英岩化阶段（图3.56）。其中钾化阶段是最重要的铜钼矿化阶段，绿泥石–伊利石化阶段与弱铜矿化密切相关，绢英岩化阶段偶见铜钼矿化（Feng et al.，2019）。在钾化阶段发育有大量的脉体，包括黑云母–磁铁矿脉（V1）、石英–钾长石±黄铁矿±黄铜矿脉（V2）、石英–黄铁矿–黄铜矿脉（V3）和石英–辉钼矿±黄铁矿±黄铜矿脉（V4）；绿泥石–伊利石化阶段发育少量石英–绿泥石–黄铁矿–黄铜矿脉（V5）；绢英岩化阶段发育大量的石英–白云母–黄铁矿±黄铜矿±辉钼矿脉（V6）。

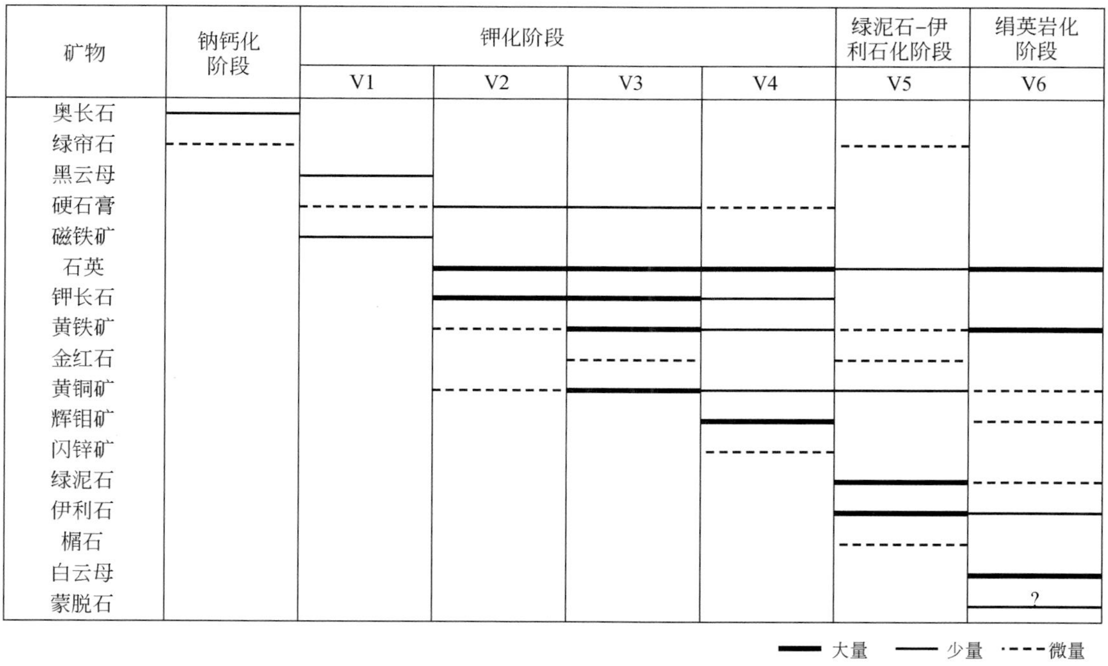

| 矿物 | 钠钙化阶段 | 钾化阶段 | | | | 绿泥石–伊利石化阶段 | 绢英岩化阶段 |
		V1	V2	V3	V4	V5	V6
奥长石							
绿帘石							
黑云母							
硬石膏							
磁铁矿							
石英							
钾长石							
黄铁矿							
金红石							
黄铜矿							
辉钼矿							
闪锌矿							
绿泥石							
伊利石							
榍石							
白云母							
蒙脱石							?

━━ 大量　── 少量　···· 微量

图 3.56　小柯勒河铜钼矿床蚀变矿化期次表

2. 小柯勒河蚀变矿物短波红外光谱特征

对小柯勒河铜钼矿床 AA′、BB′ 和 CC′ 剖面的样品进行分析（Feng et al.，2019）。SWIR 分析结果显示小柯勒河铜钼矿区内蚀变矿物主要为绿泥石和白云母族矿物（白云母、伊利石和蒙脱石）。绿泥石在小柯勒河矿区十分发育，在钻孔中出露的花岗闪长斑岩样品几乎都发育有绿泥石。白云母族矿物的分布并无岩性的专属性，在花岗闪长斑岩、下奥陶统—下志留统和上侏罗统岩石中均有发育，且分布广泛。其中，白云母主要分布于靠近地表的浅部地区，伊利石在钻孔中分布范围与绿泥石大致相同，而蒙脱石则呈零散状分布（图3.57）（Feng et al.，2019）。

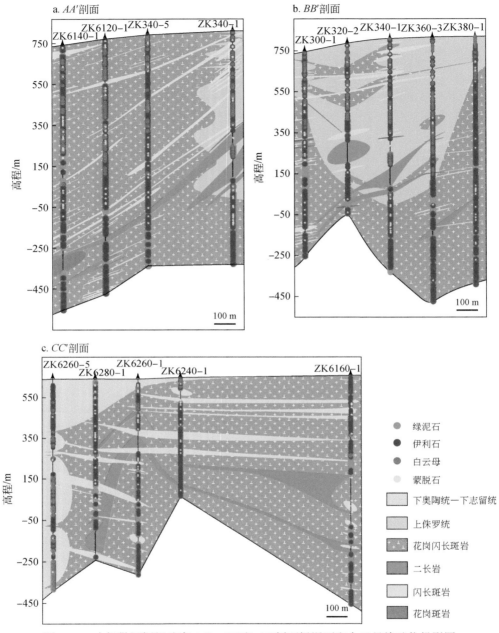

图 3.57 小柯勒河铜钼矿床 *AA'*、*BB'* 和 *CC'* 剖面绿泥石和白云母族矿物投影图

1）绿泥石

由于绿泥石的 Mg-OH 特征吸收峰（2350 nm）容易受到白云母族矿物和碳酸盐矿物的干扰，Feng 等（2019）主要对绿泥石的 Fe-OH 特征吸收峰（2250 nm）进行了研究。从图 3.58 中可以看出，小柯勒河铜钼矿床 *AA'*、*BB'* 和 *CC'* 三个剖面中绿泥石的 Fe-OH 特征

吸收峰位值变化范围分别为 2240 ~ 2255 nm、2240 ~ 2254 nm 和 2240 ~ 2265 nm，平均值分别为 2245 nm、2245 nm 和 2246 nm，表明小柯勒河铜钼矿床中的绿泥石大多数为富镁绿泥石（Jones et al.，2005；Laakso et al.，2016）。

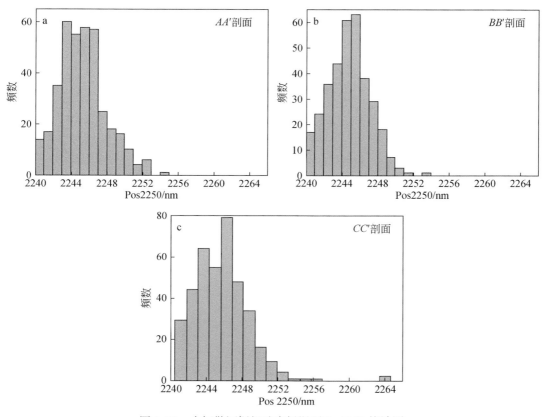

图 3.58　小柯勒河铜钼矿床绿泥石 Pos2250 统计图

2）白云母

白云母族矿物的 Al-OH 特征吸收峰（2200 nm）受白云母族矿物结构中八面体位置的 Al^{3+} 控制（Bishop et al.，2008），且白云母族矿物在 2200 nm 的特征吸收可以将其与其他矿物区别开来，如绿泥石、高岭石、蒙脱石和碳酸盐（Hunt and Salisbury，1971；Mcleod et al.，1987；Clark et al.，1990；Scott et al.，1998）。白云母族矿物的 IC 值（illite crystallization values = Dep2200 /Dep1900）可以反映其形成的温度（Jones et al.，2005；Herrmann et al.，2001）。因此，前人主要对小柯勒河矿区白云母族矿物 Al-OH 特征吸收峰位置和 IC 值进行研究（Feng et al.，2019），结果显示，小柯勒河铜钼矿床白云母族矿物 Pos2200 特征吸收峰位值在 *AA'*、*BB'* 和 *CC'* 三个剖面中分别为 2200 ~ 2203 nm、2200 ~ 2204 nm 和 2200 ~ 2203 nm（图 3.59），平均值分别为 2202 nm、2202nm 和 2201nm，指示小柯勒河铜钼矿床中白云母族矿物主要为白云母和伊利石（Feng et al.，2019）。

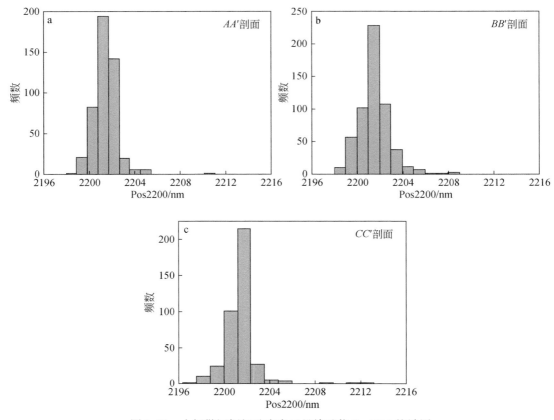

图 3.59　小柯勒河铜钼矿床白云母族矿物 Pos2200 统计图

　　小柯勒河铜钼矿床白云母族矿物 IC 值在 AA'、BB' 和 CC' 三个剖面中的变化范围分别为 0.18~4.71、0.32~7.63 和 0.07~5.99，平均值分别为 1.19、1.72 和 1.11（图 3.60）（Feng et al.，2019）。

　　Feng 等（2019）选取了 AA'（包含 4 个钻孔：ZK6140-1、ZK6120-1、ZK340-5 和 ZK340-1）、BB'（包含 5 个钻孔：ZK300-1、ZK320-2、ZK340-1、ZK360-3 和 ZK380-1）和 CC' 剖面（包含 5 个钻孔：ZK6260-5、ZK6280-1、ZK6260-1、ZK6240-1 和 ZK6160-1）对分布比较广泛的绿泥石和白云母族的 SWIR 参数进行了统计并建立了二维属性模型。

　　研究结果发现，样品中检测出的绿泥石主要为镁绿泥石，还有少量的铁镁绿泥石和铁绿泥石，三个可以总体统计，主要统计其 Pos2250 峰位置的变化特征（Feng et al.，2019）。小柯勒河矿区花岗闪长斑岩中绿泥石的 Pos2250 值在空间上具有明显的变化规律，表现为 Pos2250 峰在 AA'、BB' 和 CC' 剖面中随着深度的增加呈逐渐增大的变化规律，高值大多数分布于深部，对应于钾化蚀变带与强绿泥石-伊利石化蚀变带的叠加区域（除地表少量异常区外）。相反的，Pos2250 峰低值主要分布于花岗闪长斑岩的浅部区域，对应于强绢英岩化蚀变带与弱绿泥石-伊利石化蚀变带的叠加区域（图 3.61、图 3.62、图 3.63）。

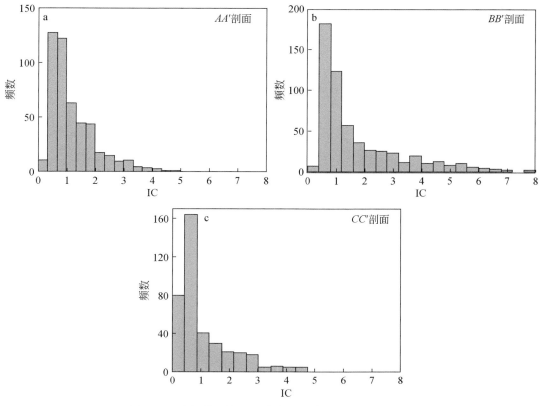

图 3.60　小柯勒河铜钼矿床白云母族矿物 IC 值统计图

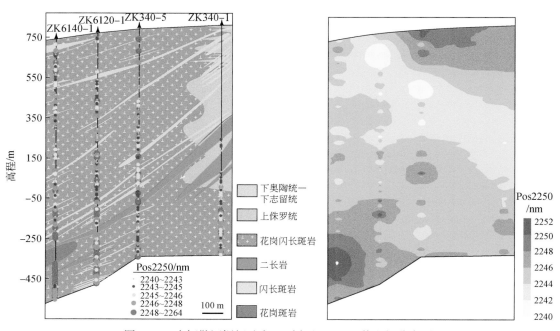

图 3.61　小柯勒河铜钼矿床 *AA'* 剖面 Pos2250 值空间分布图

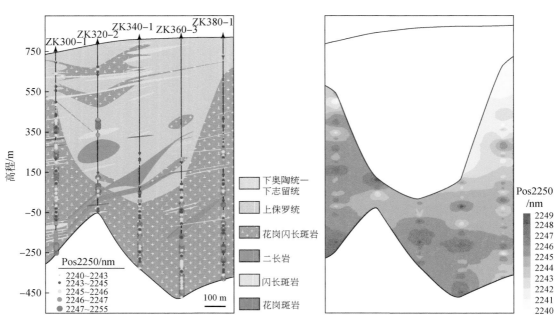

图 3.62　小柯勒河铜钼矿床 *BB′* 剖面 Pos2250 值空间分布图

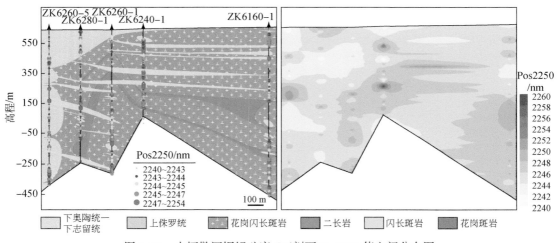

图 3.63　小柯勒河铜钼矿床 *CC′* 剖面 Pos2250 值空间分布图

　　SWIR 分析结果显示小柯勒河矿区中的白云母族矿物包括白云母、伊利石和蒙脱石，三者可以总体统计，主要统计其 Pos2200 峰及其结晶度（IC）。研究发现，白云母族矿物的 Pos2200 峰位值在 *AA′* 剖面中的分布没有明显的变化规律（图 3.64）；在 *BB′* 剖面中，Pos2200 值在纵向上未表现出明显的空间变化规律，但是横向上则具有一定的变化规律，表现为 Pos2200 值向 ZK380-1 钻孔方向具有增大的规律（图 3.65）；在 *CC′* 剖面中，白云母族矿物 Pos2200 在空间上具有弱的变化规律，表现为 Pos2200 高值大多数分布于北侧的 ZK6260-5、ZK6280-1、ZK6260-1 和 ZK6240-1 这 4 个钻孔中（图 3.66）。在 *AA′*、*BB′* 和

CC'剖面中，IC 值具有随着深度减小呈逐渐增大的变化规律，高值大多数分布于靠近地表的浅部区域，对应于强绢英岩化与弱绿泥石–伊利石化叠加的区域，而 IC 值低值大多数位于深部区域，对应于钾化与强绿泥石–伊利石化叠加的区域（图 3.67、图 3.68、图 3.69）（Feng et al., 2019）。

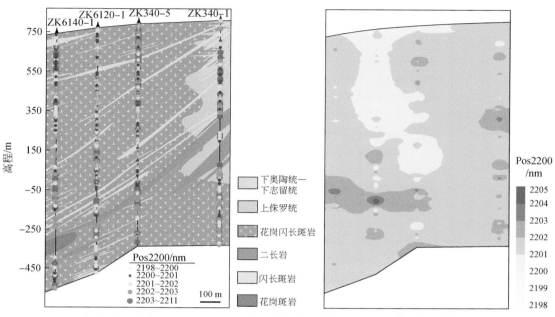

图 3.64　小柯勒河铜钼矿床 AA'剖面白云母族矿物 Pos2200 值空间分布图

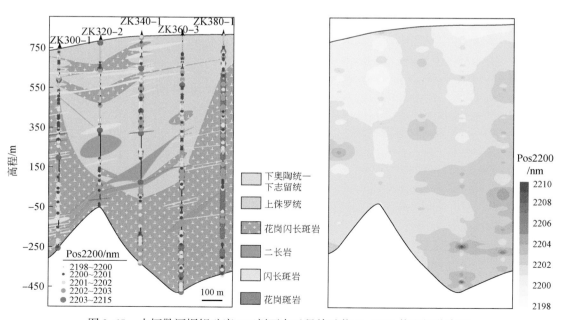

图 3.65　小柯勒河铜钼矿床 BB'剖面白云母族矿物 Pos2200 值空间分布图

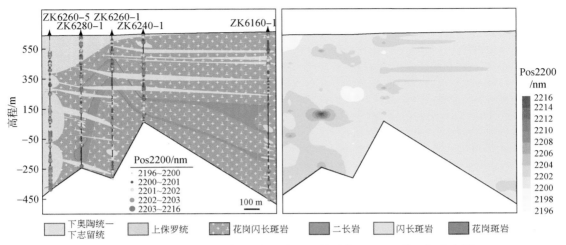

图 3.66　小柯勒河铜钼矿床 CC′剖面白云母族矿物 Pos2200 值空间分布图

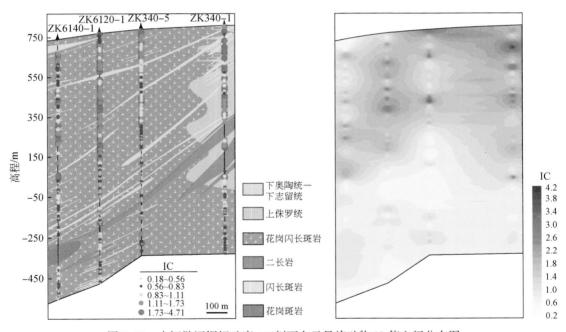

图 3.67　小柯勒河铜钼矿床 AA′剖面白云母族矿物 IC 值空间分布图

通过建立小柯勒河铜钼矿床二维属性模型发现绿泥石的特征吸收峰参数 Pos2250 和白云母族矿物的特征吸收参数 IC 值的空间变化表现出明显的规律性，而白云母族矿物的特征吸收峰参数 Pos2200 在空间的变化规律微弱。因此，冯雨周（2020）又进一步通过 Voxler 三维建模软件对绿泥石的 Pos2250 和白云母族矿物的 IC 值进行了三维建模。前人主要对小柯勒河矿区的 16 个钻孔进行了详细编录和系统采样，但矿区北侧钻孔数据较少。

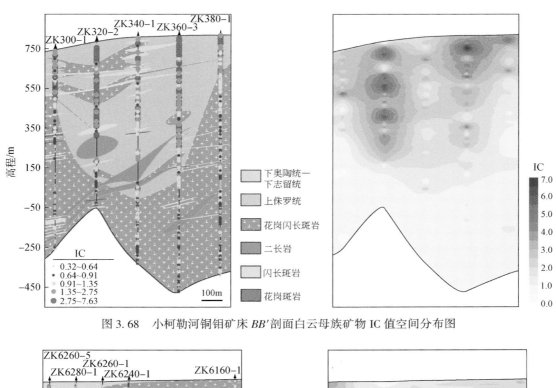

图 3.68　小柯勒河铜钼矿床 *BB'* 剖面白云母族矿物 IC 值空间分布图

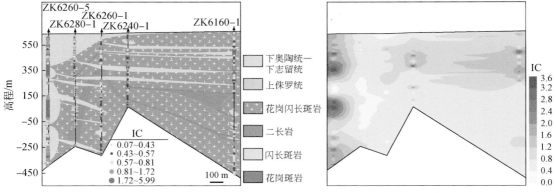

图 3.69　小柯勒河铜钼矿床 *CC'* 剖面白云母族矿物 IC 值空间分布图

在这样的条件下，如果采用所有钻孔进行三维建模差值出来的结果可能会与地质事实有差异，不利于对整个研究区蚀变矿物特征参数规律性变化的探寻。因此，重点以矿区南侧分布相对较集中的 8 个钻孔（ZK6140-1、ZK6120-1、ZK340-5、ZK340-1、ZK300-1、ZK320-2、ZK360-3 和 ZK380-1）的 SWIR 数据建立了三维模型（李光辉等，2019；冯雨周，2020）。

　　绿泥石特征吸收峰位值（Pos2250）：小柯勒河矿区 Pos2250 高值区域主要分布于钻孔的下部，并与小柯勒河矿区的矿化区有较好的耦合性（图 3.70a）。在小柯勒河矿区南侧的钻孔中，由于上部出露的岩石为上侏罗统火山碎屑岩，岩性以流纹质凝灰岩为主，暗色矿物较少，因此绿泥石不发育，缺少相应的 SWIR 数据。另外，前人发现在钻孔 ZK6140-1、ZK6120-1 所限定的区域底部绿泥石 Pos2250 远远大于其他区域，表现出向上、向南呈逐渐减小的变化规律。这种空间变化规律说明小柯勒河矿区热液中心可能位于该区域或其附近（Feng et al., 2019）。

白云母族 IC 值：白云母族矿物 IC 值低值区域与矿化区具有明显的耦合度。另外，IC 值在平面上表现出从 ZK6140-1 钻孔向 ZK340-1 钻孔逐渐增大的变化规律，即远离热液中心，白云母族矿物 IC 值升高（图 3.70b）。因此，白云母族矿物 IC 值对于寻找小柯勒河矿区热液中心和圈定勘查靶区具有重要的指示意义（Feng et al., 2019）。

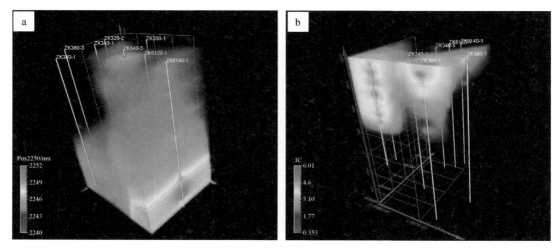

图 3.70　小柯勒河铜钼矿床绿泥石 Pos2250 值（a）和白云母族矿物 IC 值（b）三维空间分布图

综合上述分析可得出重要的勘查标识：小柯勒河矿区绿泥石的高 Pos2250 峰位值集中分布于花岗闪长斑岩的中下部，而研究区的勘查靶区也是位于花岗闪长斑岩的中下部，因此，绿泥石的 Pos2250 具有一定的示踪意义。另外，白云母族矿物 IC 值在空间上具有与绿泥石 Pos2250 相反的变化规律，表现为 IC 值高值集中分布于小柯勒河矿区的外围，IC 值低值主要分布于花岗闪长斑岩的中下部，与钾化和强绿泥石-伊利石的叠加部位基本一致。综合三个剖面蚀变矿物 SWIR 特征参数值的空间变化特征，小柯勒河矿区高的绿泥石 Pos2250 值（>2245 nm）和低的白云母族 IC 值（<0.8）可以作为小柯勒河矿区有效的找矿勘查标识（Feng et al., 2019；李光辉等, 2019）。

3. 小柯勒河蚀变矿物地球化学特征

小柯勒河铜钼矿床中绿泥石大多数是绿泥石-伊利石阶段由热液黑云母和原生黑云母蚀变形成的，与斑岩热液成矿系统密切相关，但是矿区内是否受到了后期低温热液蚀变的影响需要进一步的讨论。另外，在大多数斑岩型矿床中，青磐岩化较为发育，绿泥石是该蚀变的一种典型矿物（Sillitoe, 2010），而小柯勒河矿区内未发现明显的青磐岩化蚀变。前人将小柯勒河矿区绿泥石的化学成分与印度尼西亚 Batu Hijau 斑岩铜-金矿床青磐岩化阶段的绿泥石以及澳大利亚北昆士兰古生代 Georgetown Inlier 地体中变质绿泥石进行对比（Wilkinson et al., 2015），并探讨了小柯勒河矿区内绿泥石是否受到后期变质作用的影响以及与青磐岩化阶段绿泥石的成分差异（李光辉等, 2019；冯雨周,

2020)。结果显示，小柯勒河矿区绿泥石微量元素与 Batu Hijau 矿床青磐岩化阶段绿泥石较一致，但 Li 元素更为富集，而 K 元素更为亏损。变质绿泥石的微量元素与小柯勒河矿床绿泥石和 Batu Hijau 矿床青磐岩化阶段绿泥石差异较大，Fe 和 Cr 元素更为富集，而 Mg 和 Zn 更为亏损（图 3.71）（冯雨周，2020）。综上所述，与斑岩矿床热液有关的绿泥石形成于青磐岩化阶段或绿泥石–伊利石阶段，其化学组成较为接近，而形成于变质过程的绿泥石其化学组成与斑岩热液有关的绿泥石相比差异较大。同时也说明小柯勒河矿区绿泥石形成于斑岩系统热液矿化过程，未受到后期变质作用的影响。上述化学成分的差异可以作为绿泥石–伊利石化蚀变、青磐岩化蚀变和变质绿泥石的一种依据（冯雨周，2020）。

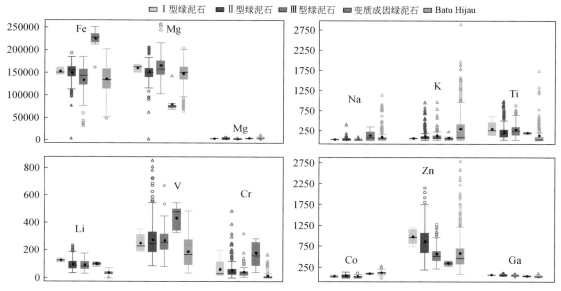

图 3.71　小柯勒河铜钼矿床绿泥石与变质绿泥石和青磐岩化绿泥石对比图解（据冯雨周，2020）

　　近年来，在斑岩型铜矿床找矿勘查中应用绿泥石化学成分在空间上的变化规律逐渐增多。Wilkinson 等（2015）通过 EPMA 和 LA-ICP-MS 对 Batu Hijau 斑岩型铜–金矿床（印度尼西亚）青磐岩化蚀变带中绿泥石进行了原位微区化学成分测试，并分析了其在空间的变化规律，结果显示 Mn、K、Mg、Li、Ba、V、Sr、Ti、Co、Ni、Ca、Zn 和 Pb 等元素含量在空间上具有明显的变化规律。另外，作者还根据这些元素的空间变化规律提出了一个关系式 $[D = \ln(W/x)/y]$ 来表达微量元素的比值与距矿体距离 D 之间的关系，其中 W 为绿泥石的元素含量比值，x 和 y 为常数。因此，绿泥石微量元素含量的空间变化特征可以用来指导 Batu Hijau 斑岩型铜–金矿床以及其他斑岩型铜矿床的找矿勘查工作。为了探讨这些绿泥石微量元素比值在小柯勒河矿区是否具有适用性，冯雨周（2020）对小柯勒河矿区上述绿泥石微量元素比值与矿化区之间的空间关系进行了探讨，结果显示小柯勒河矿区绿泥石 Ti/Ni、Ti/Sr、Ti/Pb、V/Ni、Ti/Ba、Ti/K、Ti/Co、Mg/Ca 和 Mg/Sr 等比值与矿化区之间规律性微弱或不存在明显的变化规律（图 3.72）。

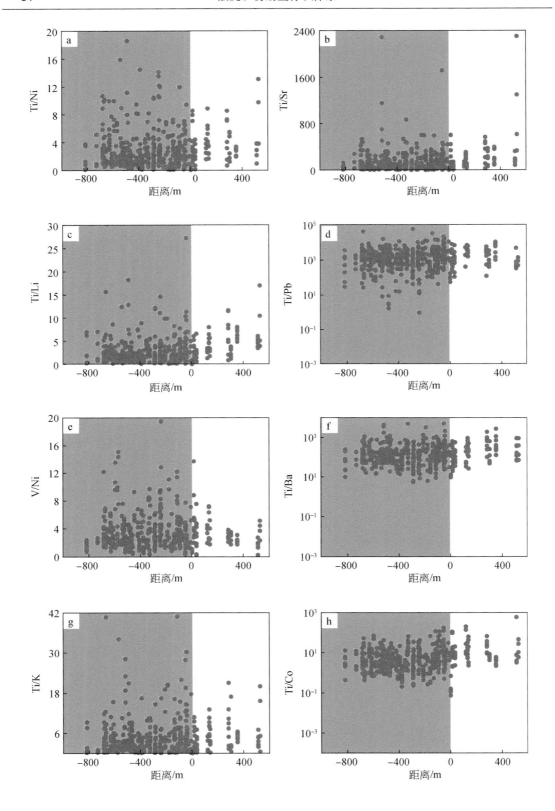

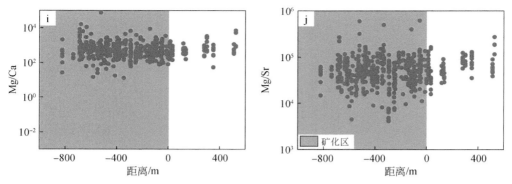

图 3.72　小柯勒河铜钼矿床绿泥石微量元素比值与矿化区距离关系图解（据冯雨周，2020）

　　小柯勒河矿区钾化阶段是最重要的铜钼矿化阶段，绿泥石-伊利石化阶段也与部分铜矿化密切相关（Feng et al.，2019）。因此，前人认为分布于花岗闪长斑岩中下部的钾化蚀变带与强绿泥石-伊利石蚀变带叠加的区域是小柯勒河矿区矿化最重要的部分，01#号、02#号、03#号和04#号矿体即分布于该区域内。在此基础上，冯雨周（2020）将钾化蚀变带与强绿泥石-伊利石蚀变带叠加的区域视为小柯勒河矿区的"矿化区"，并对绿泥石微量元素与"矿化区"之间的空间关系进行讨论，结果显示绿泥石 Li、Ti、V、Zn、Ga 和 Mn 元素在从花岗闪长斑岩中下部的矿化区向上或向外进入非矿化区时呈降低的变化规律，且较高的 Mn（$>2123\times10^{-6}$）、Zn（$>632\times10^{-6}$）、Li（$>90\times10^{-6}$）、Ti（$>262\times10^{-6}$）、V（$>280\times10^{-6}$）和 Ga（$>70\times10^{-6}$）与矿化区具有较好的耦合性（图 3.73），可以作为小柯勒河矿区找矿勘查标识。

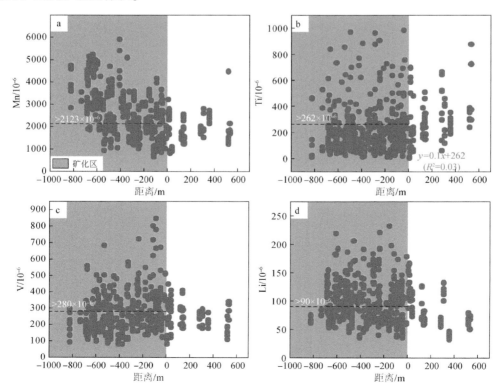

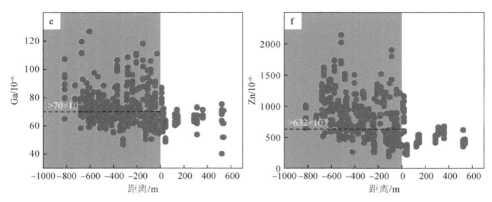

图 3.73　小柯勒河铜钼矿床绿泥石微量元素与矿化区距离关系图解（据冯雨周，2020）

4. 富克山矿床地质与蚀变特征

富克山矿区内广泛出露花岗岩，无固结沉积地层或变质岩出露（图 3.74）。富克山斑岩铜钼矿矿区构造主要为断裂构造。矿区内有两个钻孔明显受到断层活动的扰动，分别为 ZK4004 和 ZK4402（李如操等，2020）。ZK4004 在钻孔深度 560 m 附近时被强烈错动，钻孔揭露断裂碎裂岩，原岩已不可辨认。ZK4402 在钻孔深度 249 m 附近时受到断层扰动，伟晶岩强烈定向。根据钻孔受到扰动的情况推测，断层可能为北西–南东走向，但倾向不明（李光辉等，2019）。

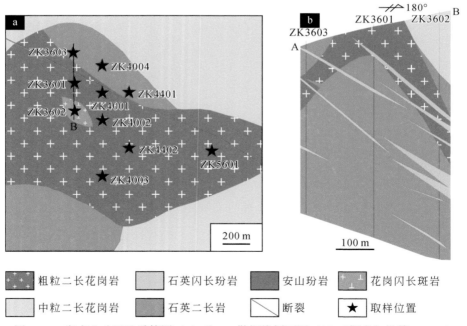

图 3.74　富克山矿区地质简图（a）和 *AB* 勘探线剖面图（b）（据李如操等，2020）

矿区内出露的岩体包括中粒二长花岗岩、粗粒二长花岗岩、石英二长岩和少量的花岗闪长斑岩。钻孔揭露深部存在隐伏岩体，岩性为石英闪长玢岩、闪长玢岩和安山玢岩。其中，石英闪长玢岩与成矿关系密切，控制了矿体的空间分布（Deng et al.，2019b；邓昌州，2019；李光辉等，2019；李如操等，2020）。

1）中粒二长花岗岩

中粒二长花岗岩在区域上大面积出露，呈岩基分布，面积超过 1000 km²。前人研究表明其侵入年龄为 189 ± 2 Ma（Wu et al.，2011）。矿物组成上，中粒二长花岗岩由 20% ~ 25% 的石英、30% ~ 35% 的斜长石、30% ~ 35% 的钾长石和 5% ~ 8% 的黑云母等主要矿物组成，副矿物可见白云母、榍石、锆石和磷灰石。锆石 LA-ICP-MS U-Pb 定年指示其形成年龄为 192.7 ± 1.9 Ma（Deng et al.，2019b）。

2）粗粒二长花岗岩

粗粒二长花岗岩主要出露在矿区中部，呈岩株产出，面积约 2.5 km²。岩石主要由 20% ~ 30% 的石英、35% ~ 40% 的斜长石、30% ~ 35% 的钾长石和 1% ~ 3% 的黑云母组成，副矿物常见磁铁矿、锆石和磷灰石。野外观察可见粗粒和中粒二长花岗岩均遭受韧性变形，表现为局部的糜棱岩化和显微镜下常见的斜长石双晶的变形。锆石 LA-ICP-MS U-Pb 定年指示其形成年龄为 192.2 ± 2.7 Ma（Deng et al.，2019b）。

3）花岗闪长斑岩

花岗闪长斑岩在地表出露面积较小，钻孔内有少量的揭露，空间上主要分布在矿区中北部地区。花岗闪长斑岩呈块状构造，斑状结构。斑晶主要由斜长石（占总体积的25%）、石英（25%）和少量遭受蚀变的黑云母组成。基质为隐晶质，约占岩石总体积的50%，副矿物主要为锆石和磷灰石。锆石 LA-ICP-MS U-Pb 定年指示其形成年龄为 144.1 ± 1.1 Ma（Deng et al.，2019b）。

4）石英二长岩

石英二长岩呈岩株状产出，分布在矿区的北部和南部，其中北部岩体深部进一步被钻孔揭露证实。石英二长岩呈浅肉红色，块状构造，似斑状结构。由 10% ~ 15% 石英、30% ~ 35% 斜长石、25% ~ 35% 钾长石、5% ~ 10% 黑云母和 3% ~ 5% 角闪石组成。锆石 LA-ICP-MS U-Pb 定年指示其形成年龄为 148.8 ± 0.9 Ma（Deng et al.，2019b）。

5）石英闪长玢岩

石英闪长玢岩地表未见出露，仅钻孔在深部有所揭露（图 3.74）。岩石呈浅灰色，以岩脉状侵入到石英二长岩和粗粒二长花岗岩中。斑晶主要由中粒斜长石（约 20%）、黑云母（约 5%）、石英（约 5%）和少量的斜长石组成。岩体内次生矿物可见绢云母、石英、磁铁矿、黄铜矿、黄铁矿和热液黑云母。锆石 LA-ICP-MS U-Pb 定年指示其形成年龄为 148.7 ± 0.8 Ma（Deng et al.，2019b）。

6）闪长玢岩和安山玢岩

成矿后侵入的闪长玢岩和安山玢岩呈脉状侵入早期岩体内，并与早期岩体呈截然的侵入接触关系。晚期脉体主要由钻孔揭露，地表滚石、碎石中零星可见。闪长玢岩和安山玢岩均呈灰色，块状构造，斑状结构，基质均呈微晶和隐晶质。闪长玢岩斑晶含量约占总体积的 35%，主要由遭受蚀变的短柱状斜长石和黑云母组成。而安山玢岩斑晶主要由长条状斜长石组成，约占岩石总体积的 10%。锆石 LA-ICP-MS U-Pb 定年指示闪长玢岩和安山玢岩的形成年龄分别为 144.9 ± 0.9 Ma 和 144.8 ± 1.3 Ma（Deng et al.，2019b）。

富克山铜矿区内已经圈定数条铜钼矿体，铜品位 0.20% ~ 1.16%，钼品位 0.03% ~ 0.32%。由于勘查工作还在进行，具体的铜钼储量还待评估。矿化形式以石英网脉状和浸染状硫化物为主，赋存在石英闪长岩、粗粒二长花岗岩和石英二长岩内（李光辉等，2019）。

富克山矿区矿石矿物主要由黄铜矿、辉钼矿、斑铜矿和黄铁矿组成，黝铜矿、辉铜矿、磁铁矿、褐铁矿和赤铁矿次之。脉石矿物由石英、绢云母、斜长石、钾长石、绿泥石、方解石、绿帘石、金红石、黏土矿物、锆石、磷灰石等组成。富克山斑岩铜矿床的矿石结构有固溶体分离结构、结晶结构、交代结构和似斑状压碎结构（李光辉等，2019）。

富克山斑岩铜钼矿床围岩蚀变较为简单，主要包括钾化、黄铁绢英岩化和绿泥石–黄铁矿化。钾化主要分布于石英闪长玢岩及紧邻石英闪长玢岩的围岩中，由此向外逐渐过渡到黄铁绢英岩化和绿泥石–黄铁矿化。矿区内还出现大量的晚期（硬）石膏脉，该脉切穿矿区内包含粗粒二长花岗岩在内的多种岩性，表明这些（硬）石膏脉应该与矿化无关（李如操等，2020）。富克山斑岩铜钼矿床成矿作用过程可分为三个阶段：钾化阶段、黄铁绢英岩化阶段和绿泥石–黄铁矿阶段（图 3.75）（李如操等，2020）。

5. 富克山短波红外光谱特征

研究发现，富克山铜矿中大部分围岩为粗粒二长花岗岩和石英二长（斑）岩，二者的长石类矿物均广泛发育绢云母化。但由于伟晶岩中暗色矿物较少，且经历石英二长（斑）岩和石英闪长玢岩两期岩浆–热液活动的叠加作用，导致绿泥石在其中不发育。富克山斑岩矿床中的绿泥石主要集中在石英闪长玢岩和石英二长（斑）岩中（李如操等，2020）。绢云母和绿泥石等矿物的发育为短波红外光谱（SWIR）测试及其应用提供了很好的条件，李如操等（2020）通过短波红外光谱分析技术测得富克山矿区蚀变矿物主要为绿泥石和白云母族矿物（图 3.76）。

光谱解译后的矿物主要为伊利石、白云母和绿泥石，其他矿物由于数量较少，空间分布十分有限，不具有统计意义。伊利石、白云母和绿泥石的空间分布显示伊利石的分布范围最广，白云母和绿泥石的分布范围明显较小（图 3.77）。绿泥石的分布严格受到岩性的控制，在含暗色矿物较多的岩性中（如石英闪长玢岩和石英二长斑岩）绿泥石比较发育，而在粗粒二长花岗岩中绿泥石分布十分局限。白云母主要分布于石英闪长玢岩和石英二长斑岩中，在东西向剖面中可以明显看出白云母的分布与石英闪长玢岩关系十分密切。此外，南侧岩体中也有零星分布（图 3.76a；ZK4003）（李如操等，2020）。

李如操等（2020）根据短波红外光谱分析结果分析了白云母族矿物的 IC 值和 Pos2200 的值以及绿泥石的 Pos2250 的值在空间上的分布，结果显示白云母族的 IC 值和 Pos2200 高值与闪长玢岩及后期脉岩密切相关（图 3.77a，b）。此外，Pos2200 的最高值出现在南侧岩体中（图 3.77b）。绿泥石的 Pos2250 值多与闪长玢岩和后期脉岩相关（图 3.77c），与白云母族 Pos2200 值一样，绿泥石的 Pos2250 最高值也出现在南侧岩体中（图 3.77c）。

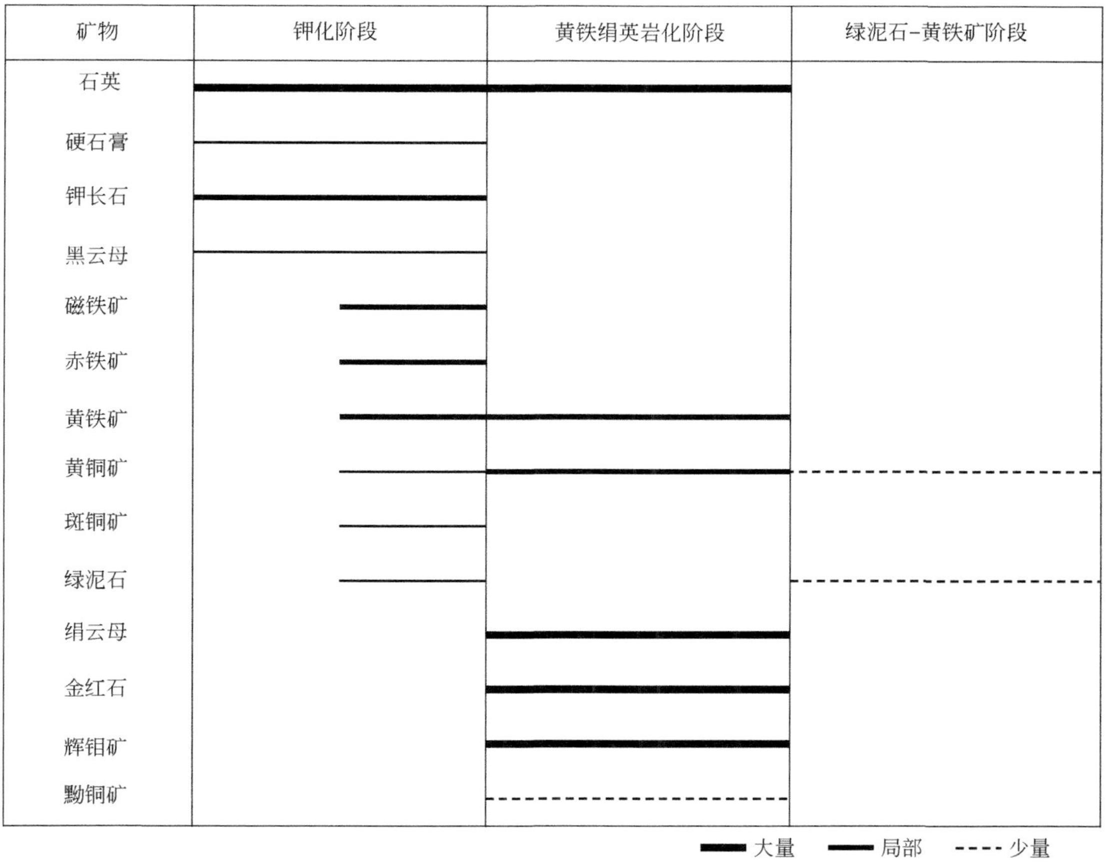

矿物	钾化阶段	黄铁绢英岩化阶段	绿泥石-黄铁矿阶段
石英	大量	大量	
硬石膏	局部		
钾长石	大量		
黑云母	局部		
磁铁矿	局部		
赤铁矿	大量		
黄铁矿	大量	大量	
黄铜矿	局部	大量	少量
斑铜矿	局部		
绿泥石	大量		少量
绢云母		大量	
金红石		大量	
辉钼矿		大量	
黝铜矿		少量	

━━ 大量　── 局部　‑‑‑ 少量

图 3.75　富克山铜矿矿化期次（据李如操等，2020）

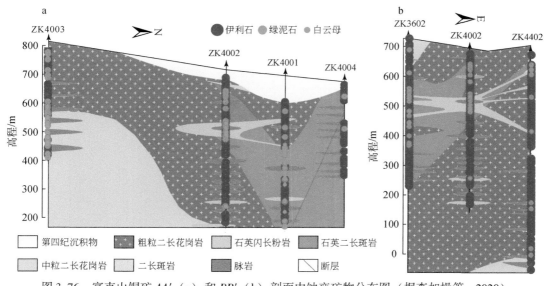

图 3.76　富克山铜矿 *AA′*（a）和 *BB′*（b）剖面中蚀变矿物分布图（据李如操等，2020）

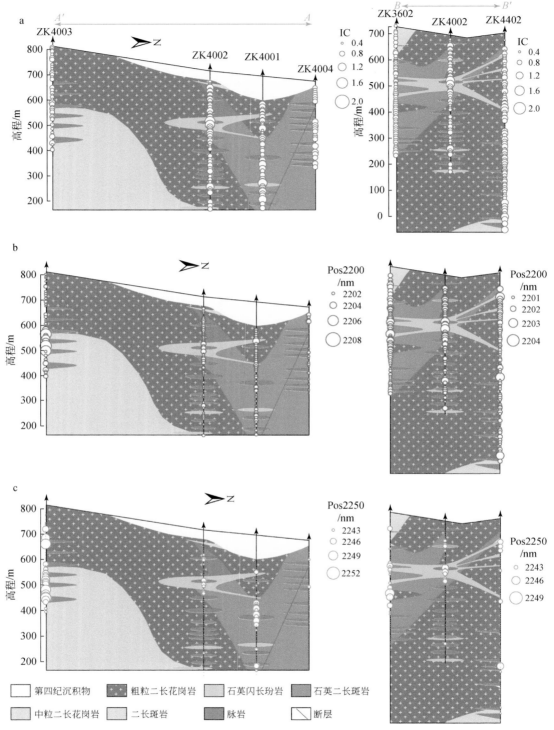

图 3.77　富克山铜矿 SWIR 空间分布特征（据李如操等，2020）
a. IC 值间变化；b. Pos2200 空间变化；c. Pos2250 空间变化

3.3　斑岩矿床蚀变矿物勘查标识总结

3.3.1　应用蚀变矿物地球化学特征指示斑岩矿床热液中心

从勘查角度来看，青磐岩化蚀变带发育在斑岩系统最外围，是该系统发育最为广泛的蚀变，主要出现的特征矿物是绿泥石和绿帘石。Wilkinson 等（2015）对巴都希贾乌斑岩铜-金矿床（3.7 Ma 左右）青磐岩化蚀变相关的绿泥石开展背散射、电子探针和 LA-ICP-MS 分析，结果表明 K、Li、Mg、Ca、Sr、Ba、Ti、V、Mn、Co、Ni、Zn 和 Pb 等微量元素存在于绿泥石晶格中，而非以矿物包裹体存在。此外，随着绿泥石远离矿化中心，绿泥石 Ti、V 和 Mg 含量呈指数性降低，而 Li、Ca、Sr、Ba、Mn 和 Zn 含量呈指数性升高。绿泥石的 Ti/Sr、Ti/Pb 和 Ti/Ba 值在距离矿化中心 2 km 范围，V/Ni、Mg/Sr 和 Mg/Ca 值在距离矿化中心 5 km 范围，从矿化中心到外围呈指数性降低，优于一般全岩的异常范围（小于 1.5 km），并提出了距矿体距离 X 与绿泥石微量元素之间的关系：$X = \ln(R/a)/b$，其中 R 为绿泥石的元素含量比值，a 和 b 为常数。Wilkinson 等（2020）又对埃尔特尼恩特斑岩铜钼矿床（5.3 Ma 左右）青磐岩化蚀变相关的绿泥石开展了相似的工作，发现从矿化中心到外围，绿泥石 Ti 和 V 含量逐渐降低，而 Li、As、Co、Sr、Ca、La 和 Y 含量逐渐升高，这些规律与巴都希贾乌斑岩铜-金矿床相似。这两个研究实例属于较年轻的斑岩系统，形成之后基本没有遭受后期改造。相对于年轻斑岩系统，古老斑岩系统往往容易遭受后期的叠加改造作用。然而，从矿化中心到外围，澳大利亚北帕克斯铜-金矿床（440 Ma 左右）青磐岩化蚀变相关的绿泥石 Ti 和 V 含量逐渐降低，而 Mn 和 Zn 含量逐渐升高；新疆土屋斑岩铜矿床（340 Ma 左右）青磐岩化蚀变相关的绿泥石 Sc、V、Ti 和 Ga 逐渐降低，Li、Sr、Mn 和 Zn 逐渐升高；长江中下游成矿带沙溪斑岩型铜-金矿床（130 Ma 左右）青磐岩化绿泥石 Ti 和 V/Ni 降低，而 Mn 含量升高。这些结果表明古老斑岩系统绿泥石微量元素空间变化规律与年轻斑岩系统一致，说明斑岩系统绿泥石空间变化规律在古老斑岩系统同样适用。

相对于绿泥石，斑岩系统青磐岩化阶段的绿帘石元素空间变化规律研究实例较少，但部分已有研究表明其同样具有明显的空间变化规律。Wilkinson 等（2020）对埃尔特尼恩特斑岩铜-钼矿床青磐岩化蚀变相关的绿帘石开展研究，发现靠近矿化中心的绿帘石具有较低的 Fe、Cu、As、Zr、Zn、La、Yb 和 Y。Pacey 等（2020）对北帕克斯铜-金矿床青磐岩化蚀变相关的绿帘石开展研究，发现从矿化中心到外围，绿帘石 Ti、V 和 As 含量呈逐渐降低的趋势，而 Sn 和 Mg 含量逐渐升高。Xiao 等（2018b）对新疆延东斑岩铜矿研究发现，从矿化中心到外围，青磐岩化蚀变相关的绿帘石 Ti 含量逐渐降低，而 Zr、Sc 和 Sb 含量升高。此外，Cooke 等（2014）对菲律宾 Baguio 地区斑岩-夕卡岩（3 Ma 左右）的青磐岩化带中绿帘石进行 LA-ICP-MS 分析，结果表明在钾化带附近的绿帘石具有最高的 Cu、Mo、Au 和 Sn 含量，而绿帘石 As、Sb、Pb、Zn 和 Mn 含量远离矿体 1.5 km 处最高，黄铁矿蚀变晕边缘的绿帘石稀土元素和 Zr 则最为富集。

　　值得指出的是，由于斑岩矿床矿区经常发育多种类型围岩，因而在探讨蚀变矿物地球化学特征空间变化规律之前，首先要了解围岩对于蚀变矿物地球化学特征的影响。Wilkinson 等（2020）对埃尔特尼恩特斑岩铜-钼矿床围岩开展研究，发现该矿床矿区发育的岩性多样，从玄武岩、辉绿岩、玄武-安山质火山角砾岩、闪长岩、安山岩、石英闪长岩、二长岩、花岗闪长岩，到英安岩都有发育。对不同岩性中形成的青磐岩化蚀变相关的绿泥石和绿帘石开展研究发现，不同岩性中形成的绿泥石 Fe 和 Mg 有明显区别，而其他元素差别不大；不同岩性中形成的绿帘石元素无明显差别。这些研究表明，围岩可能对绿泥石和绿帘石大部分元素无明显影响，因而利用绿泥石和绿帘石元素空间变化规律进行找矿勘查应用是可行的。

　　近年来，短波红外光谱技术在斑岩-浅成低温热液矿床矿产勘查领域逐渐得到广泛应用，尤其对隐伏矿床的找矿勘查效果显著（Thompson et al.，1999；Yang et al.，2005；章革等，2005；Chang et al.，2011）。该技术可以快速和有效地识别和鉴定许多肉眼难以识别的低温热液蚀变矿物，包括绿帘石、绿泥石、方解石、白云石、迪开石、伊利石、白云母、石膏等，而这些矿物是斑岩矿床出现最为广泛的蚀变矿物。因此，自 20世纪 90 年代开始，短波红外分析技术被广泛地用于建立斑岩矿床蚀变分带模式。同时该技术还可利用一些矿物反射光谱特征（如伊利石结晶度和伊利石吸收峰位值）的系统变化，直接定位热液/矿化中心，为区内找矿勘查提供理论依据。许超等（2017）对福建紫金山矿田西南铜钼矿段开展蚀变矿物短波红外光谱勘查应用研究，发现该矿床具有斑岩型矿床的蚀变矿化特征。围岩蚀变在空间上具有明显的分带性，从深部到浅部依次为：青磐岩化带，绢英岩化带，高级泥化-泥化带和氧化带。从矿化中心到外围，该矿床伊利石结晶度值（IC）和伊利石 2200 nm 吸收峰位值（Pos2200）均有明显的从高值变为低值的变化趋势，为紫金山地区斑岩矿床的成矿规律认识和找矿勘查提供进一步的科学依据。Feng 等（2020）对大兴安岭北部的小柯勒河开展蚀变矿物短波红外光谱勘查研究，建立了该矿区蚀变分带模型，从深部的花岗闪长斑岩到地表依次为钠钙化、钾化、绿泥石-伊利石化和绢英岩化。此外，绿泥石 Pos2250 值高值（>2245 nm）和低的 IC 值（<0.8）与小柯勒河矿区矿化区具有很好的耦合性，也可以作为小柯勒河矿区有效的找矿勘查标识。

　　以上这些斑岩矿床实例研究表明，结合蚀变矿化分带和蚀变矿物元素及短波红外光谱特征，可以有效指导隐伏斑岩矿床矿化中心的圈定。

3.3.2　应用斑岩矿床蚀变矿物地球化学特征区分矿化与非矿化系统

　　含斑岩矿床的地层中通常包含与斑岩蚀变不相关的低温热液蚀变的围岩，因此，区分与斑岩蚀变相关的蚀变矿物和与斑岩系统无关的蚀变矿物对于利用斑岩系统的蚀变矿物地球化学成分来指导找矿有十分重要的意义。通过与澳大利亚元古宙区域变质地层中变质绿泥石对比，Wilkinson 等（2015）发现尽管变质绿泥石有较大的主量元素变化范围，与 Batu Hijau 斑岩系统相关的绿泥石明显含有更低的亏损 Al、Fe 和 Li，而富集 Ca、Sr 和 Si。

Pacey 等（2020）对北帕克斯铜–金矿床青磐岩化蚀变相关的绿泥石和绿帘石，以及该区域变质绿泥石和绿帘石开展了能谱和 LA-ICP-MS 分析。发现相对于变质绿泥石，青磐岩化蚀变相关的绿泥石明显有更高的 Mg、Al、Ti、V，Zn 和 Mn，更低的 Fe、Si、Ca 和 Li。而相对于变质绿帘石，青磐岩化蚀变相关的绿帘石有着更高的 Ti、V 和 Mn，而更低的 Ca、Mn、Sr 和 As。以上这些研究表明，根据蚀变矿物地球化学特征可以区分与斑岩相关和不相关的蚀变。

第4章 夕卡岩型矿床勘查标识体系

夕卡岩型矿床是全球重要的矿床类型之一，按照金属矿化类型可分为 Fe、Au、Cu、Zn、W、Mo 和 Sn 等七大类（Meinert et al.，2005）。夕卡岩型矿床是中国最重要的矿床类型之一，是中国锡、钨、铜、铁和铋矿的主要矿床类型，是铍、钼、铅锌、金、银及部分关键金属和非金属矿产的主要来源（赵一鸣，2002；赵一鸣和林文蔚，2012；Chang et al.，2019）。

4.1 矿床特征与主要蚀变矿物简介

4.1.1 夕卡岩定义及夕卡岩矿床特征

夕卡岩的原始定义是有大量的富 Ca 硅酸盐矿物产出，如石榴子石、辉石和硅灰石等（Einaudi et al.，1981；Meinert，1992；Meinert et al.，2005；Chang et al.，2019）。这一矿床定义和分类原则主要是根据成矿的岩石环境/组合，不含任何矿床成因意义。通常情况下，夕卡岩型矿床主要产于中酸性侵入岩与碳酸盐岩的接触带附近，常伴随有大面积的接触交代作用，形成 Ca-Mg-Fe-Mn-Al 硅酸盐矿物组合（如石榴子石、透辉石和绿帘石等）及金属矿物（图4.1；Meinert，1992；赵一鸣，2002；Meinert et al.，2005）。夕卡岩矿物，按照原岩成分可分为钙质夕卡岩和镁质夕卡岩矿物。其中，碳酸盐围岩中 MgO 含量的高低是形成镁质夕卡岩或钙质夕卡岩的重要先决条件之一；当碳酸盐围岩中 MgO 含量大于 8% 时，主要形成镁质夕卡岩；而当 MgO 含量小于 2% 时，则主要形成钙质夕卡岩（赵一鸣和林文蔚，2012）。另外，按照矿床的多成因及矿化叠加情况，可分为层控–夕卡岩型、云英岩–夕卡岩型和斑岩–夕卡岩复合型（姚凤良和孙丰月，2006；张世涛，2018）。

已有的大量研究表明，与 Sn 和 Au 夕卡岩型矿床有关的侵入体相对偏还原性，与 Cu、Zn 和 Mo 夕卡岩型矿床有关的侵入体则相对偏氧化性，与 W、Sn 和 Mo 夕卡岩型矿床有关的侵入体具有更显著的壳源岩浆特征（Meinert，1993；Meinert et al.，2005）。致矿岩体的氧化还原状态和分异程度在很大程度上控制了夕卡岩型矿床的金属类型和矿化分带，主要包括高分异还原性岩浆（自岩体内部向外：云英岩型 $Sn\pm W\to$夕卡岩型 $Sn\pm Cu\pm Fe\to$远端 Sn 和 Zn-Pb 矿化）、低–中度分异还原性岩浆（夕卡岩型 $Au\to$Zn-Au 矿化）、高分异氧化性岩浆（斑岩型 Mo/云英岩型 $W\to$夕卡岩型 Mo 和/$W\pm Fe\pm Cu\to$远端 $Mo/W\pm Cu$ 矿化）和低–中度分异氧化性岩浆（斑岩型 Mo/$Cu\pm$捕虏体夕卡岩型 $Cu\to$夕卡岩型 Cu 和/$Fe\pm Au\pm Mo\to$远端 Cu 和 Zn-Pb 矿化）（Meinert et al.，2005；Sillitoe，2010；Chang et al.，2019）。

通常，夕卡岩型 Fe 矿床主要发育在内接触带附近，并往往伴随有钠长石化、正长石化和方柱石化等蚀变；夕卡岩型 Cu 矿床多与 I 型或磁铁矿系列的钙碱性斑状侵入体密切相关，常常伴有同时代的火山岩，并以网状脉、脆性断裂、热液角砾、强烈围岩蚀变及富含钙铁榴石为主要特征，并形成于较浅的地质环境中（Meinert et al.，2003，2005；Chang et al.，2019）。此外，矿化远端的漂白大理岩、流体逃逸构造和蚀变晕等都是夕卡岩矿床重要的找矿标识（图 4.1；Meinert et al.，2005；Chang and Meinert，2008）。

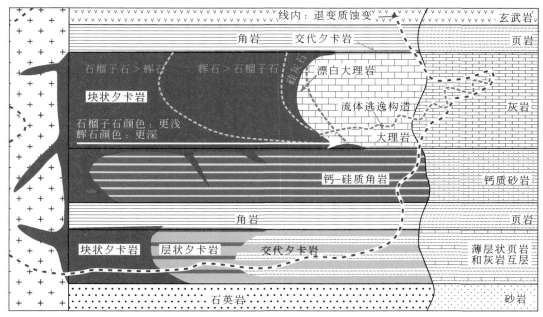

图 4.1　典型夕卡岩型矿床分带模式图（据 Chang et al.，2019）

夕卡岩型矿床的围岩蚀变和金属分带可以从微米级到数千米的尺度变化，这些分带不仅可以有效示踪流体流动方向、围岩蚀变程度、温度变化和热液流体演化，而且对于具体的找矿勘查工作也具有重要的指示意义（Meinert et al.，2005）。以夕卡岩型铜-金-铁多金属矿床为例，磁铁矿和赤铁矿是常见的铁氧化物，其中块状磁铁矿矿石往往与白云质碳酸盐围岩密切相关，局部可形成富铁矿（Meinert et al.，2005）。通常，自岩体内部向外（即内至外夕卡岩带）会形成如下的围岩蚀变和金属分带特征：①块状石榴子石 → 辉石逐渐增多 → 符山石和/硅灰石，且石榴子石/辉石体积比呈逐渐下降的趋势；②暗红棕色石榴子石 → 浅绿色和浅黄色石榴子石；③黄铁矿+黄铜矿 → 黄铜矿的比例逐渐升高 → 斑铜矿（Einaudi et al.，1981；Meinert et al.，2005；Chang et al.，2019）。若夕卡岩型铜-金-铁矿床中出现钙镁橄榄石，斑铜矿和辉铜矿将取代黄铁矿和黄铜矿，成为主要的硫化物（Meinert et al.，2005）。此外，富 F 的岩浆体系可以产生流体循环结构，因而会产生更明显的内夕卡岩带，并在近端的岩体中出现石英溶蚀结构和高 Zn/Cu 值（Chang and Meinert，2004）。

　　夕卡岩型矿床的蚀变早阶段具有高温（≥500 ℃）、高盐度（>50% NaCl eqv.）、较高的 Si、K、Na、Al、Fe 和 Mg 含量以及较低的 Ca 和 CO_2 含量等特征，并逐渐向低温度（≤400 ℃）和低盐度（≤20% NaCl eqv.）的晚阶段演化。在晚阶段，由于降温和减压作用，热液流体发生相的分离，产生富水的流体，并伴随着强烈的退变质交代作用（Meinert et al., 1997, 2005; Peng et al., 2016）。流体沸腾作用是这类夕卡岩型矿床中铜和金沉淀的主要机制，其中金主要以氯化物络合物的形式进行搬运和迁移（Meinert et al., 2005）。流体沸腾作用是这类夕卡岩型矿床中铜和金沉淀的主要机制，其中，金主要以氯化物络合物的形式进行搬运和迁移（Meinert et al., 2005）。

　　在实践找矿勘查中，除运用上述提到的岩浆岩、围岩地层、构造环境、流体包裹体和夕卡岩矿物等标识，地表出露的铁帽、地球物理、地球化学原生晕、挥发分及地质植物等等，也是重要的找矿标识（赵一鸣，2002；赵一鸣和林文蔚，2012；孙四权等，2019）。这些在理论研究和实践找矿过程中积累的找矿勘查方法，对于寻找不同类型夕卡岩矿床具有重要的指导作用。

　　然而，在当今全球面临地表资源逐渐枯竭和深部找矿勘查的新形势下，如何在传统夕卡岩矿床找矿勘查方法的基础上，探索和寻找新的勘查技术方法，并建立起夕卡岩矿床找矿勘查标识体系显得尤为重要。近十年来，短波红外光谱（SWIR）测试技术和 LA-ICP-MS 等单矿物微束微区测试技术的飞速发展，使得准确快速的单矿物高精度元素测试成为可能，蚀变矿物物化特征勘查标识体系研究也随之得以实现（陈华勇等，2019；孙四权等，2019）。

4.1.2　夕卡岩矿床主要蚀变矿物

　　夕卡岩矿物：主要形成于接触交代作用的早期，如常见的石榴子石、辉石和硅灰石等，以及少量的符山石等。

　　退化蚀变矿物：主要形成于退化蚀变阶段，如绿帘石、阳起石、透闪石、金云母、蛇纹石、滑石和石膏等。

　　碳酸盐岩矿物：大多数形成于矿化晚阶段的碳酸盐阶段，以浸染状、不规则和/或碳酸盐脉产出，主要矿物为方解石以及少量产出的铁白云石。

　　层状硅酸盐矿物：主要形成于石英–硫化物阶段，包括绿泥石（镁绿泥石、铁镁绿泥石和铁绿泥石）、白（绢）云母族矿物（伊利石、白云母、多硅白云母）、高岭石族（高岭石、迪开石和埃洛石）和蒙皂石族矿物（皂石和蒙脱石）等（图 4.2；张世涛等，2017；Han et al., 2018；Tian et al., 2019；陈华勇等，2019；Zhang et al., 2020a）。

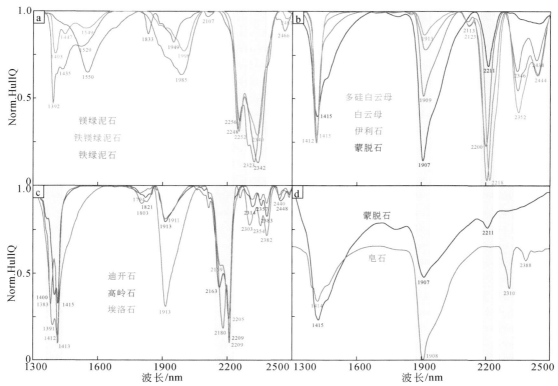

图 4.2　夕卡岩矿床中常见层状硅酸盐矿物的标准光谱曲线（据 Zhang et al., 2020a 修改）

a. 绿泥石族（镁绿泥石、铁镁绿泥石和铁绿泥石）；b. 绢云母族（伊利石、白云母、多硅白云母）和蒙脱石；

c. 高岭石族（高岭石、迪开石和埃洛石）；d. 蒙皂石族（皂石和蒙脱石）

4.2　研　究　实　例

　　与斑岩-浅成低温热液矿床相比，蚀变矿物地球化学勘查方法在夕卡岩型矿床中的应用相对较晚。本节系统总结了本团队近年来对长江中下游成矿带鄂东南矿集区的铜绿山、鸡冠嘴和铜山口等三个典型（斑岩-）夕卡岩型铜多金属矿床的相关研究成果。

4.2.1　鄂东南铜绿山铜-金-铁矿床

1. 矿区地质背景

　　铜绿山铜-金-铁矿床位于湖北省大冶市铜绿山镇，距离大冶市区西南约 4 km（图 4.3 a，b）。铜绿山矿床是目前中国东部最大的夕卡岩型铜多金属矿床之一（魏克涛等，2007；谢桂青等，2009；张世涛等，2018）。截至目前，铜绿山矿床已累计探明 Cu 金属资源量超过 1.44 Mt（平均品位 1.66%），Au 金属资源量 81 t（平均品位 0.45 g/t），铁矿石资源量

0.86×10⁸ t（平均品位 39.4%），以及伴生钴、银、钼等多金属（湖北省地质局第一地质大队，2010；张世涛等，2018；Zhang et al.，2020a）。

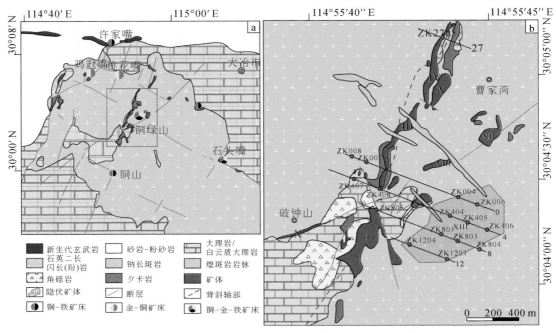

图 4.3　鄂东南铜绿山矿田（a）和铜绿山铜–金–铁矿床（b）地质图（据 Zhang et al.，2021）

铜绿山铜–金–铁矿床位于阳新岩体的西北端，大冶复式向斜南翼与 NNE 向下陆–姜桥断裂交汇处（图 4.3a；刘继顺等，2005；谢桂青等，2009）。矿区内出露的地层主要为下三叠统大冶组碳酸盐岩，自下而上可分为 7 个岩性段（T₁dy¹—T₁dy⁷），岩性主要为灰岩及白云质灰岩，沿 NNE 向构造呈隐伏状的断块出现。其中，与成矿密切相关的是第 5 和 6 岩性段的灰岩和白云质灰岩（刘继顺等，2005；张世涛等，2017，2018）。由于受到 NWW 向断裂–破碎带和 NNE 向褶皱–断裂构造作用和早白垩世岩浆侵入作用的控制，灰岩和白云质灰岩均已变质为大理岩/白云质大理岩或夕卡岩，且多呈捕房体或残留体存在（图 4.3b；张世涛等，2018；Zhang et al.，2020a）。

2. 岩浆岩特征及成因

通过详细的野外地质调查、钻孔岩心编录、井下坑道剖面以及室内岩相学观察，研究者在铜绿山矿区厘定出 7 类岩浆岩，包括与夕卡岩成矿有关的石英二长闪长岩及赋存其中的暗色微粒包体和石英二长闪长玢岩，及成矿期后的花岗岩、钠长斑岩、闪长玢岩和煌斑岩脉（图 4.4；张世涛等，2018；Zhang et al.，2021）。在铜绿山矿区，分布最为广泛且与成矿密切相关的侵入岩是石英二长闪长岩，呈岩株体侵入下三叠统大冶组碳酸盐岩中，出露面积约 11 km²（图 4.3b 和 4.4a，b）。总体上，岩体自东南深部向西北浅部发生有规律的岩相变化，即由粗粒石英二长闪长岩（中深成相）、中粗粒似斑状石英二长闪长岩（中浅成相）向中细粒石英二长闪长岩（浅成相）过渡。石英二长闪长岩中发育有暗色微粒包体（MMEs），主要见于部分深部钻孔的岩心中（图 4.4a）。此外，在内接触带附近，局部发现有石英二长闪长玢岩与石英二长闪长岩呈渐变过渡关系，且二者周围都发育有夕卡岩及矿化（图 4.4e；张世涛，2018）。与常见的浅成相玢岩不同，铜绿山矿区的石英二长闪长玢岩，主要见于矿区中–深部内接触带附近，与岩体侵位的深度并无明显的相关性。这可能是由于岩浆在冷凝结晶过程中，局部遇到较冷的碳酸盐围岩时发生温度骤降而形成的（张世涛等，2018）。花岗岩、钠长斑岩、闪长玢岩和煌斑岩主要以后期岩脉的形式分别侵入石英二长闪长岩或夕卡岩矿体中，均为成矿期后的岩浆活动产物，但目前未观察到这四种岩脉之间的侵入接触关系（张世涛等，2018；Zhang et al.，2021）。

图 4.4　铜绿山铜–金–铁矿床主要岩浆岩手标本及显微特征（据 Zhang et al.，2021）

a. 产于石英二长闪长岩中的椭圆状暗色微粒包体（手标本照片）；b. 石英二长闪长岩具二长结构，主要由斜长石、钾长石、角闪石、石英及少量的黑云母组成（正交偏光显微照片）；c. 暗色微粒包体中拉长的角闪石（单偏光显微照片）；d. 暗色微粒包体中的斜长石含有角闪石、磁铁矿、榍石和针状磷灰石等矿物包裹体（单偏光显微照片）；e. 石英二长闪长玢岩（手标本照片）；f. 石英二长闪长玢岩具斑状结构，斑晶主要由斜长石、角闪石及少量钾长石组成，基质呈显微显晶质结构，主要由石英和钾长石组成（正交偏光显微照片）。矿物缩写：MMEs. 暗色微粒包体；Pl. 斜长石；Hb. 角闪石；Qtz. 石英；Kfs. 钾长石；Mt. 磁铁矿；Ap. 磷灰石；Ttn. 榍石

　　锆石 LA-ICP-MS U-Pb 定年表明，铜绿山暗色微粒包体（MMEs）形成于 141.1±1.0 Ma，与致矿的石英二长闪长岩和石英二长闪长玢岩（约 141 Ma）的结晶年龄在误差范围内一致；而成矿期后的花岗岩（140.7±1.0 Ma）、钠长斑岩（140.1±0.9 Ma）和闪长玢岩（139.1±1.0 Ma）脉的形成时间稍晚（图 4.5a）。这些同位素数据表明，鄂东南铜绿山矿区的中酸性侵入岩的结晶年龄在 141～139 Ma，暗示岩浆作用持续时间较短。铜绿山 MMEs 具有火成结构、局部可见明显的斜长石眼斑晶、拉长角闪石和针状磷灰石（图 4.4a，c，d），暗示其可能来自基性岩浆注入石英二长闪长质岩浆中形成的混合熔体。铜绿山矿区不同中酸性侵入岩和 MMEs 的微量元素地球化学和 Sr-Nd-Hf 同位素组成类似于长江中下游地区同时代的富 K 镁铁质岩，这表明它们主要来自富集的大陆岩石圈地幔（SCLM），且这些地幔被板块衍生的流体/熔体交代，并经历了显著的分离结晶作用。此外，铜绿山石英二长闪长（玢）岩的高氧

逸度和含水量表明交代的 SCLM 熔体在上升过程中发生了分步结晶和补给/岩浆系统中的混合作用使其具有形成铜–金多金属矿化的潜力（Zhang et al.，2021）。

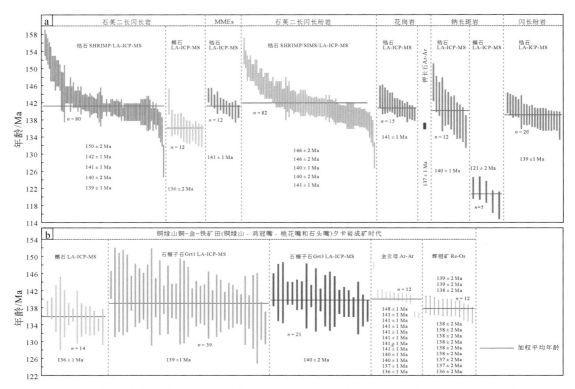

图 4.5　鄂东南铜绿山矿田中酸性侵入岩和夕卡岩成矿年龄谱图（据 Zhang et al.，2021）

图中黑色、灰色和深蓝色数据来自 Li J W et al.，2009，2010，2014；Li X H，2010；Xie et al.，2011；Zhang et al.，2019a；梅玉萍等，2008；李华芹等，2009；邓晓东等，2012；黄圭成等，2013；张世涛等，2018

3. 矿床地质特征

矿体特征：在铜绿山矿区，目前已发现有 14 个矿体，以Ⅰ、Ⅲ、Ⅳ、Ⅷ和ⅩⅣ号矿体为主，Ⅱ、Ⅴ、Ⅶ和Ⅺ等为次要矿体，其分布主要受 NNE 和 NEE 向两组构造控制（图 4.3b）。在空间上，夕卡岩型矿体主要产于石英二长闪长（玢）岩与大理岩的接触带，且在接触带与构造破碎带交叉复合部位，往往形成厚大的富矿体。矿体主要呈透镜状、似层状成群出现，且单个矿体具有边缘薄、中间厚的特点（图 4.6；魏克涛等，2007；张世涛等，2017）。

矿石类型：矿石类型按照金属矿物组合可以分为磁铁矿型、磁铁矿–黄铜矿型、黄铜矿型、黄铜矿–黄铁矿型、赤铁矿型、赤铁矿–辉铜矿型、黄铁矿型、辉钼矿–黄铜矿型和镜铁矿型八种主要类型。金属矿物以磁铁矿、赤铁矿、黄铜矿为主，其次是辉铜矿、斑铜矿、铜蓝、辉钼矿、自然金、镜铁矿、闪锌矿等；非金属矿物主要包括石榴子石、透辉石、金云母、蛇纹石、绿帘石、蒙脱石、伊利石、绿泥石、钾长石，其次是黑云母、石英、皂石、方解石、白云石、铁白云石以及少量的透闪石、滑石、石膏等（张世涛，2018）。

矿石组构：矿石结构主要有自形粒状结构、半自形粒状结构、他形粒状结构、交代结构、镶边结构、共结边结构、出溶结构、包含结构、脉状结构、网脉状结构、填隙结构等，其中最常见的是粒状结构和交代结构。矿石构造主要有团块状构造、块状构造、脉状构造和浸染状构造（张世涛，2018）。

围岩蚀变：在铜绿山矿区，围岩蚀变不仅广泛发育，蚀变类型多样且特征显著，对矿区夕卡岩成矿作用具有重要的意义。主要的围岩蚀变类型包括钾化（钾长石和黑云母）、钾-硅化、钾硅-黄铁矿化、绢云母化、夕卡岩化（石榴子石、透辉石和硅灰石）、退化蚀变（阳起石化、绿帘石化、金云母化、蛇纹石化、透闪石化等）、绿泥石化、碳酸盐化和黏土化（伊利石化、蒙脱石、高岭石化、皂石化等）蚀变等（张世涛等，2017；孙四权等，2019）。

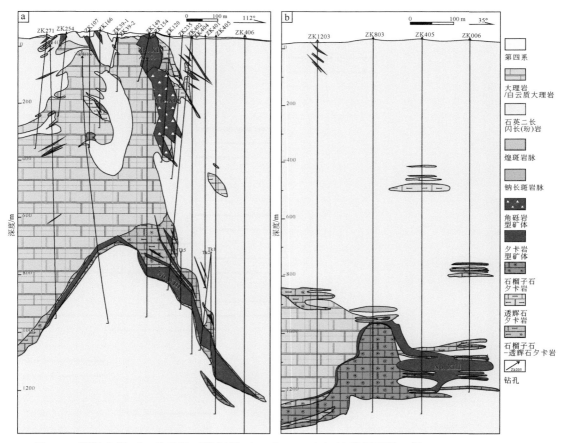

图 4.6　铜绿山铜-金-铁矿床 4# 勘探线（a）和 AA′（b）地质剖面图（据 Zhang et al.，2020a）

成矿期次：根据脉体的穿插关系、蚀变矿物的共生组合及相互包裹关系、矿石的结构构造等特征，可将铜绿山铜-金-铁矿床的成矿期次划分为岩浆-热液期和表生期，岩浆-热液期从早到晚又可分为成矿前阶段（S1）、铁氧化物阶段（S2）、硫化物阶段（S3）和碳酸盐阶段（S4）（图 4.7）。

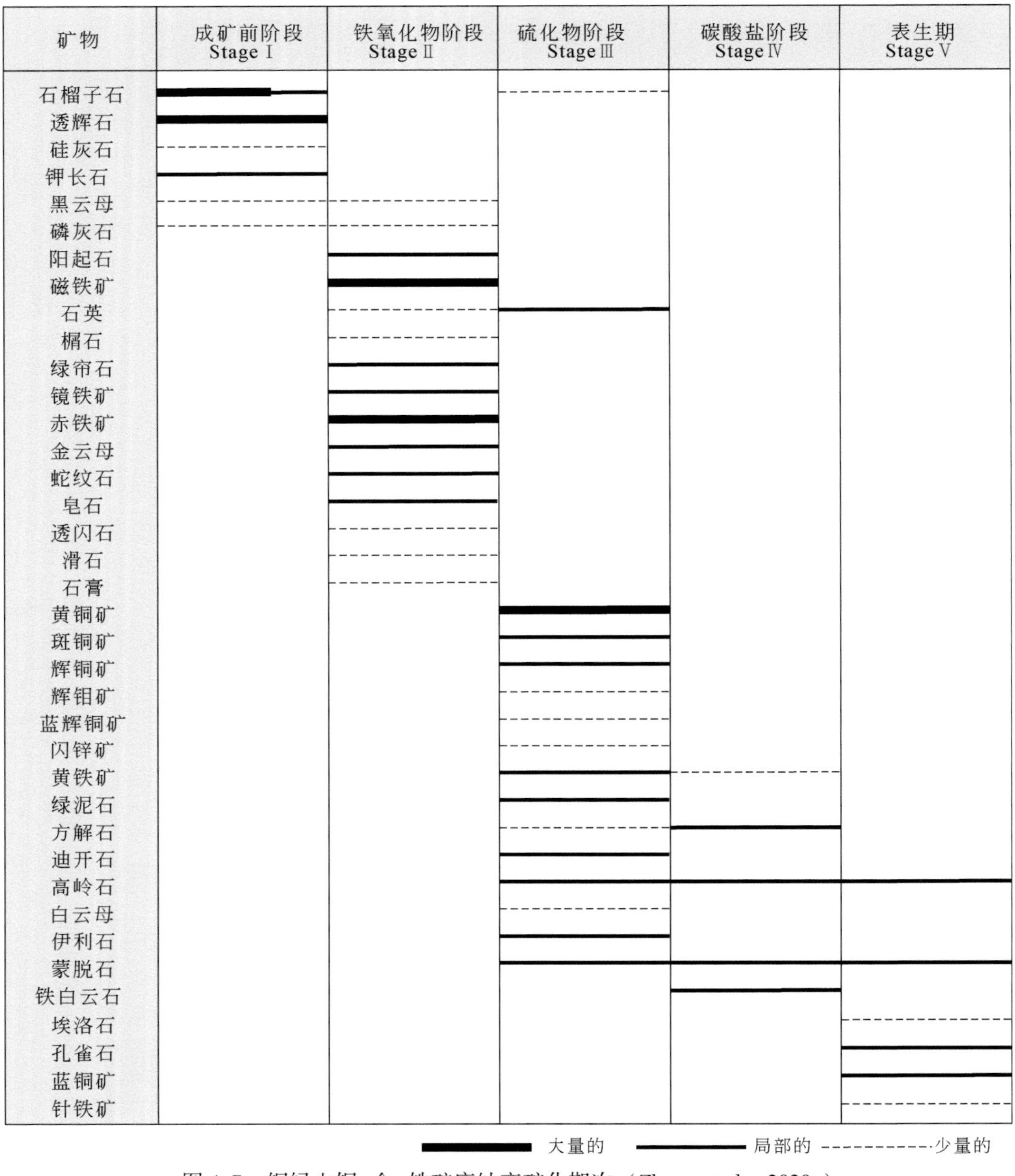

矿物	成矿前阶段 Stage I	铁氧化物阶段 Stage II	硫化物阶段 Stage III	碳酸盐阶段 Stage IV	表生期 Stage V
石榴子石	▬▬▬		------		
透辉石	▬▬▬				
硅灰石	------				
钾长石	▬▬				
黑云母	------	------			
磷灰石	------				
阳起石		─────			
磁铁矿		▬▬▬			
石英			─────		
榍石		------			
绿帘石		─────			
镜铁矿		─────			
赤铁矿		▬▬▬			
金云母		─────			
蛇纹石		─────			
皂石		▬▬▬			
透闪石		------			
滑石		------			
石膏		------			
黄铜矿			▬▬▬		
斑铜矿			─────		
辉铜矿			─────		
辉钼矿			------		
蓝辉铜矿			------		
闪锌矿			─────		
黄铁矿			─────		
绿泥石			─────		
方解石				─────	
迪开石			─────		
高岭石			─────	───	───
白云母			------		
伊利石			─────		
蒙脱石			─────		
铁白云石				─────	
埃洛石					------
孔雀石					─────
蓝铜矿					─────
针铁矿					------

▬▬▬ 大量的　　　───── 局部的　　-------- 少量的

图 4.7　铜绿山铜–金–铁矿床蚀变矿化期次（Zhang et al., 2020a）

1）成矿前的夕卡岩–钾化蚀变阶段（S1）

在铜绿山矿区，在内夕卡岩带和外夕卡岩带产出大量的无水蚀变矿物（图 4.8）。在成矿前阶段形成大量的石榴子石 Grt1 和 Grt2，其中，Grt1 手标本主要呈深棕色–深绿色，在正交偏光下显示全消光特征（图 4.8a，b）；Grt2 主要呈浅棕色–浅绿色沿 Grt1 的边部生长，正交偏光下显示出明显的韵律环带结构（图 4.8c）。此外，在石英二长闪长（玢）岩体的内部也形成大量的钾化、石榴子石和透辉石化蚀变（图 4.9）。

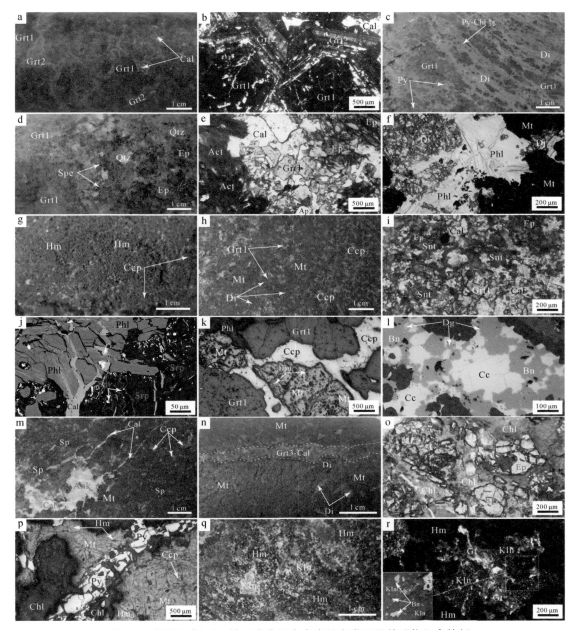

图 4.8　铜绿山铜-金-铁矿床典型夕卡岩蚀变类型及其矿物组合特征

a. 成矿前阶段的深棕色-深绿色石榴子石 Grt1 被浅棕色-浅黄色石榴子石 Grt2 包裹；b. 正交偏光下，均质的 Grt1 显示全消光，而非均质的 Grt2 显示出明显的环带结构；c. 成矿前阶段的石榴子石-透辉石夕卡岩被浸染状黄铁矿和黄铁矿-方解石切割/交代；d. 铁氧化物阶段的绿帘石-石英-镜铁矿交代石榴子石 Grt1；e. 铁氧化物阶段的绿帘石-阳起石-磷灰石交代石榴子石 Grt1；f. 铁氧化物阶段的金云母-磁铁矿交代透辉石；g. 块状的赤铁矿石被浸染状黄铜矿交代；h. 含交代残余透辉石和石榴子石的块状磁铁矿矿石被浸染状黄铜矿交代；i. 皂石-绿帘石交代石榴子石 Grt1；j. 金云母-蛇纹石-皂石被晚阶段的方解石脉交代；k. 磁铁矿-赤铁矿-金云母交代石榴子石 Grt1，之后又被黄铜矿交代；l. 辉铜矿-斑铜矿-蓝辉铜矿；m. 浸染状黄铜矿-闪锌矿交代磁铁矿矿石，之后又被方解石-铁白云石交代；n. 含交代残余透辉石的块状磁铁矿矿石被石榴子石 Grt3-方解石脉切割；o. 绿泥石交代绿帘石；p. 绿泥石-黄铁矿交代磁铁矿-赤铁矿矿石；q. 赤铁矿-高岭石矿石；r. 赤铁矿被高岭石-斑铜矿交代，之后又被表生阶段的针铁矿交代．矿物缩写：Grt. 石榴子石；Cal. 方解石；Di. 透辉石；Py. 黄铁矿；Chl. 绿泥石；Qtz. 石英；Ep. 绿帘石；Spe. 镜铁矿；Act. 阳起石；Phl. 金云母；Mt. 磁铁矿；Hm. 赤铁矿；Ccp. 黄铜矿；Snt. 皂石；Srp. 蛇纹石；Sp. 闪锌矿；Ank. 铁白云石；Kln. 高岭石；Bn. 斑铜矿；Cc 辉铜矿

2）退化蚀变和铁氧化物阶段（S2）

在大理岩围岩中可以观察到绿帘石-石英-镜铁矿和绿帘石-阳起石-磷灰石交代 Grt1（图 4.8d，e），而在白云质大理岩围岩中，主要可见金云母-磁铁矿（-蛇纹石）交代透辉石（图 4.8f）。本阶段的退化蚀变伴随着大量的磁铁矿和/赤铁矿矿化（图 4.7）。在空间上，赤铁矿矿体主要分布在（白云质）大理岩的中浅部，而磁铁矿体与夕卡岩及退化蚀变密切相关。在显微镜下，可以观察到皂石-绿帘石交代 Grt1，金云母-蛇纹石-皂石被晚阶段的方解石脉切割（图 4.8i，j）。在本阶段，石英二闪长（玢）岩中也产生了绿帘石、阳起石、磁铁矿和黑云母化等蚀变（图 4.9）。

3）石英-硫化物阶段（S3）

石英-硫化物阶段是铜绿山矿床最重要的铜-金成矿阶段，矿石矿物主要包括黄铜矿、斑铜矿、辉铜矿和黄铁矿，以及次要的辉钼矿、闪锌矿和自然金，而脉石矿物主要含石英、方解石和石榴子石 Grt3（图 4.7，图 4.8；Zhang et al.，2020a）。在显微镜下，可见磁铁矿-赤铁矿-金云母交代 Grt1，之后又被黄铜矿交代（图 4.8k）。在大理岩中也可见辉铜矿-斑铜矿-蓝辉铜矿组合（图 4.8l）。在含交代残留透辉石的磁铁矿矿石中，也发现有浸染状黄铜矿-闪锌矿交代磁铁矿，之后又被 Grt3-方解石脉切割（图 4.8m，n）。绿泥石是本阶段最重要的蚀变矿物之一。在岩体中，可见含绿泥石的石英-硫化物脉切割含钾长石蚀变晕的石英二长闪长（玢）岩（图 4.9e，f，g，k）；而在外接触带，亦可见绿泥石交代绿帘石和黄铁矿-绿泥石脉切割磁铁矿-赤铁矿矿石（图 4.8o，p）。

4）碳酸盐阶段和（S4）和表生阶段（S5）

在碳酸盐阶段，主要形成大量的方解石 ± 铁白云石 ± 黄铁矿脉切割夕卡岩、铁氧化物和石英-硫化物矿石，也可见其切割石英二长闪长（玢）岩（图 4.8，m，图 4.9）。此外，大量的孔雀石和蓝铜矿形成于表生阶段，以浅部的 Ⅰ、Ⅲ 和 Ⅷ号矿体为主（图 4.7；舒全安等，1992；赵一鸣和林文蔚，2012）。

4. 蚀变矿物 SWIR 光谱特征

通过对铜绿山铜-金-铁矿床 8 条勘探线共 20 个钻孔进行了详细的野外岩心编录和短波红外（SWIR）光谱分析（图 4.3b，图 4.10），Zhang 等（2020a）在铜绿山矿区共识别出 20 余种含水蚀变矿物，包括高岭石族（高岭石、迪开石和埃洛石）、白云母族矿物（白云母、伊利石和多硅白云母）、蒙皂石族（皂石和蒙脱石）、绿泥石（镁绿泥石、铁镁绿泥石和铁绿泥石）、退化蚀变矿物（绿帘石、阳起石、金云母、蛇纹石、透闪石、滑石和石膏）和碳酸盐矿物（方解石、铁白云石和白云石）及少量的葡萄石。其中，蒙脱石、伊利石、绿泥石、皂石和高岭石尤为发育（图 4.11）。

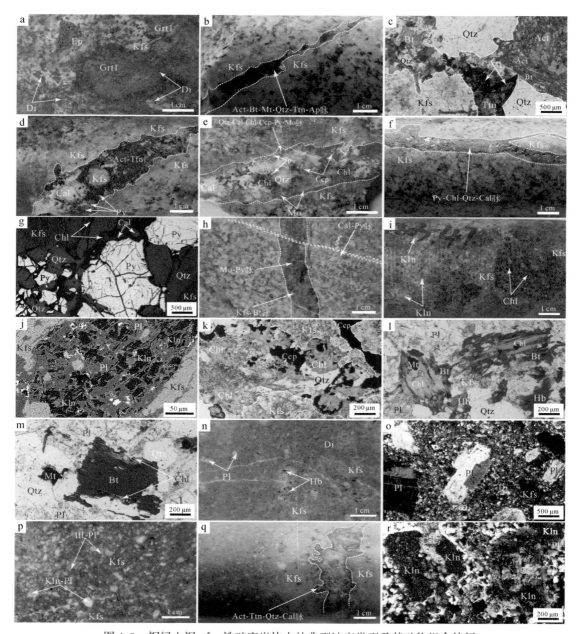

图 4.9　铜绿山铜-金-铁矿床岩体中的典型蚀变类型及其矿物组合特征

a. 钾长石化、石榴子石化和透辉石化石英二长闪长岩叠加绿帘石化蚀变；b，c. 钾长石化石英二长闪长岩被阳起石-黑云母-石英-磁铁矿-榍石-磷灰石脉切割；d. 钾长石化石英二长闪长岩被阳起石-榍石脉切割后又被方解石-黄铁矿交代；e. 钾长石化石英二长闪长岩被石英-方解石-绿泥石-黄铁矿-黄铜矿-辉钼矿脉切割；f，g. 钾长石化石英二长闪长岩被黄铁矿-绿泥石-石英-方解石脉切割；h. 石英二长闪长岩被钾长石-黑云母切割，然后又被辉钼矿-黄铁矿切割，最后被方解石-黄铁矿切割；i. 钾长石化石英二长闪长岩叠加强烈的绿泥石-高岭石化蚀变；j. 石英二长闪长岩中斜长石被高岭石交代；k. 石英二长闪长岩被绿泥石-石英-黄铜矿脉切割；l. 石英二长闪长岩中的角闪石和黑云母被绿泥石交代；m. 石英二长闪长岩中黑云母的边部被绿泥石交代；n，o. 石英二长闪长玢岩发生强烈的透辉石化蚀变；p. 石英二长闪长玢岩发生强烈的钾化、伊利石化和高岭石化蚀变；q. 钾长石-伊利石化石英二长闪长玢岩被阳起石-榍石-石英-方解石脉交代；r. 石英二长闪长玢岩中斜长石斑晶发生强烈的高岭石化蚀变，并被晚阶段的方解石脉切割。矿物缩写：Di. 透辉石；Ep. 绿帘石；Grt. 石榴子石；Kfs. 钾长石；Act. 阳起石；Bt. 黑云母；Mt. 磁铁矿；Qtz. 石英；Ttn. 榍石；Ap. 磷灰石；Cal. 方解石；Py. 黄铁矿；Chl. 绿泥石；Ccp. 黄铜矿；Mo. 辉钼矿；Kln. 高岭石；Pl. 斜长石；Hb. 角闪石；Ill. 伊利石

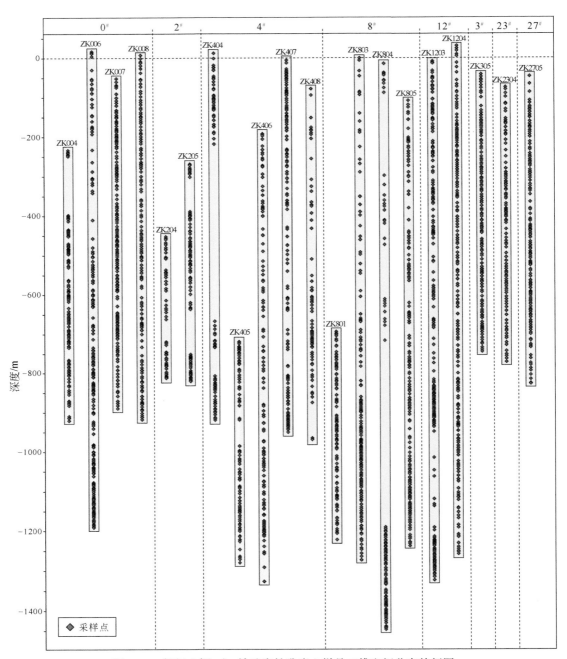

图 4.10　铜绿山铜–金–铁矿床钻孔岩心样品二维空间分布特征图

1）蚀变填图

为探讨铜绿山矿区不同蚀变矿物的空间分布特征及相应的 SWIR 光谱参数变化规律，本节以 4# 勘探线和 AA′ 剖面为例进行介绍（图 4.11）。在该组剖面上，绿帘石、阳起石、金云母和蛇纹石等退化蚀变矿物主要分布在夕卡岩及矿体周围，在岩体内也有少量分布；碳酸盐矿物在不同空间位置均有分布，并以方解石为主；铁白云石主要出现在夕卡岩及矿体周围，在岩体中也有零星分布；而白云石则主要分布在局部白云质灰岩地层中，如 ZK407 和 ZK408 浅部，应主要为沉淀作用形成（图 4.11a，b）。

相比之下，该组剖面中的层状硅酸盐矿物分布更为广泛。其中，蒙脱石和绿泥石在各个蚀变带中均有分布，特别是在远端致矿岩体带和内夕卡岩化带中尤为发育；伊利石在内夕卡岩化带及周围相对发育；皂石在夕卡岩/热液矿化中心带及周围非常发育；高岭石在各个带均有不同程度出现，特别是在内外接触带尤为发育；迪开石主要出现在内外接触带附近（图 4.11c，d）。通过以上对铜绿山矿区多个剖面的蚀变填图发现，除夕卡岩及退化蚀变矿物，迪开石、高岭石和皂石大量出现，能够较明显地指示深部夕卡岩/热液矿化中心。此外，根据这些层状硅酸盐矿物及其组合在空间上的分布特征，Zhang 等（2020a）划分了铜绿山铜-金-铁矿床的层状硅酸盐矿物蚀变带，分别为：蒙脱石-伊/蒙混层-镁绿泥石带（蚀变带Ⅰ），高岭石-迪开石-高/蒙混层-伊/蒙混层-镁/铁镁绿泥石带（蚀变带Ⅱ），皂石-铁镁/铁绿泥石带（蚀变带Ⅲ）和铁镁/镁绿泥石-蒙脱石-（高岭石-迪开石）带（蚀变带Ⅳ），其中蚀变带Ⅳ中在外接触带附近普遍发育有高岭石和迪开石（图 4.11c，d；Zhang et al.，2020a）。

与夕卡岩蚀变分带相比，铜绿山矿区层状硅酸盐矿物的分带特征更加明显。例如，在靠近夕卡岩/热液矿化中心（蚀变带Ⅲ）200~300 m 的范围内出现层状硅酸盐矿物及其组合的异常变化，如高岭石、迪开石、皂石和伊利石等的显著增多，这对深部勘查具有一定的指示意义。

2）SWIR 光谱参数变化特征

通过上述 SWIR 蚀变填图，研究者发现铜绿山矿区绿泥石（镁绿泥石、铁镁绿泥石和铁绿泥石）、白云母族（伊利石、白云母和多硅白云母）、高岭石族（高岭石、迪开石和埃洛石）和蒙皂石族矿物（皂石和蒙脱石）等层状硅酸盐矿物在空间上分布非常广泛（图 4.11c，d）。为进一步探索不同层状硅酸盐矿物 SWIR 光谱特征参数在空间上的变化规律，本节将对绿泥石、白云母族-蒙脱石和高岭石族分别进行光谱参数统计和分析。

绿泥石：在统计绿泥石 SWIR 光谱特征参数过程中，研究者发现绿泥石 Fe-OH 和 Mg-OH 特征吸收峰位值（Pos2250 和 Pos2335）在空间上具有较明显的变化规律，即靠近夕卡岩/热液矿化中心（蚀变带Ⅲ），相应的参数值呈较明显增大的趋势，特别是 Pos2250 值具有显著的变化规律（图 4.12a，b）。总体上，从深部夕卡岩/热液矿化中心向外，绿泥石的特征吸收峰值显示出从高值到低值变化的趋势，特别是 Pos2250 峰位值的变化尤为明显（图 4.12a，b）。在 ZK1203 浅部（-520~0 m），Pos2250 出现多处异常高值，这主要是受到局部细脉状夕卡岩-矿化作用的影响（图 4.12a，b）。从剖面图可以看出，ZK006 在-800 m

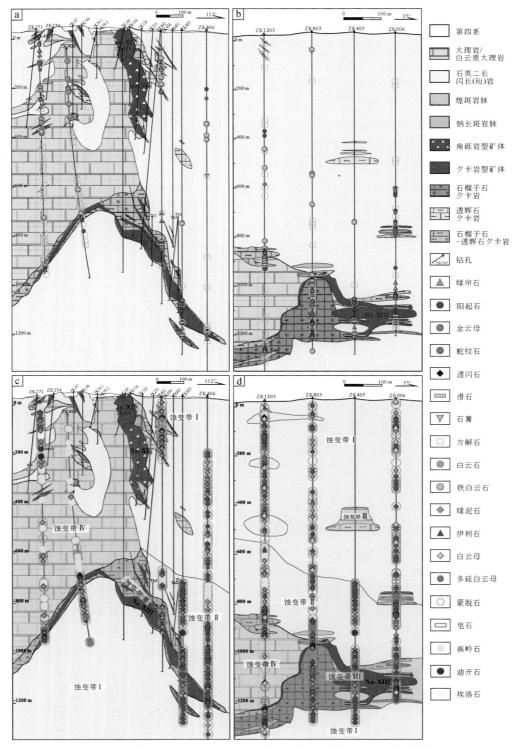

图 4.11 铜绿山铜–金–铁矿床 4# 勘探线和 AA′ 剖面蚀变矿物分布图

a，b. 退化蚀变矿物和碳酸盐矿物；c，d. 层状硅酸盐矿物中段存在多个薄层状夕卡岩（–矿体），ZK006 深部（–1200～–1000 m）的矿体–夕卡岩以不同厚度的脉枝状为主，内部仍残留较多的岩体部分（图 4.12a，b）。总体上，在靠近矿体或热液矿化中心的区域，绿泥石 Pos2250 > 2253 nm 值呈显著增多，即多为铁镁或铁绿泥石（图 4.12）。

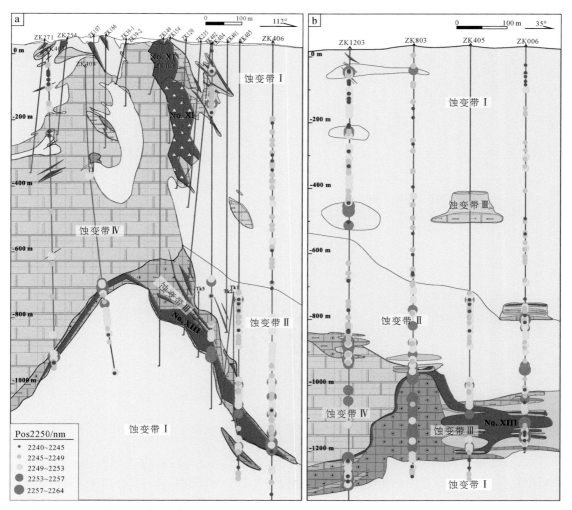

图 4.12　铜绿山铜–金–铁矿床4#勘探线（a）和 AA′剖面（b）绿泥石 Pos2250 参数空间变化特征图

已有研究表明，绿泥石中 Fe 的含量与 Fe-OH 和 Mg-OH 特征吸收峰位值呈正相关，即绿泥石中 Fe 含量越高，绿泥石 Fe-OH（Pos2250）和 Mg-OH（Pos2335）特征吸收峰位值越高，反之亦然（Jones et al., 2005）。然而，在实际运用绿泥石 SWIR 光谱特征参数时，由于 M-OH 峰易受到样品中含镁矿物，如金云母、皂石、阳起石、富镁碳酸盐等矿物的叠加干扰，因此，常用 Fe-OH 特征吸收峰位值来判断绿泥石 Fe 含量的高低（Jones et al., 2005）。在铜绿山矿区，绿泥石的 Mg-OH 峰值可能受到含镁羟基的夕卡岩矿物，如金云母、蛇纹石、阳起石、碳酸盐矿物及皂石的干扰，导致绿泥石 Pos2335 值不具有明显的指示性意义。

此外，将 ZK406、ZK803 和 ZK006 三个典型钻孔的绿泥石 Pos2250 值与距主矿体距离进行相关性投图，可以发现当绿泥石 Pos2250 值大于 2250 nm 时，显示其靠近深部夕卡岩矿体，且这一有效示矿距离可达 400 m（图 4.13）。

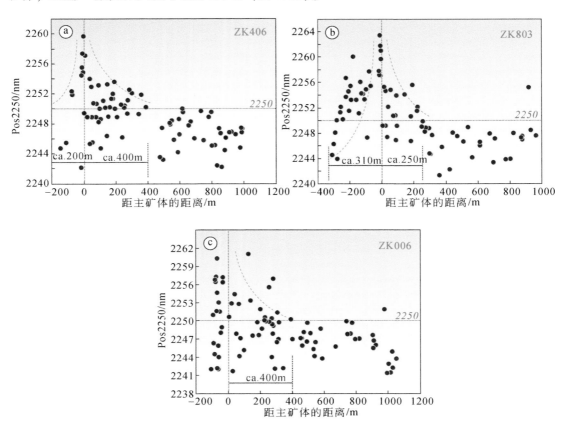

图 4.13　铜绿山典型钻孔绿泥石 Fe-OH 特征吸收峰位值 Pos2250-距主矿体的距离散点图

白云母族（white mica）-蒙脱石：在 SWIR 光谱方面，对白云母族矿物（white mica）的分类，主要是依据它们的晶体化学结构中都含有 2 个特征性基团，即约 1900 nm 的 H_2O 峰和约 2200 nm 的 Al-OH 峰。当短波红外光照射时，H_2O 峰在 1900 nm 附近出现特征峰吸收，该位置称为"白云母族 1900 nm 吸收峰位（Pos1900）"，相应的吸收峰深度称为"白云母族 1900 nm 吸收峰深度（Dep1900）"；Al-OH 在 2200 nm 附近出现特征峰吸收，该位置称为"白云母族 2200 nm 吸收峰位（Pos2200）"，相应的吸收峰深度称为"白云母族 2200 nm 吸收峰深度（Dep2200）"。蒙脱石（蒙皂石族矿物）具有与白云母族矿物相似的光谱特征参数，主要以约 1900 nm 的 H_2O 峰和约 2200 nm 的 Al-OH 峰为特征，且通常具有较低的结晶度。因此，我们将蒙脱石与白云母族矿物一起进行 SWIR 参数统计和分析。

在统计铜绿山白云母族-蒙脱石 SWIR 光谱特征参数过程中，研究者发现 Al-OH 特征吸收峰位值（Pos2200）在空间上呈现出一定的变化规律（图 4.14）。在石英二长闪长（玢）岩体中，白云母族-蒙脱石的 Pos2200 值主要集中在 2202～2212 nm 之间，特别是

2206～2212 nm 之间分布较多；在深部夕卡岩/热液矿化中心则出现较多的高值（2212～2230 nm）；同时在靠近接触带附近，亦有较多的低 Pos2200 值（2198～2202 nm）出现（图 4.14）。通过对比，发现高 Pos2200 值对应的矿物主要是多硅白云母，低值对应的是伊利石，而中间值则以蒙脱石或蒙脱石-伊利石混合（伊-蒙混层）为主。

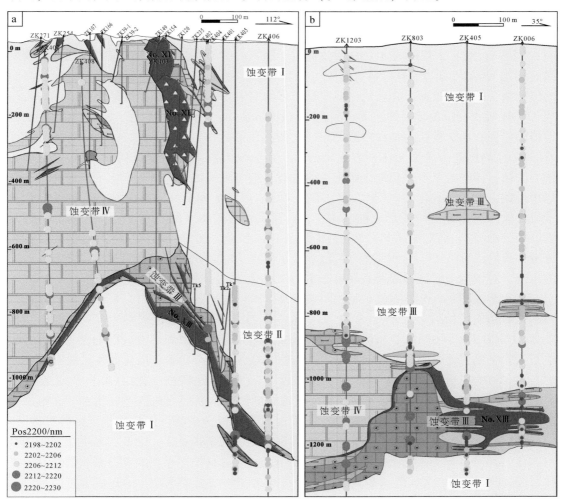

图 4.14　铜绿山铜-金-铁矿床 4#勘探线（a）和 AA'剖面（b）白（绢）云母族-蒙脱石
Pos2200 参数空间变化特征图

　　岩体中的蒙脱石或蒙脱石-伊利石混合矿物，主要来自石英二长闪长（玢）岩中斜长石的绢云母化蚀变。这可能是由于在夕卡岩成矿的晚阶段，残余中-低温热液流体对岩体自身的交代和蚀变作用导致的。由于远离夕卡岩/热液矿化中心带，蚀变矿物形成温度较低，且 Fe、Mg 等其他成分的加入不明显，蚀变矿物成分主要受原岩成分的控制，因而表现为正常 Al-OH 峰值（2206～2212 nm）。而在靠近热液矿化中心区域，由于中-高温含矿热液的交代作用，在内接触带岩体中形成的蚀变矿物具有较高的温度。

　　Herrmann 等（2001）在研究澳大利亚的块状硫化物矿床时发现，在靠近矿体或强蚀变岩石中，白云母族 2200 nm 吸收峰位（Pos2200）较小；而远离矿化中心则较大；Jones 等（2005）在研究加拿大 Myra Falls 块状硫化物矿床时，也发现了类似的规律。Yang 等（2005）在研究新疆土屋斑岩铜-金矿床时发现，铜矿化岩石中绢云母的 Al-OH 吸收峰位多小于 2206 nm，而安山质围岩中绢云母则具有较大的变化范围（2196~2218 nm）。

已有研究发现，伊利石（白云母族）的 Al-OH 吸收峰位与矿物分子结构内八面体中的 $w(Al)$ 有明显的负相关（Scott and Yang，1997）。在高温条件下，伊利石八面体中的 $w(Al)$ 较高，对应于较低的 Al-OH 吸收峰位，随着温度的降低，Al-OH 吸收峰位则逐渐增高（杨志明等，2012）。这一研究表明，白云母族矿物低 Pos2200 值的出现，指示较高温的热液蚀变区域。然而，在其他一些典型矿床研究中，也发现有在热液矿化中心的白云母族 Al-OH 吸收峰位值较高的实例（Yang and Huntington，1996；许超等，2017）。这些高异常值的出现，通常被认为是在白云母族矿物的晶体结构中，有部分的 Fe、Mg 等成分替代八面体 Al 的位置，导致 Al-OH 吸收峰增大。在铜绿山铜-金-铁矿床的夕卡岩/热液矿化中心区域，伴随着夕卡岩化及成矿作用的进行，会有大量的 Fe、Mg 等物质通过热液交代作用形成；在热液矿化的中-晚阶段，部分来自岩浆中的残余 Si、Al 质成分，继续交代夕卡岩阶段和退化蚀变阶段形成的富 Fe、Mg 等成分的矿物（如石榴子石、透辉石、绿帘石、金云母等），而形成高 Pos2200 值的白云母或多硅白云母。因此，通过以上的统计和分析，我们认为白云母族-蒙脱石 Pos2200 异常高值（>2212 nm）和异常低值（<2202 nm）的出现，对铜绿山矿区深部勘查具有一定的指示意义。

高岭石族矿物：高岭石族矿物主要包括高岭石、迪开石和埃洛石，其中高岭石和迪开石的化学结构式相同，为 $Al_4[Si_4O_{10}](OH)_8$，埃洛石（又称多水高岭石）的化学结构式为 $Al_4(H_2O)_4[Si_4O_{10}](OH)_8$。一般认为，迪开石为典型的热液成因的黏土矿物，埃洛石为表生成因的黏土矿物，而高岭石则相对复杂，可能存在表生风化或者热液成因。

在 SWIR 光谱方面，高岭石族矿物的次 Al-OH 吸收峰位（Pos2170）及吸收深度（Dep2170）、Al-OH 半高宽等参数，是反映该族矿物的结晶度变化的重要指标。在铜绿山矿区，由于存在较多的高岭石和蒙脱石（或伊利石）混合矿物，极大影响了高岭石族 Al-OH 峰特征，因而 Al-OH 半高宽参数可能不具有明显的指示意义。因此，本书主要采用次 Al-OH 2170 nm 吸收峰位（Pos2170）和吸收深度（Dep2170）来反映高岭石族的结晶度变化，Pos2170 和 Dep2170 值越高，代表高岭石族矿物的结晶度越高，即形成温度越高，越偏向热液成因，反之则多为表生风化成因。

在 4# 勘探线和 AA' 剖面上，高岭石族矿物的 Pos2170 和 Dep2170 值在靠近深部夕卡岩/热液矿化中心带呈明显增大的趋势，指示相应的高岭石族矿物结晶度和形成温度较高（图 4.15）。因此，我们认为高结晶度高岭石族矿物的出现，即高 Pos2170 值（>2170 nm）的大量出现，可以作为铜绿山铜-金-铁矿床 SWIR 光谱找矿勘查标志之一。

5. 绿泥石地球化学

绿泥石是不同类型的岩浆-热液矿床中常见的蚀变矿物之一（Martinez-Serrano and Dubois，1998）。作为一种含水的层状硅酸盐矿物，绿泥石具有多种多型，晶体结构非常复杂，最常见的为单斜晶系，TOT 型-三/二八面体型层状结构，其分子通式为

$(A,B)_6[C_4O_{10}](OH)_8$。通式中 A 位置代表八面体位置的二价阳离子 R^{2+}，例如 Mg^{2+}、Fe^{2+}、Mn^{2+} 等；B 位置代表八面体位置的三价阳离子 R^{3+}，例如 Al^{3+}、Fe^{3+}、Mn^{3+}，也可出现 Cr^{4+}；C 位置代表四面体位置的元素，主要是 Si 和 Al。绿泥石的矿物化学成分变化对典型的斑岩型铜矿床和火山成因块状硫化物（VMS）矿床的成因机制及找矿勘查都具有非常重要的意义（Wilkinson et al., 2015；Xiao et al., 2018a，b）。近二十年来，得益于激光剥蚀电感耦合等离子体质谱（LA-ICP-MS）的开发和应用，我们拥有了更先进更精准的手段去探究蚀变矿物的微量元素地球化学特征。利用蚀变矿物地球化学特征作为勘查指示（例如，绿泥石、绿帘石、明矾石和磷灰石等）已经广泛应用于不同类型岩浆–热液矿床的深部勘探和热液流体演化示踪（Cooke et al., 2014；Wilkinson et al., 2015；Wang et al., 2018；Xiao et al., 2018a，b）。

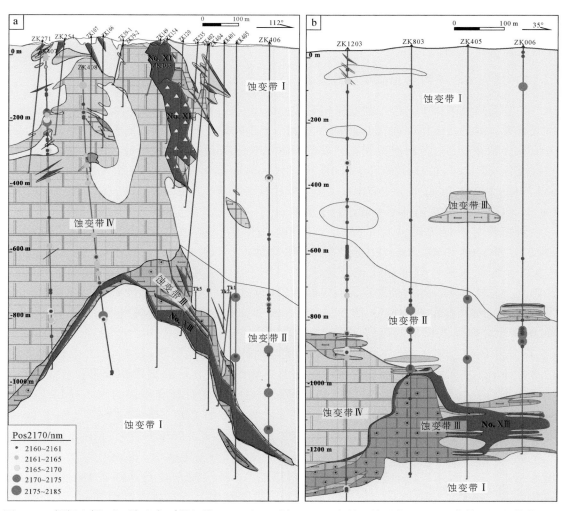

图 4.15　铜绿山铜–金–铁矿床 4# 勘探线（a）和 AA′ 剖面（b）高岭石族矿物 Pos2170 参数空间变化特征图

通过对铜绿山钻孔样品的手标本和室内岩相学观察，配合已有的短波红外（SWIR）

光谱的测试结果，研究者发现铜绿山矿区的绿泥石在空间上分布非常广泛（图 4.11c，d；Zhang et al.，2020b）。因此，本节通过详细的岩相学、电子探针化学成分（EPMA）及 LA-ICP-MS 微量元素组成分析，对铜绿山矿区绿泥石地质–地球化学特征进行详细的介绍。

1）绿泥石产状及岩相学特征

通过详细的岩相学观察，在铜绿山矿区识别出三类均形成于石英–硫化物阶段的绿泥石，分别为：①浸染型绿泥石。由石英二长闪长（玢）岩中的原生角闪石或黑云母被交代蚀变形成的绿泥石，并根据交代蚀变作用的强度，可以分为弱绿泥石化（图 4.16a ~ c）和强绿泥石化（图 4.16d ~ f），前者主要出现在远端贫矿化石英二长闪长（玢）岩中，后者主要出现在靠近热液矿化中心附近的石英二长闪长（玢）岩中。②脉型绿泥石。在靠近热液矿化中心附近的岩体内出现的绿泥石–黄铜矿/黄铁矿（石英–方解石）（图 4.16g ~ i）。③交代型绿泥石。在铜绿山深部热液矿化中心及附近出现的绿泥石，常交代磁铁矿、石榴子石或绿帘石（图 4.16j ~ l）。

2）绿泥石电子探针化学成分组成

在实际热液矿床中，由于蚀变作用形成的绿泥石成分易受到原岩（或矿物）成分的干扰或混染，因而在运用绿泥石电子探针成分进行流体成分分析之前，需要把异常的探针成分值进行删除。经过分析澳大利亚国家矿产研究中心多年来大量的研究实例发现，绿泥石探针成分 $w(Na_2O+K_2O+CaO) > 0.5\%$ 可以作为判断绿泥石是否存在混染的标准（Zang and Fyfe，1995；Inoue et al.，2010）。本书采用这一标准，将铜绿山绿泥石 $w(Na_2O+K_2O+CaO) > 0.5\%$ 的异常值样品全部进行了删减。

研究者对铜绿山矿区 9 个钻孔（ZK006、ZK007、ZK404、ZK405、ZK406、ZK408、ZK803、ZK1203 和 ZK2705）80 余件样品 268 个绿泥石探针数据进行筛选后，有 35 件样品中 125 个绿泥石探针数据点在正常范围内，因而可以运用于下面的讨论（Zhang et al.，2020b）。总体来看，不同类型绿泥石 FeO^T 和 MgO 含量差异较大。从交代型、浸染型到脉型绿泥石，FeO^T 含量平均值分别为 36.7%、22.5% 和 17.5%，呈现出逐渐降低的趋势，而 MgO 含量则呈现相反的趋势（图 4.17）。受控于围岩岩性差异，产于蚀变带 I 和 II ［石英二长闪长（玢）岩中］的浸染型和脉型绿泥石显示出较高的 Al_2O_3 含量（平均 17.3% 和 18.1%），而产于蚀变带 III 中（深部热液矿化中心）的交代型绿泥石 Al_2O_3 含量较低（平均 15.6%）（图 4.17）。此外，铜绿山三类绿泥石具有相似的 SiO_2（24.21% ~ 34.87%）和 MnO（0.02% ~ 1.04%）含量，以及较低的 CaO（0 ~ 0.43%），K_2O（0 ~ 0.31%），Na_2O（0 ~ 0.18%），F（0 ~ 0.97%）和 Cl（≤ 0.04%）含量（图 4.17）。

基于矿物化学成分和晶体结构，在 R^{2+}-Si（apfu）分类图解中，铜绿山三类绿泥石均落入三八–三八面体绿泥石区域，并靠近斜绿泥石–鲕绿泥石端元（图 4.18a；Wiewióra and Weiss，1990）。在（Al+□）-Mg-Fe 三角分类图解中，所有数据点均落入三八面体绿泥石（Type I）区域；其中，交代型和脉型绿泥石分别落入铁绿泥石和镁绿泥石区域，而浸染型绿泥石则在铁绿泥石和镁绿泥石的区域均有数据点分布（图 4.18b；Zane and Weiss，1998）。

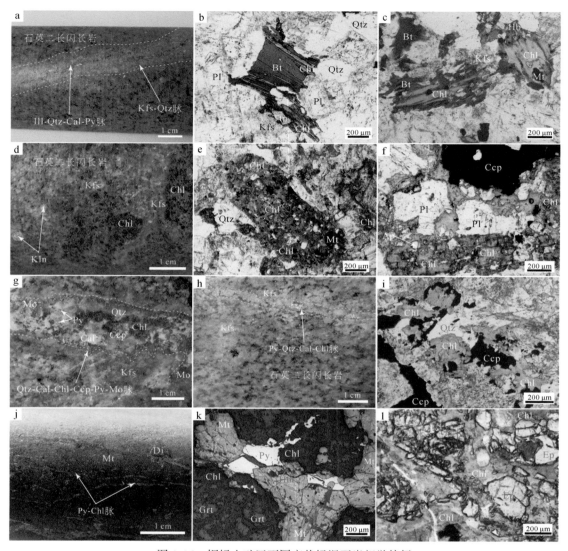

图 4.16 铜绿山矿区不同产状绿泥石岩相学特征

a. 含钾长石–石英脉的石英二长闪长岩被后期的伊利石–石英–方解石–黄铁矿交代（手标本）；b 和 c. 石英二长闪长岩中的黑云母和角闪石遭受弱绿泥石化蚀变，可见交代残留的黑云母和角闪石（单偏光）；d. 石英二长闪长岩发生了强烈的钾长石化、绿泥石化和高岭石化蚀变（手标本）；e. 石英二长闪长岩发生了强烈的钾长石化和绿泥石化蚀变（单偏光）；f. 石英二长闪长岩中斜长石被高岭石化交代（BSE 图像）；g. 钾长石化石英二长闪长岩被石英–方解石–绿泥石–黄铜矿–黄铁矿–辉钼矿脉交代（手标本）；h. 钾长石化石英二长闪长岩被黄铁矿–石英–方解石–绿泥石脉切割（手标本）；i. 钾长石化石英二长闪长岩被黄铜矿–绿泥石–石英脉交代（单偏光）；j. 含黄铁矿–绿泥石脉的磁铁矿矿石，并可见磁铁矿中交代残留的早期（手标本）；k. 黄铁矿–绿泥石交代磁铁矿–赤铁矿矿石以及早期的石榴子石（反射光）；l. 绿泥石交代并包裹绿帘石（单偏光）。矿物缩写：Ill. 伊利石；Qtz. 石英；Cal. 方解石；Py. 黄铁矿；Kfs. 钾长石；Pl. 斜长石；Bt. 黑云母；Chl. 绿泥石；Ttn. 榍石；Hb. 角闪石；Mt. 磁铁矿；Kln. 高岭石；Mo. 辉钼矿；Ccp. 黄铜矿；Di. 透辉石；Hm. 赤铁矿；Grt. 石榴子石；Ep. 绿帘石

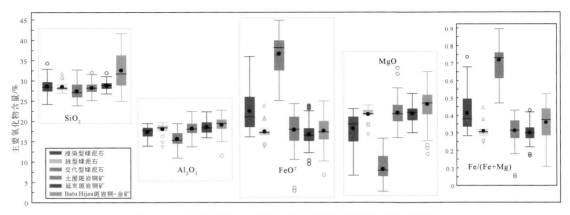

图 4.17　铜绿山铜–金–铁矿床绿泥石电子探针成分箱状图

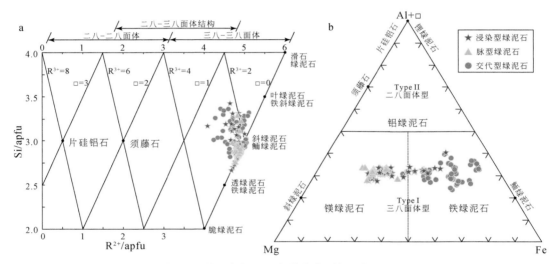

图 4.18　铜绿山铜–金–铁矿床绿泥石成分分类图解（据 Zhang et al.，2020b）

a. R^{2+}-Si（据 Wiewióra and Weiss，1990）；b.（Al+□）-Mg-Fe（据 Zane and Weiss，1998）

3）绿泥石晶体离子替换机制及温度计

大量的地质实例研究表明，绿泥石具有较大的化学成分变化，特别是 Fe 和 Mg 含量的变化。已有研究表明，在绿泥石矿物晶格中可能存在三种主要的离子替换关系，分别是 $Fe^{2+} \Leftrightarrow Mg^{2+}$ 替换，契尔马克 $Al^{IV} Al^{VI} \Leftrightarrow Si$（$Mg^{2+}$，$Fe^{2+}$）替换和二八–三八面体 3（$Mg^{2+}$，$Fe^{2+}$）$\Leftrightarrow □+2Al^{VI}$ 替换（Inoue et al.，2009），它们对于地质环境中的温–压条件、全岩化学成分以及其他物理–化学条件变化都非常敏感（Inoue et al.，2009；Yavuz et al.，2015）。通常，在绿泥石矿物晶格中，四面体的位置主要由 Si 和 Al^{IV} 占据，而八面体的位置由 Mg^{2+}、Fe^{2+} 和 Al^{VI} 占据，也可能出现□空位（Cathelineau，1988；Inoue et al.，2009）。

铜绿山矿区三类绿泥石八面体位置的 Fe^{2+} 和 Mg^{2+} 显示出良好的负相关性（$R^2 = 0.97$），

表明 $Fe^{2+} \Leftrightarrow Mg^{2+}$ 替换是绿泥石矿物晶格中八面体位置的主要离子替换关系（图 4.19a；Yavuz et al.，2015）。三类绿泥石 $Si+Fe^{2+}+Mg^{2+}$ 和 $Al_{(total)}$ 之间亦存在良好的负相关性，暗示契克马克替换是铜绿山绿泥石另一种重要的离子替换关系（图 4.19b；Cathelineau，1988；Yavuz et al.，2015）。铜绿山大多数绿泥石样品的 Al^{VI} 高于 Al^{IV} 值，指示二八–三八

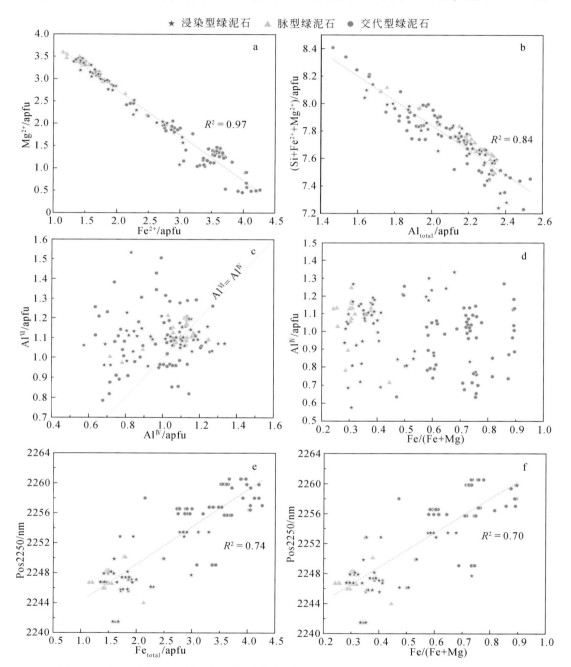

图 4.19 铜绿山铜–金–铁矿床绿泥石化学成分相关性散点图（据 Zhang et al.，2020b）

a. Fe^{2+}-Mg^{2+}；b. $Al_{(total)}$-$Si+Fe^{2+}+Mg^{2+}$；c. Al^{IV}-Al^{VI}；d. $Fe/(Fe+Mg)$-Al^{IV}；e. $Fe_{(total)}$-Pos2250；f. $Fe/(Fe+Mg)$-Pos2250

面体 3（Mg^{2+}，Fe^{2+}）$\Leftrightarrow$ □+2Al^{VI}替换也比较普遍（图 4.19c）；而部分绿泥石的 Al^{VI} 低于 Al^{IV} 值，这表明可能存在其他的八面体位置上的 R^{3+}（如 Fe^{3+}）替换 Al^{VI}（图 4.19c；Inoue et al.，2009；Wang et al.，2018）。在 Al^{IV}-Fe/（Fe+Mg）值图解中，不同类型绿泥石 Al^{IV} 和 Fe/（Fe+Mg）值之间显示出弱的正相关性（图 4.19d）。通过对比绿泥石 SWIR 光谱数据和化学成分发现，铜绿山绿泥石 Fe-OH 吸收峰位（Pos2250）与 Fe（apfu）值（$R^2 = 0.70$）以及 Fe/（Fe+Mg）值（$R^2 = 0.74$）之间存在良好的相关性（图 4.19e，f），这表明富 Fe 的绿泥石具有更高的 Pos2250 值（Jones et al.，2005；Biel et al.，2012）。

　　此外，绿泥石的电子探针化学成分还可以作为地质经验温度计，有效地估算矿物形成的温度条件，通常被称为绿泥石温度计（Cathelineau and Nieva，1985；Yavuz et al.，2015）。Cathelineau 和 Nieva（1985）发现绿泥石的 Al^{IV} 组分可以用来作为地质温度计，并总结了绿泥石温度与组分的关系；Zang 和 Fyfe（1995）则根据 Cathelineau 和 Nieva 的研究成果，改写了绿泥石温度计的表达式：T（℃）= 106.2×Al^{IV}+17.5（基于 28 个氧原子计算）。另外，不少学者认为绿泥石的形成温度不仅仅受 Al^{IV} 的控制，而且还受到 Fe/（Fe+Mg）值的影响，需要对绿泥石温度进行校正（Kranidiotis and MacLean，1987；Zang and Fyfe，1995；Xie et al.，1997）。

　　基于 Yavuz 等（2015）发表的绿泥石温度计软件 WinCcac，我们利用前人提出的 12 种不同的绿泥石经验公式，对铜绿山三类绿泥石进行了温度计算。通过对比发现，基于 Kranidiotis 和 MacLean（1987）的经验公式计算出的三类绿泥石的温度在 163～351 ℃ 之间，与前人已发表的铜绿山石英–硫化物阶段矿物（石英、方解石和钾长石等）流体包裹体温度（237～456 ℃，且大多数在 250～350 ℃）相近（图 4.20；Zhao et al.，2012）。因此，这一计算的温度范围可以代表铜绿山三类不同绿泥石的形成温度（图 4.20）。

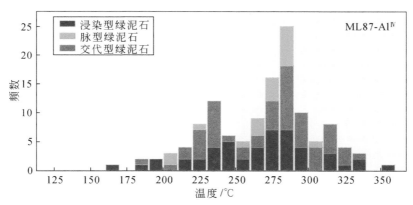

图 4.20　铜绿山矿区不同类型绿泥石温度频率直方图

绿泥石温度计的经验公式引自 Kranidiotis and MacLean，1987；灰色阴影区域为前人已发表的铜绿山石英–硫化物阶段矿物流体包裹体温度范围（Zhao et al.，2012）

4）绿泥石 LA-ICP-MS 微量元素组成

在热液蚀变过程中，绿泥石化学成分很容易受到影响和改变，有时常含有其他矿物微细粒包裹体（如榍石、锆石、金红石等；Wilkinson et al.，2015；黄健瀚，2017）。因此，我们在讨论绿泥石微量元素数据之前，需要对可能混染的、不合格的数据进行剔除。与绿泥石电子探针化学成分数据类似，研究者将绿泥石微量数据换算的 $w(Na_2O+K_2O+CaO) >$ 0.5% 数据点予以剔除（Zhang et al.，2020b）。

　　总体而言，铜绿山绿泥石的 Ti、Mn、Ca、Na、K、Li、B、V、Sc、Cr、Co、Ni、Zn、Sn、Ga、Rb、Sr、Ba 和 Cs 等元素（> $1×10^{-6}$），以及 Cu、Pb、Ce、As 和 Y 等元素（$0.1×10^{-6} ~ 1×10^{-6}$）含量高于 LA-ICP-MS 的检测限（图4.21a，b），将主要用于以下绿泥石微量元素的讨论中。而其他元素，如 REEs、Zr、Mo、Ag、Cd、Sb、Nb、Ta、Hf、W、Th 和 U 等元素明显低于或接近检测限。相比于浸染型绿泥石，脉型绿泥石明显富集 Li、V、Sc、Cr 和 Cu 含量，而交代型绿泥石则明显富集 Ca、Na、B、Cu、Pb、Zn、Ce、As、Sr 和 Ba 含量（图4.21a，b）。

　　5）对铜绿山矿区热液流体演化的指示

　　铜绿山矿区三类绿泥石均形成于硫化物阶段（Stage Ⅲ）（图4.7，图4.16），其中，浸染型绿泥石在空间上与岩体中的钾化、硅化、伊利石化、白云母化和高岭石化密切相关（图4.16a~f），而交代型和脉型绿泥石与 Cu-Au 矿化具有密切的关系（图4.16g~l）。三类绿泥石的产状和化学成分变化较大，而它们的形成温度却非常相似（163~351 ℃；图4.20），这表明它们可能形成于同一岩浆–热液过程。

　　铜绿山三类绿泥石的主量元素变化主要体现在 FeO^T 和 MgO 含量的差异（图4.17）。与浸染型绿泥石相比，交代型绿泥石表现出较高的 FeO^T 含量和 Fe/(Fe+Mg) 值，而脉型绿泥石则具有较高的 MgO 含量（图4.17）。已有的研究表明，温度、压力、氧逸度、原岩成分和流体成分可能会影响绿泥石化学成分变化（Zang and Fyfe，1995；Inoue et al.，2010；Wilkinson et al.，2015；Wang et al.，2018）。

　　岩相学观察表明，铜绿山三类绿泥石均形成于偏还原性的 Cu-Au 硫化物成矿阶段（Stage Ⅲ）（图4.7，图4.16）。三类绿泥石的 FeO^T、MgO 和 Al$_2$O$_3$ 含量及形成温度与对应样品的深度之间的线性相关性较差（图4.22a~d）。此外，浸染型绿泥石具有较高的 Ti、Li 和大离子亲石元素（如 K、Rb、Ba 和 Cs）以及 V、Sc、Co 和 Ni 等不相容元素，表明它们可能主要受到原岩（矿物）成分的控制（图4.21a，b）。与浸染型绿泥石相似，脉型绿泥石具有相似的 Ti、Li、V、Sc、Co 和 Ni 等元素含量，而成矿元素 Cu 含量明显较高，表明脉型绿泥石的成分可能受到寄主石英二长闪长（玢）岩和成矿热液流体的双重影响（图4.21a，b）。相比之下，交代型绿泥石则具有较高的流体活动性元素（如 Ca、Na、B、Sr、Pb、Zn 和 Sn）、Cu 和 Co 等成矿元素，这可能主要受到热液流体和被交代的夕卡岩矿物（如石榴子石和透辉石）的影响（图4.21a，b）。综上所述，我们认为原岩和流体成分是控制铜绿山绿泥石化学成分变化的主要因素，而温度、压力和氧逸度则是次要因素。

　　已有的大量研究表明，绿泥石广泛发育于全球很多斑岩型铜（–金）矿床和火山成因块状硫化物（VMS）矿床中（Jones et al.，2005；Sillitoe，2010；Cooke et al.，2014；Wilkinson et al.，2015）。与产于我国新疆土屋和延东斑岩型矿床，印度尼西亚 Batu Hijau

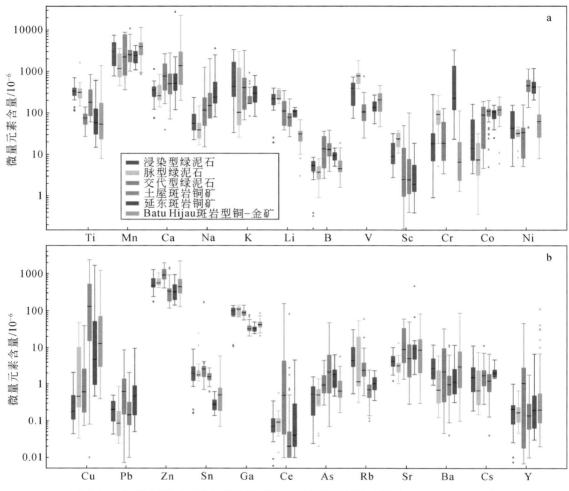

图 4.21　铜绿山铜–金–铁矿床绿泥石微量元素箱状图解（据 Zhang et al., 2020b）

新疆土屋和延东斑岩铜矿绿泥石数据来自 Xiao et al., 2018a, b; 印度尼西亚 Batu Hijau 斑岩型铜–金矿绿泥石数据来自 Wilkinson et al., 2015

斑岩型铜–金矿床青磐岩化带的绿泥石相比，铜绿山浸染型和脉型绿泥石具有相似的 Al_2O_3、FeO^T 和 MgO 含量，而交代型绿泥石具有较高的 FeO^T 和较低的 MgO 含量（图 4.17；Wilkinson et al., 2015；Xiao et al., 2018a, b）。与铜绿山浸染型绿泥石相似，产于青磐岩化带的绿泥石主要来源于富 Mg 和 Ca 矿物的蚀变作用，如角闪石、辉石和黑云母（Cooke et al., 2014；Wilkinson et al., 2015；Xiao et al., 2018a, b）。铜绿山矿区脉型和交代型绿泥石具有相似的形成温度且与 Cu-Au 矿化密切相关，但后者显示出具有较高的 FeO^T 含量和 Fe/（Fe+Mg）值（图 4.17），这主要因为 RC 型绿泥石是通过交代富 Fe 的矿物形成的，如石榴子石（钙铁铝榴石）、磁铁矿或绿帘石等（图 4.16j ~ l）。

与铜绿山交代型绿泥石相似，产于新疆土屋、延东和印度尼西亚 Batu Hijau 斑岩铜（金）矿床青磐岩化带的绿泥石也具有较高的流体活动性元素（如 Ca、Sr、Na、B 和 Pb）

（图 4.21a，b），而与浸染型和脉型绿泥石不同，铜绿山交代型绿泥石和其他产于斑岩型铜（–金）矿床青磐岩化带的绿泥石主要都是交代富 Ca 的矿物（如石榴子石、方解石、角闪石和辉石）形成（图 4.16j～l；Wilkinson et al.，2015；Xiao et al.，2018a，b）。通常，Ca^{2+} 可以通过类质同象替换 Mg^{2+} 或 Fe^{2+} 进入绿泥石晶格的八面体位置（Inoue et al.，2009）。此外，Sr^{2+}（0.118 nm）和 Ca^{2+}（0.10 nm）具有相似的电价和离子半径，亦可以类质同象替换的方式进入绿泥石晶格中（Shannon，1976）。此外，与铜绿山三类绿泥石相比，产于典型斑岩型铜（–金）矿床中的绿泥石具有较高的 Cu、Co 和 Ni 含量（图 4.21a，b），这可能主要是因为原岩化学成分的差异（Wilkinson et al.，2015；Xiao et al.，2018a，b）。

　　6）对铜绿山矿区深部隐伏矿体勘查的指示意义

　　近二十年来，由于全球对深部矿产资源需求量的不断增加，蚀变矿物地球化学和 SWIR 光谱已被广泛应用于斑岩–浅成低温热液成矿系统及 VMS 矿床的勘查和成因机制研究中（Jones et al.，2005；Cooke et al.，2014；Wilkinson et al.，2015）。蚀变矿物的地球化学成分和 SWIR 光谱参数的时空变化规律，不仅能够反映热液流体的演化，而且能够有效地示踪深部热液矿化中心（Cooke et al.，2014）。

　　例如，研究者发现 Batu Hijau 斑岩型铜–金矿床（印度尼西亚）中富 Mg（低 Pos2250）、高 Ti、V、Fe、Zn 和高 Mg/Sr、Mg/Ca、Ti/Sr、Ti/Pb 和 V/Ni 值的绿泥石能够有效地指示斑岩热液矿化中心（Wilkinson et al.，2015；Neal et al.，2018）。与全岩化探异常相比，绿泥石微量元素的示踪矿化距离可达 4～5 km（Wilkinson et al.，2015）。与 Batu Hijau 相似，SWIR 光谱 Fe-OH 峰波长较短（Pos2250）且富 Mg 的绿泥石亦可有效指示 VMS 矿床的热液矿化中心（Jones et al.，2005；Biel et al.，2012；Huang et al.，2018）。与之相反，Fe-OH 峰波长较长（Pos2250）且富 Fe 的绿泥石可以指示新疆土屋铜矿化的斑岩中心（Yang et al.，2005）。对于夕卡岩型矿床，Han 等（2018）发现具有高 Pos2250 值的富 Fe 绿泥石（Pos2250 > 2251 nm）可以有效示踪鄂东南铜山口铜–钼–钨矿床（斑岩–夕卡岩型）的深部矿化中心。与铜山口铜–钼–钨矿床类似，我们亦发现含高 Pos2250 值的绿泥石（Pos2250 > 2250 nm）可以示踪铜绿山深部的隐伏矿化中心（张世涛等，2017；陈华勇等，2019；Zhang et al.，2020a）。

　　在铜绿山矿区，浸染型和脉型绿泥石主要产于石英二长闪长（玢）岩中，而交代型绿泥石主要产自夕卡岩–热液矿化中心区域（图 4.16）。其中，脉型和交代型绿泥石的出现与 Cu-Au 矿化密切相关，因此它们的出现可以作为直接、有效的矿化指示剂。从脉型到交代型，绿泥石的 FeO^T 和 B 含量及 Fe/(Fe+Mg) 显著增高，而 MgO、Al_2O_3、Ti、V 和 Sc 等含量则显著降低，这些元素含量及比值变化可以作为有效的矿化指示剂（图 4.22）。此外，如上述提及的，浸染型绿泥石的化学成分变化较大，且成分主要受到石英二长闪长岩（矿物）成分的影响，因此它在空间上的变化规律并不明显（图 4.22）。尽管如此，高 FeO^T 和 B 含量以及低 MgO、Al_2O_3 和 V 含量的浸染型绿泥石可以有效地指示深部热液矿化中心（图 4.22）。

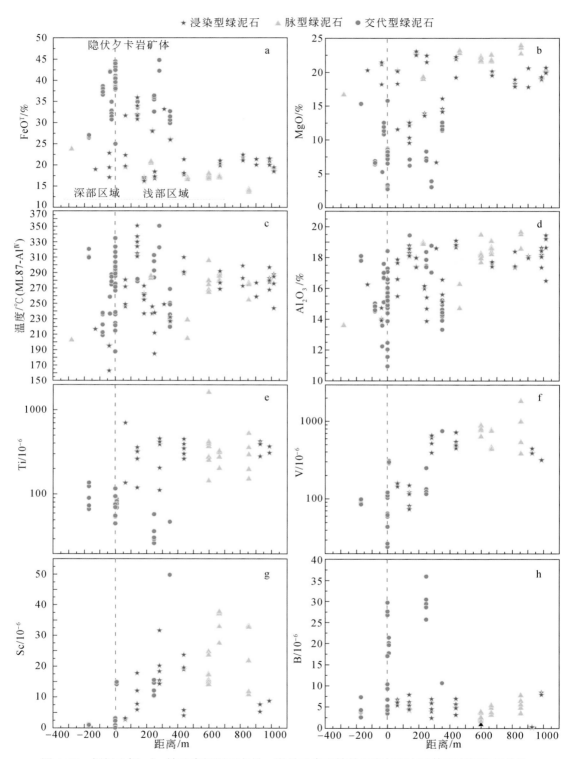

图 4.22　铜绿山铜–金–铁矿床绿泥石主量、微量元素和结晶温度与距主矿体距离间的相关性

4.2.2　鄂东南鸡冠嘴金–铜矿床

1. 矿区地质背景

鸡冠嘴金–铜矿区位于鄂东南矿集区铜绿山矿田的西北端，金牛火山断陷盆地的东北缘，是鄂东南地区重要的夕卡岩型金–铜矿床（湖北省地质局第一地质大队，2014；Tian et al.，2019）。截至 2013 年底，该矿床累计查明 333 储量包括金金属资源量 23.3 t（平均品位 3.93 g/t），铜金属资源量 0.16 Mt（平均品位 1.71%）及伴生有铁、硫铁、钼等矿石（湖北省地质局第一地质大队，2014）。

区内地层由老到新主要为：中下三叠统嘉陵江组（$T_{1-2}j$）白云岩、（白云质）灰岩（岩体和矿体附近已变质为白云石/质大理岩，矿床主要赋矿层），中三叠统蒲圻组（T_2p）肉红色–浅红色石英砂岩–粉砂岩、黑色泥质岩（砂岩–粉砂岩多发育浸染状黄铁矿化，泥质岩发育钾长石–碳酸盐–黄铁矿团块、发生褪色化和弱变质），上侏罗统马架山组（J_3m）红褐色或灰绿色火山角砾岩夹凝灰岩、凝灰质粉砂岩–泥质岩，下白垩统灵乡组（K_1l）安玄岩、玄武岩夹凝灰岩以及第四系沉积物（图 4.23a；湖北省地质局第一地质大队，2014；程佳敏等，2021）。区内主要发育 4 个褶皱和 3 个断裂/层叠加于三个北北西向隐伏褶皱之上的北北东向隐伏背斜，其核部及南东翼的大部分已被岩体所侵占，岩体侵位造成的隐伏逆断层 F_3 使其北西翼局部较老的嘉陵江组地层侵覆于较新的蒲圻组之上（图 4.23a；程佳敏等，2021）。

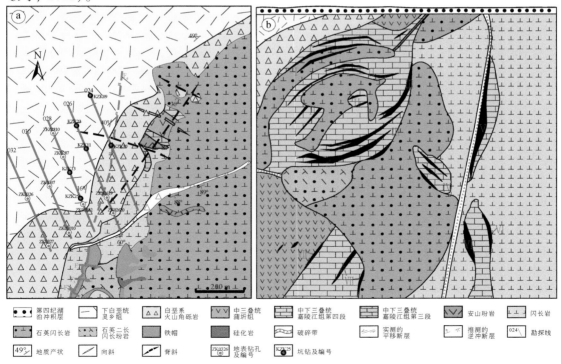

图 4.23　鸡冠嘴金–铜矿区地质和主要矿体分布示意图（据湖北省地质局第一地质大队，2014）

2. 主要岩浆岩特征

在鸡冠嘴矿区，主要的岩浆岩类型包括闪长玢岩、石英闪长岩、闪长岩及石英二长闪长岩四种（图4.24）。其中，闪长玢岩和石英闪长岩是鸡冠嘴矿区的主要致矿岩体，它们侵入北北东向背斜北西翼的大理岩或砂岩、泥质岩层间，且已发生广泛的强钾化、钠化、

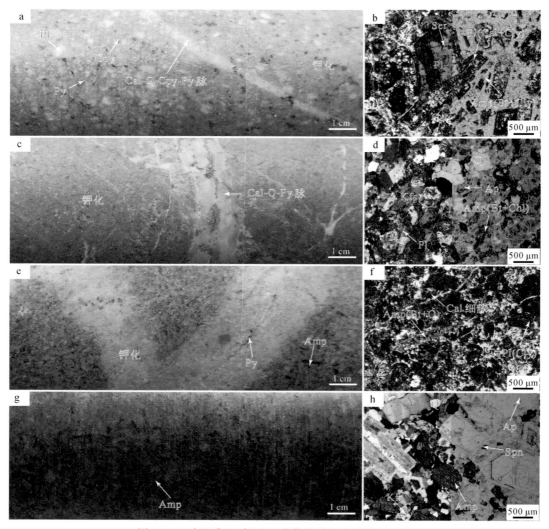

图4.24　鸡冠嘴金-铜矿区岩浆岩手标本及镜下照片

a，b. 强钾化的闪长玢岩，被方解石-石英-黄铜矿-黄铁矿脉交代，岩体为斑状结构，斜长石斑晶已强碳酸盐化、黏土化和绢云母化，角闪石斑晶已完全黑云母化和黏土化，仅剩轮廓，基质为细粒的长英质；c，d. 强钾化的石英闪长岩，被方解石-石英-黄铁矿脉交代，岩体为细粒近等粒结构，斜长石和钾长石发生黏土化，角闪石已完全黑云母化和绿泥石化；e，f. 局部钾化的闪长岩，可见后期方解石细脉和充填在裂隙中的黄铁矿，岩体为细粒近等粒结构，斜长石已完全黏土化仅剩轮廓，角闪石已完全黑云母化；g，h. 较新鲜的石英二长闪长岩，岩体为似斑状结构。矿物缩写：
Amp. 角闪石；Ap. 磷灰石；Bt. 黑云母；Cal. 方解石；Chl. 绿泥石；Cly. 黏土矿物；Kfs. 钾长石；Pl. 斜长石；Q. 石英；
Ser. 绢云母；Spn. 榍石；Cpy. 黄铜矿；Py. 黄铁矿

层状硅酸盐化、碳酸盐化和黄铁矿化（图 4.24a～d）；闪长岩主要在矿区北北东向背斜核部以岩墙的形式侵位，且发生强黏土化、绢云母化，局部发育碳酸盐（–石英）–黄铁矿（–黄铜矿）脉（图 4.24e，f）；石英二长闪长岩在矿区内仅偶见于东南部深处，整体较新鲜，与毗邻的桃花嘴夕卡岩型铜–金–铁矿床和铜绿山夕卡岩型铜–金–铁矿床的岩体岩性特征类似，推测属于铜绿山小岩株体的一部分（曹忠等，2005；Xie et al.，2011；张伟，2015；张世涛等，2017；Tian et al.，2019；程佳敏等，2021）。

3. 矿床地质特征

矿体特征：在鸡冠嘴矿区内共发现 Ⅰ、Ⅱ、Ⅲ、Ⅳ、Ⅵ和Ⅶ号等六个主矿体群以及 Ⅴ号矿体（图 4.23b）。与成矿作用有关的岩浆岩主要是闪长玢岩和石英闪长岩，围岩主要为中三叠统蒲圻组和中下三叠统嘉陵江组地层。

矿化特征：鸡冠嘴金–铜矿床的矿石类型主要包括黄铁矿型、黄铜矿型、赤铁矿–磁铁矿型、黄铁矿–黄铜矿–赤铁矿型、黄铁矿–黄铜矿–辉铜矿型、黄铁矿–黄铜矿–闪锌矿型等。金属矿物以黄铁矿、黄铜矿等为主，还有少量的赤铁矿、磁铁矿、辉钼矿、闪锌矿、辉铜矿、斑铜矿、铜蓝、褐铁矿以及少量细小的自然金。非金属矿物主要为方解石、石英、石榴子石、绢云母等，其次为绿泥石、绿帘石、黑云母、白云母、白云石等。

矿石组构：鸡冠嘴矿区矿石结构很丰富，主要有自形结构、半自形结构、他形结构、交代结构（骸晶结构、交代残余结构、假象结构）、镶边结构、共结边结构、包含结构、出溶结构（乳浊状结构、叶片状结构、格状结构）、似斑状结构、碎裂结构、脉状结构、指纹状结构、聚晶结构、填隙结构、胶状结构、鲕状结构等，其中最常见的结构为粒状结构和交代结构。矿区的矿石构造主要有块状构造、团块状构造、脉状构造、浸染状构造、纹层状构造和葡萄状构造等，并以块状构造、团块状构造、脉状构造和浸染状构造为主（孙四权等，2019）。

围岩蚀变：通过详细的钻孔编录、系统的矿物组合研究以及短波红外光谱分析，确定鸡冠嘴矿区的蚀变类型主要有夕卡岩化（石榴子石）、退化蚀变（绿帘石和阳起石）、层状硅酸盐矿化（高岭石、蒙脱石、绢云母、绿泥石）、硅化、钾化、黄铁矿化、黄铁绢英岩化、碳酸盐化（方解石、铁白云石）等。

成矿期次：在对鸡冠嘴矿床地质特征详细总结和野外钻孔系统编录的基础上，结合光薄片中矿物的共生组合、结构构造特点，可将鸡冠嘴金–铜矿床的成矿作用划为两期五个阶段，分别为夕卡岩期和硫化物期，夕卡岩期包括早夕卡岩阶段、晚夕卡岩阶段和氧化物阶段；硫化物期包括石英–硫化物阶段和方解石–硫化物阶段，其中石英–硫化物阶段是矿区最主要的铜金成矿阶段（图 4.25）。

1）夕卡岩期

夕卡岩期主要见于大理岩和石英闪长岩、闪长玢岩与大理岩的接触带。

早夕卡岩阶段：本阶段形成大量的石榴子石，局部可见少量的透辉石，除此之外未见其他明显的矿物生成。石榴子石在手标本中为自形粒状或者集合体，主要呈绿色（图 4.26a），偶见黄褐色。镜下可见石榴子石团块（图 4.26b），也可见石榴子石生长环带（图 4.26c）。

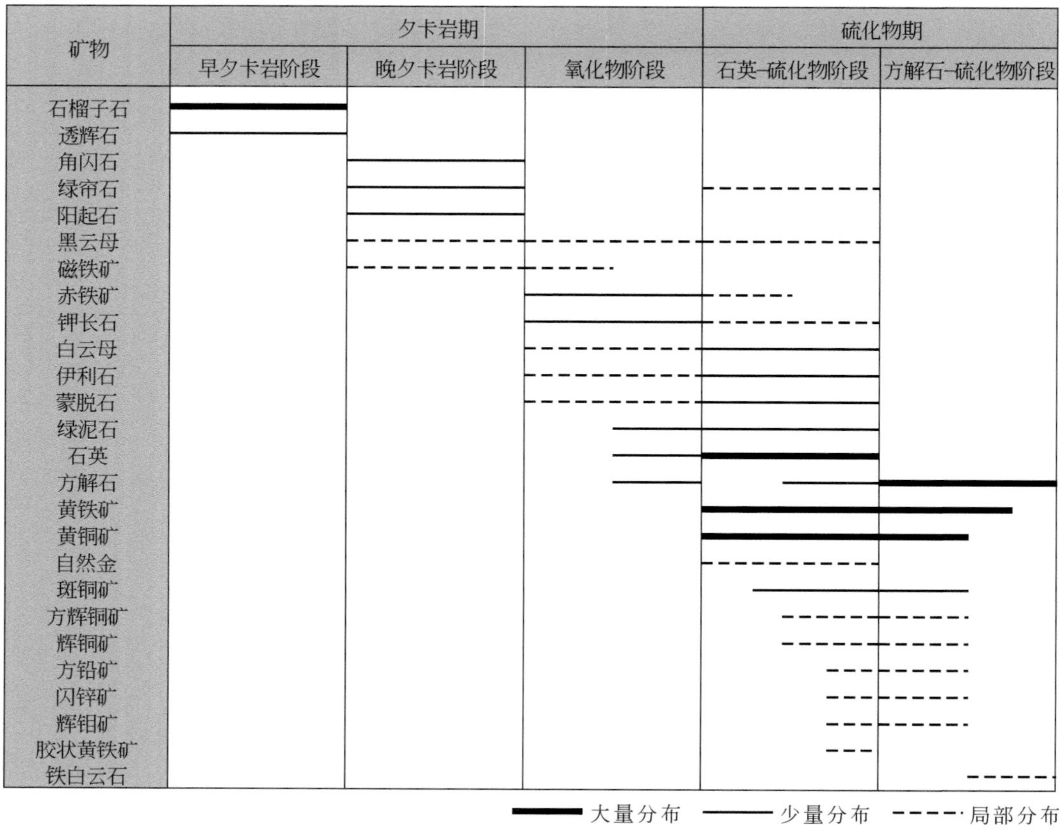

| 矿物 | 夕卡岩期 | | | 硫化物期 | |
	早夕卡岩阶段	晚夕卡岩阶段	氧化物阶段	石英-硫化物阶段	方解石-硫化物阶段
石榴子石					
透辉石					
角闪石					
绿帘石					
阳起石					
黑云母					
磁铁矿					
赤铁矿					
钾长石					
白云母					
伊利石					
蒙脱石					
绿泥石					
石英					
方解石					
黄铁矿					
黄铜矿					
自然金					
斑铜矿					
方辉铜矿					
辉铜矿					
方铅矿					
闪锌矿					
辉钼矿					
胶状黄铁矿					
铁白云石					

━━━ 大量分布　　──── 少量分布　----· 局部分布

图4.25　鸡冠嘴金-铜矿床蚀变矿化期次

大部分石榴子石被后期矿物交代，包括阳起石、方解石等矿物（图4.26b，c）。透辉石分布较少，主要呈自形粒状，可见两组解理，被后期方解石脉交代（图4.26d）。

晚夕卡岩阶段：本阶段是夕卡岩期的重要阶段，主要形成湿夕卡岩矿物（包括角闪石、绿帘石和阳起石）并交代早夕卡岩阶段形成的石榴子石和透辉石。除此之外，还有少部分黑云母和磁铁矿生成。石榴子石±透辉石夕卡岩被角闪石、绿帘石和阳起石交代，在手标本上变绿-黑绿色（图4.26e，f）。角闪石呈自形粒状结构，交代早夕卡岩阶段形成的石榴子石（图4.26e）。绿帘石主要呈不规则粒状或者是脉状交代早夕卡岩阶段形成的石榴子石（图4.26e，g）。阳起石主要呈不规则片状交代早夕卡岩阶段形成的石榴子石或者充填在石榴子石颗粒的间隙（图4.26f）。除此之外，偶尔可见阳起石-黑云母-磁铁矿团块，指示阳起石、黑云母和磁铁矿同时形成于晚夕卡岩阶段（图4.26h）。

氧化物阶段：该阶段是夕卡岩期向硫化物期的过渡阶段，以硅酸盐矿物大量减少，开始形成赤铁矿、石英等氧化物为主要特征。本阶段主要形成赤铁矿、钾长石以及后期的绢云母、绿泥石、石英和方解石，除此之外还有少量的黑云母、磁铁矿以及白云母形成。该阶段形成的矿物继续交代早、晚夕卡岩阶段形成的矿物。在钻孔岩心中可见石榴子石被绢云母、方解石、石英等矿物交代呈淡绿色。手标本中可见绢云母、绿泥石、石英、方解石和赤铁矿呈团块状交代角闪石–绿帘石–阳起石夕卡岩（图 4.26i）。赤铁矿±磁铁矿呈石榴子石假象交代早夕卡岩阶段形成的石榴子石（图 4.26j，k）。少量钾长石呈不规则粒状交代早夕卡岩阶段形成的石榴子石（图 4.26l）。除此之外，本阶段还形成少量的石英–方解石–白云母、石英–钾长石–绢云母–白云母以及白云母团块。

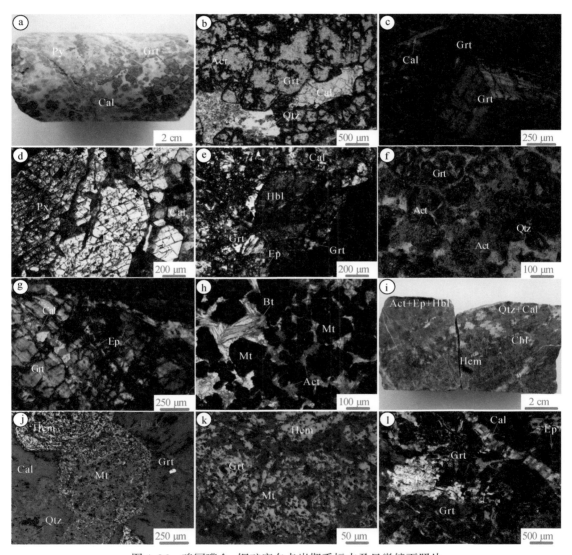

图 4.26　鸡冠嘴金–铜矿床夕卡岩期手标本及显微镜下照片

a. 石榴子石化的大理岩，可见自形的石榴子石颗粒，被后期方解石交代，也见黄铁矿脉；b. 石榴子石镜下显微照片，可见自形的石榴子石颗粒，石榴子石被磁铁矿–赤铁矿交代，局部间隙充填阳起石、方解石和石英；c. 石榴子石显微镜下照片，可见生长环带及异常干涉色，裂隙被后期方解石充填；d. 透辉石显微镜下照片，周围被方解石脉充填；e. 自形粒状角闪石和不规则粒状绿帘石交代石榴子石，可见少量方解石充填裂隙；f. 石榴子石被阳起石和石英交代；g. 脉状绿帘石和方解石交代石榴子石；h. 阳起石、黑云母和磁铁矿共生；i. 手标本可见角闪石、绿帘石和阳起石共生被绢云母、绿泥石、石英、方解石和赤铁矿呈团块状交代；j. 显微镜下石榴子石被赤铁矿±磁铁矿交代，保留石榴子石晶形的假象（反光）；k 为 j 图中局部放大照片，可见磁铁矿和赤铁矿以及残留的石榴子石（反光）；l. 可见钾长石呈不规则粒状交代早夕卡岩阶段形成的石榴子石，也可见晚夕卡岩阶段的绿帘石和后期的方解石脉交代早夕卡岩阶段形成的石榴子石。矿物缩写：Act. 阳起石；Bt. 黑云母；Cal. 方解石；Chl. 绿泥石；Ep. 绿帘石；Grt. 石榴子石；Hbl. 角闪石；Hem. 赤铁矿；Kfs. 钾长石；Mt. 磁铁矿；Px. 辉石；Py. 黄铁矿；Qtz. 石英

2）硫化物期

石英–硫化物阶段：该阶段是鸡冠嘴矿床最主要的金和铜矿化阶段，自然金在本阶段形成。该阶段形成的非金属矿物主要有白云母、绢云母、绿泥石、石英、方解石以及少量的绿帘石、黑云母和钾长石；金属矿物主要为黄铁矿和黄铜矿，除此之外还有少量的赤铁矿、自然金、斑铜矿、方辉铜矿、辉铜矿、方铅矿、闪锌矿、辉钼矿和胶状黄铁矿。本阶段早期形成微量的赤铁矿，微量赤铁矿消失后，晚阶段开始形成多种金属硫化物，同时方解石也开始形成（图4.27）。

方解石–硫化物阶段：主要形成大量的方解石、黄铁矿和黄铜矿，除此之外还有少量的斑铜矿、辉铜矿、方辉铜矿、辉铜矿、方铅矿、闪锌矿、辉钼矿以及铁白云石，石英在本阶段完全消失。随着本阶段从早到晚，金属硫化物逐渐减少直到消失，本阶段后期只形成大量的方解石脉和少量的铁白云石脉（图4.27）。

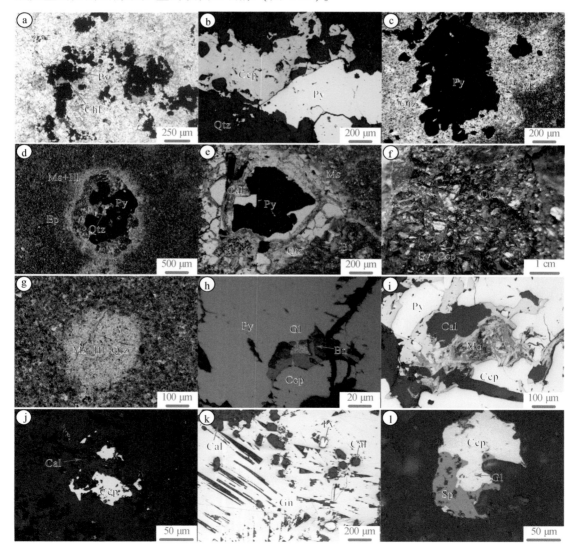

图 4.27 鸡冠嘴金-铜矿床石英-硫化物期手标本及镜下照片

a. 黄铁矿-绿泥石；b. 黄铁矿-石英-黄铜矿；c. 白云母-石英-黄铁矿团块；d. 石英-绢云母-绿帘石-黄铁矿团块；e. 白云母-石英-黑云母-方解石-黄铁矿团块；f. 石英-黄铁矿-黄铜矿矿石；g. 白云母-伊利石-微晶石英团块；h. 产于黄铁矿中的他形自然金-斑铜矿-黄铜矿；i. 方解石-黄铁矿-黄铜矿-辉钼矿脉中的矿物组合特征；j. 方解石-黄铜矿团块；k. 方解石-黄铁矿-方铅矿脉中的矿物组合特征；l. 闪锌矿-黄铜矿（含包裹的自然金）团块；m. 方解石-黄铁矿脉；n. 铁白云石-黄铁矿脉；o. 方解石脉切割石英-硫化物矿石。矿物缩写：Ank. 铁白云石；Bn. 斑铜矿；Bt. 黑云母；Cal. 方解石；Ccp. 黄铜矿；Ep. 绿帘石；Gl. 自然金；Gn. 方铅矿；Ill. 伊利石；Mo. 辉钼矿；Ms. 白云母；Py. 黄铁矿；Qtz. 石英；Sp. 闪锌矿

4. 蚀变矿物 SWIR 光谱特征

1）蚀变矿物 SWIR 识别

野外编录工作严格围绕蚀变矿物特征开展，并系统取样，所采取的样品基本能反映整个钻孔的地质特征（图 4.28）。对所有样品进行 SWIR 分析测试，每件样品测试三个点。测试结果显示，鸡冠嘴对应的蚀变矿物主要有蒙脱石、方解石、铁白云石、白云石、高岭石、伊利石、白云母、绿泥石等（Tian et al., 2019）。

2）SWIR 特征属性

鸡冠嘴矿区 SWIR 分析工作成果显示，局部钻孔中：①云母族矿物的 Pos2200 或者 Dep2200 多在夕卡岩或夕卡岩型矿化附近明显增大，其 IC 值多在夕卡岩或者与岩体的接触带附近明显增大；②地层中方解石的 Dep2350 明显大于热液方解石的 Dep2350；③角岩中的绿泥石 Dep2335 随着深度可能有逐渐增大的趋势。为了进一步验证相关矿物（绿泥石和白云母族矿物）的 SWIR 特征值与矿体的耦合关系，以确定示矿信息和勘查标志，研究者对相关勘探线的钻孔样品 SWIR 特征值进行联立处理，建立对应的 SWIR 特征值二维属性模型（Tian et al., 2019）。

样品的采集密度和勘探线上钻孔的控制密度都会明显影响 SWIR 特征值二维属性模型的有效性。鸡冠嘴矿床各钻孔样品采集密度相近（约 7.84m/件，图 4.28），但勘探线上钻孔的控制密度不一，其中 28 号勘探线选择了 ZK02812、KZK13、KZK25 和 ZK0287 共 4 个钻孔进行系统采样，钻孔控制密度最大，其 SWIR 二维属性模型所反映的特征值与矿体的耦合关系应具更高的可靠性，所以本次探讨 SWIR 特征值与矿体的关系主要以 28 号勘探线为例。另外，鉴于 28 线 KZK25 和 ZK02812 钻孔中绿泥石发育较少（对应样品中均仅

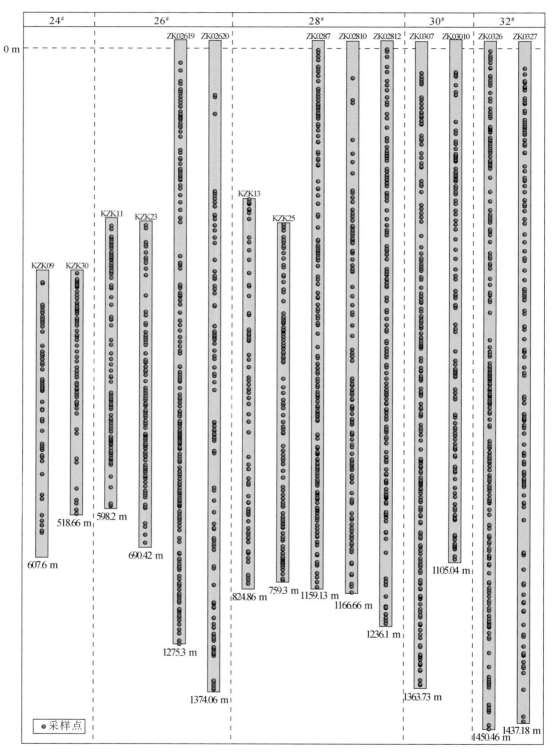

图 4.28　鸡冠嘴金-铜矿床钻孔样品二维空间分布图（据 Tian et al.，2019）

有 2 个样品通过 SWIR 检测出含有绿泥石），绿泥石 SWIR 二维模型数据规律的讨论主要选择绿泥石发育相对较多的 26 线（Tian et al.，2019）。

（1）白云母族矿物（white mica）

Pos2200（Al-OH 峰位）：白云母族 Pos2200 特征值在 28 号勘探线剖面上整体变化不大，一共出现四个浓集中心带（图 4.29a）。第一个浓集中心出现在地表附近，推测为近地表的火山岩受风化作用影响形成，不具实际意义；第二个浓集中心在近石英闪长岩和大理岩接触带区域上，并且与Ⅶ号矿体群呈现出较好的耦合性，且产状相近；第三个浓集中心也在石英闪长岩和大理岩接触带区域内，虽然该浓集中心范围较小，但与该区域的Ⅶ号矿体产状转折端具有较好的耦合性；第四个浓集中心在石英闪长岩与角岩的接触带上，为次级浓集中心带，产状与旁侧矿体近似，虽然该浓集中心带与矿体在空间位置上存在偏移，但其示矿作用明显（图 4.29a）。总体而言，Pos2200 特征值的浓集中心在 28 号勘探线上与矿体的耦合性较好。

为了进一步验证该特征值在其他空间位置与矿体的耦合性，选择 26 号、30 号和 32 号勘探线剖面的 Pos2200 特征值进一步讨论。

26 号勘探线剖面中，Pos2200 特征值出现了 4 个明显的浓集中心，其中有三个浓集中心位于石英闪长岩和大理岩的接触带，与矿区的Ⅶ号矿体群呈现出较好的耦合性，而且有一个浓集中心正好与Ⅶ号矿体群产状转折端重合。另外一个浓集中心在大理岩内部，空间位置上也与该区域的小型矿体具有较好的耦合性（图 4.29b）。

30 号勘探线剖面中，Pos2200 特征值出现多个明显的浓集中心，其中在近大理岩与角岩的接触带以及近大理岩与石英闪长岩的接触带上出现的浓集中心与 7 号矿体群呈现出较好的耦合性。浅部区域中，虽然未形成明显的浓集中心，但该区域内的矿体也与 Pos2200 的高值对应（图 4.29c）。

32 号勘探线剖面中，Pos2200 特征值总体较高，浓集中心不明显。总体而言，32 号勘探线剖面深部（-1400～-1300 m）Ⅶ号矿体群和-1000～-750 m 角岩内的小型矿体仍然对应着白云母族 Pos2200 特征值的高值（图 4.29d）。

综上所述，鸡冠嘴金-铜矿床白云母族 Pos2200 特征值的高值区域对矿体位置具有较好的指示性。这与澳大利亚 Hellyer VHMS 矿床（Yang et al.，2011）和阿根廷 Arroyo Rojo VMS 矿床（Biel et al.，2012）具有相似的特征。那么指示矿体位置的白云母族 Pos2200 高值范围是多少呢？26 线、28 线和 30 线与矿体位置耦合较好的、明显的浓集中心 Pos2200 最低值均为 2209（图 4.29，图 4.30）。因此，白云母族矿物高 Pos2200 值（>2209 nm）的石英闪长岩接触带区域或者破碎带区域可能为找矿潜力较好的区域。

此外，研究者选择白云母族 Pos2200 异常值与矿体耦合关系较好的 28 号勘探线分析白云母族 Pos2200 特征值与矿体距离的耦合关系。ZK0287 钻孔中，远离矿化的区域 Pos2200 特征值较为稳定，在距离矿体 400 m 左右的距离时，少数 Pos2200 明显变大，在矿体附近 Pos2200 变化较大，但总体而言 Pos2200 与矿体距离之间变化关系无明显规律（图 4.30a）。KZK13 钻孔中，Pos2200 在矿化位置有较大的值，但整体无规律，示矿距离约为 400 m。Pos2200 的示矿距离明显受到岩性复杂程度的影响，岩性单一，示矿距离较大，可达400 m（图 4.30b）。KZK25 中，Ⅶ号矿体附近和Ⅲ号矿体区域 Pos2200 均明显增大，示矿距离约为 200 m（图 4.30c）。ZK02812 钻孔中，因为 VII 号矿体的尖灭，Pos2200 与距 VII 号矿体的距离无明显关系，在距离为 600～700 m 局域（即 3 号矿体附近区域），Pos2200 明显增大，示矿距离约为 200 m（图 4.30d）。

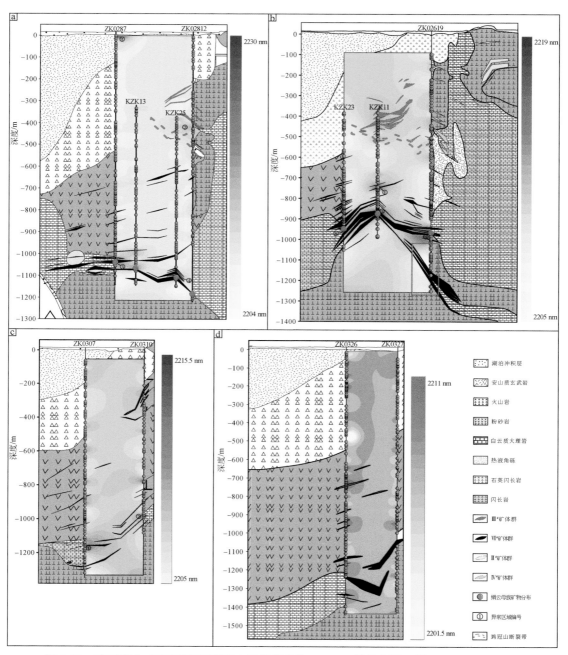

图 4.29　鸡冠嘴金–铜矿床典型剖面白云母族矿物 Pos2200 值热力图（据 Tian et al.，2019）

a. 28 号勘探线；b. 26 号勘探线；c. 30 号勘探线；d. 32 号勘探线

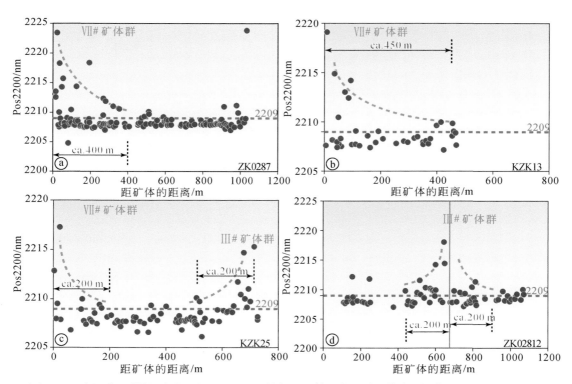

图 4.30　鸡冠嘴 28# 勘探线钻孔样品 Pos2200 值与距矿体距离相关性散点图（据 Tian et al.，2019）

a. ZK0287 钻孔；b. KZK13 钻孔；c. KZK25 钻孔；d. ZK02812 钻孔

Dep2200（Al-OH 吸收深度）：白云母族 Dep2200 特征值在 28 号勘探线剖面上整体变化明显，呈现出多个浓集中心和次级浓集中心。其中在石英闪长岩与大理岩的接触带区域的浓集中心与Ⅶ号矿体呈现出了一定程度的耦合性。在石英闪长岩与角岩的接触带区域的次级浓集中心也与该区域内的小型矿体呈现出较好的耦合性。但在近石英闪长岩与角岩的竖直接触带的浓集中心以及其余次级浓集中心区域均未发现有明显的矿体与其对应，所以云母族矿物 Dep2200 特征值的示矿作用具有局限性。IC 值（结晶度 = Dep2200/Dep1900）：白云母族 Dep2200 特征值在 28 号勘探线剖面上整体较低，出现的两个浓集中心分别在石英闪长岩以及角岩内，均未见明显的矿化与其对应。

（2）绿泥石

Pos2250（Fe-OH 峰位值）：绿泥石 Pos2250 特征值在 26 号勘探线上总体变化明显，在石英闪长岩内和石英闪长岩及其与大理岩的接触带呈现出 2 个明显的浓集中心，而且浓集中心区域与矿体呈现出一定的耦合性。除此之外，绿泥石 Pos2250 特征值还在角岩内呈现 1 个次级浓集中心，附近区域分布有两个小型矿体。但整体而言，该勘探线控制的大部分矿体区域的绿泥石 Pos2250 特征值并未见明显的异常区域，特别是−950 m 附近矿化较为富集的Ⅶ号矿体（图 4.31）。

Dep2250（Fe-OH 峰吸收深度）：绿泥石 Dep2250 特征值在 26 号勘探线上总体变化明显，主要呈现出 3 个浓集中心。第一个浓集中心在石英闪长岩内及其与大理岩的接触带上，该浓集中心与旁侧矿体存在明显偏移；第二个浓集中心在角岩内，并与旁侧的小型矿体呈现出较好的耦合性；第三个浓集中心在石英闪长岩内，由于超出钻孔的控制标高，所以该浓集中心应该剔除，但总体而言深部的石英闪长岩内的绿泥石 Dep2250 呈现出高值区域，但区域内并未明显矿化。

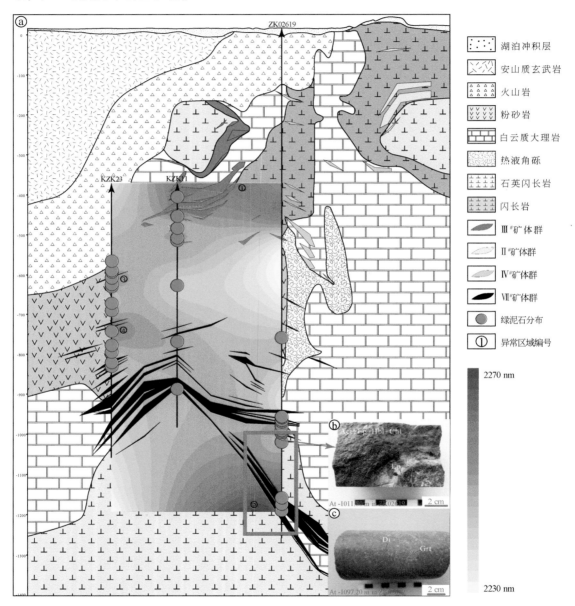

图 4.31　鸡冠嘴 26# 勘探线钻孔样品 Pos2250 值热力图（a）和Ⅵ号矿体中强夕卡岩化（b，c）特征图

矿物缩写：Act. 阳起石；Ep. 绿帘石；Hbl. 角闪石；chl. 绿泥石；Di. 透辉石；Grt. 石榴子石

Pos2335（Mg-OH 峰位值）：绿泥石 Pos2335 特征值在 26 号勘探线上总体变化不大，仅在深部石英闪长岩内出现高值区域，整体上与Ⅶ号矿体缺乏耦合性。而浅部区域的矿体

则对应着 Pos2335 高值和低值的过渡区域，也未见明显的耦合性。

Dep2335（Mg-OH 峰吸收深度）：绿泥石 Dep2335 特征值在 26 号勘探线上总体变化不明显，几乎都处于高值区域，仅在深部的石英闪长岩内出现低值区域，由于超出钻孔控制标高，所以该低值区域应该剔除。整体上，绿泥石 Dep2335 与矿体未见明显的耦合性，示矿作用不明显。

需要指出的是，虽然鸡冠嘴矿床 26$^\#$线绿泥石相对发育，但其发育程度仍然有限，三个钻孔共采集的 379 件样品中仅有 35 个样品（KZK23、KZK11 和 ZK02619 分别为 13、7 和 15 件样品）被红外短波光谱检测出绿泥石，这使得绿泥石 SWIR 特征值空间规律的总结受到了一定程度的制约，其余矿体耦合关系的有效性仍然需要进一步的验证。

5. 石英结构及地球化学特征

1）样品采集及测试方法

在鸡冠嘴矿区，从 11 个钻孔（KZK09、KZK30、KZK11、KZK23、ZK02619、KZK13、KZK25、ZK0287、ZK02812、ZK0307 和 ZK0326）岩心中总共采集了 74 个石英样品（包含 Ⅳ 成矿阶段的块状石英和含黄铁矿的石英脉），其中分别有 35 个和 23 个样品采自角岩和石英闪长岩中的含黄铁矿的石英脉，16 个样品采自 Ⅲ 号和 Ⅶ 号矿体（Zhang et al.，2019b）。

2）石英的产状及岩相学特征

石英-黄铁矿矿物组合在矿体中主要呈块状构造（图 4.32a），其中的石英和黄铁矿多呈他形结构并交代早期的石榴子石（图 4.32b）。蒲圻组角岩中的石英-黄铁矿脉脉壁平整，脉宽多为 0.2 ~ 1.0 cm（图 4.32c ~ f），脉侧多见平整的钾长石蚀变晕（图 4.32c）和不规则的褪色蚀变晕（图 4.32d），脉中局部见有晶洞（图 4.32e）。角岩中的晚期方解石-黄铁矿脉经常切割石英-黄铁矿脉（图 4.32f）。另外，这些脉中的石英和黄铁矿含量比值虽然变化较大，但是明显高于矿体中的含量比值。闪长岩中的石英-黄铁矿脉脉壁平整，脉宽多为 0.5 ~ 1.0 cm，但缺乏明显的蚀变晕（图 4.32g，h），其石英和黄铁矿的含量比值与角岩中的石英-黄铁矿脉相似。

3）测试结果

石英 CL 内部结构：研究者分别选取了 11、9 和 7 个赋存于角岩、石英闪长岩和矿体中的石英-黄铁矿样品用来进行石英 CL 内部结构观察（Zhang et al.，2019b）。矿体中的石英颗粒（Qtz1）通常展示清晰的核幔边结构，从核部至边部其 CL 反射强度逐步增强（图 4.33a）。其核部、幔部和边部接触界线规则，且缺乏明显的交代结构，暗示其属于正常的生长环带。总体而言，核部和幔部相对较窄，且结构均匀；边部区域较宽，且具有轻微的震荡环带（图 4.33a）。角岩中石英-黄铁矿脉中的石英颗粒（Qtz2）多呈现清晰的震荡环带（图 4.33b），CL 图像中暗色的核部与边部的震荡环带具有规则的接触界线，显示正常的生长结构。继承核、微裂隙、溶蚀等特征均未在该类石英颗粒中发现。石英闪长岩中石英-黄铁矿脉中的石英颗粒（Qtz3）与 Qtz2 也呈现出相似的特征，即 CL 图像中的暗色核部和具有震荡环带的边部（图4.33c），核部和边部的规则接触界线指示 Qtz3 的单阶段生长特征。

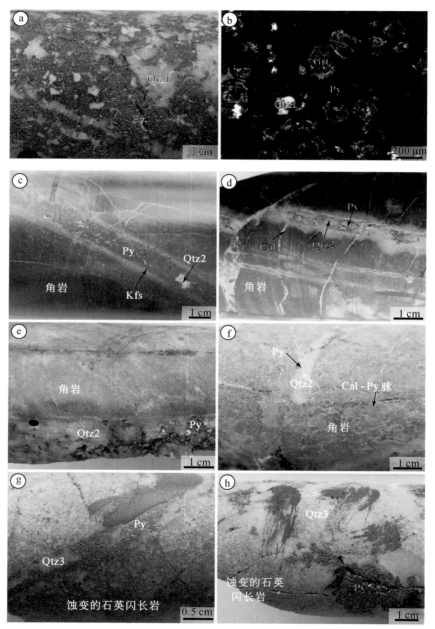

图 4.32　鸡冠嘴金-铜矿床代表性含石英的矿石矿物组合及其结构特征（据 Zhang et al., 2019b）

a. Ⅶ号矿体中石英与块状黄铁矿共生；b. Ⅶ号矿体中共生的石英与黄铁矿交代石榴子石；c. 角岩中典型的石英-黄铁矿热液脉，且脉两侧有钾长石蚀变晕；d. 角岩中的石英-黄铁矿脉，且脉两侧有褪色化晕；e. 角岩中的石英-黄铁矿热液脉，脉中含有微晶洞的石英；f. 角岩中的石英-黄铁矿脉被方解石-黄铁矿脉切割；g. 含弥散状钾化的石英闪长岩被石英-黄铁矿脉切割；h. 硅化石英闪长岩中的石英-黄铁矿脉。矿物缩写：Qtz1. 鸡冠嘴矿体中的石英；Qtz2. 角岩中热液脉中的石英；Qtz3. 石英闪长岩中热液脉中的石英；Grt. 石榴子石；Kfs. 钾长石；Cal. 方解石；Py. 黄铁矿

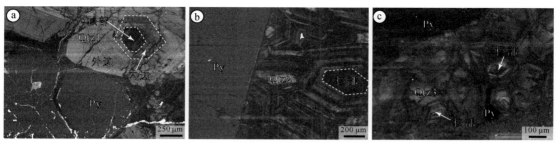

图 4.33　鸡冠嘴金−铜矿床石英 SEM-CL 照片（据 Zhang et al.，2019b）

a. 石英 Qtz1 的核边结构，且显示出从核部到边部亮度增加；b. 震荡环带结构的石英 Qtz2；

c. 具有暗核部且震荡环带结构的石英 Qtz3。矿物缩写与图 4.32 相同

　　石英微量元素：研究者总共开展了 203 点的石英原位 LA-ICP-MS 微量元素分析，其中包含 46 点的 Qtz1、95 点的 Qtz2 和 62 点的 Qtz3。微量元素的测试结果见图 4.34。总体上，Qtz1、Qtz2 和 Qtz3 具有相似的微量元素组成，如相对高含量的 Al、Na、K、Ca 和 Mn，相对低含量的 Nd、Gd、Ta、Bi 和 U。Al 是鸡冠嘴石英中最富集的微量元素，也是含量大于 1000×10^{-6} 的唯一微量元素。Qtz1、Qtz2 和 Qtz3 的 Al 含量分别为 $8.581 \times 10^{-6} \sim 3579 \times 10^{-6}$（平均值 845×10^{-6}），$15.248 \times 10^{-6} \sim 2788 \times 10^{-6}$（平均值 538×10^{-6}）和 $11.325 \times 10^{-6} \sim 3312 \times 10^{-6}$（平均值 399×10^{-6}），而 Zr、Nb、Gd、Hf、Ta 和 U 在一些点的测试含量却低于检测限。

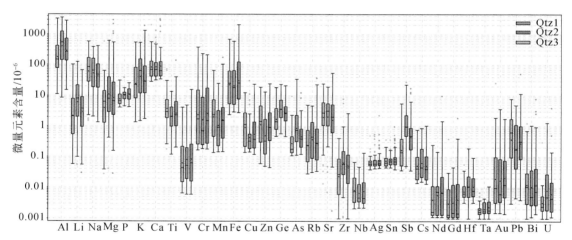

图 4.34　鸡冠嘴金−铜矿床石英微量元素含量箱状图（据 Zhang et al.，2019b）

4）鸡冠嘴石英中微量元素的赋存状态

　　先前的石英地球化学研究已经揭示其含有一定量的 Al、B、Ca、Cr、Cu、Fe、Ge、H、K、Li、Mg、Mn、Na、P、Rb、Pb、Ti 和 U 等微量元素（Flem et al.，2002；Müller et al.，2003；Landtwing and Pettke，2005；Müller and Koch-Müller，2009）。大部分鸡冠嘴石英都拥有平坦和稳定的 Al、Na、K、Mg、Li、Mn、Fe、Ge 和 Ti 激光剥蚀信号（图 4.35

a，b），暗示这些元素在石英颗粒中的均匀分布和其赋存于石英晶体中的赋存状态。但是，Al-Na-K（图4.35c）和 Mn-Mg-Fe-Ca（图4.35d）的尖峰激光剥蚀信号也揭示鸡冠嘴石英中可能存在细粒钾长石和含 Mn-Mg-Ca-Fe 矿物的包裹体。

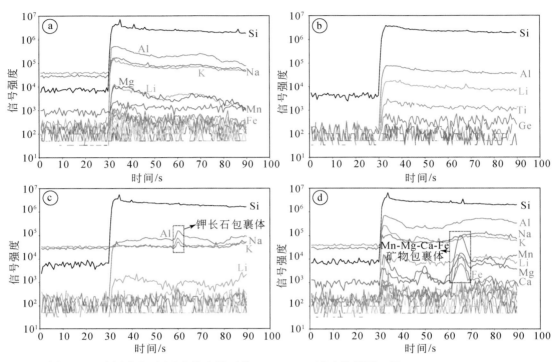

图4.35　鸡冠嘴金-铜矿床代表性石英 LA-ICP-MS 激光信号图（据 Zhang et al.，2019b）

a. Al，Na，K，Mn，Li，Mg；b. Ti 和 Ge；c. Na-K-Al（钾长石）；d. Mn-Mg-Fe-Ca

大量的研究表明，二价、三价、四价甚至是五价离子都能被并入至热液石英中的四面体部位形成缺陷（Götte and Ramseyer，2012）。由于相同的电价和离子半径，Ge^{4+} 和 Ti^{4+} 均可以并入至石英晶格并替代 Si^{4+}（陈剑锋和张辉，2011），但是这与鸡冠嘴石英中 Si 与 Ge（图4.36a）和 Ti（图4.36b）均缺乏明显正相关性的特征不吻合。先前研究也揭示五价的 P^{5+} 和 3 价的 Al^{3+} 可以耦合形成 $[AlPO_4]$ 并替代石英中的 Si^{4+}（陈剑锋和张辉，2011），但是鸡冠嘴石英中 P 与 Al 的含量缺乏相关性。三价的 Al^{3+} 和 Fe^{3+} 可以进入石英晶格替代 Si^{4+}，但这种替换需要一价的碱金属离子（H^+、Li^+、Na^+、K^+、Rb^+）或二价离子（Ca^{2+} 和 Sr^{2+}）一并进入石英晶格以补偿电价（Müller et al.，2003；Rusk et al.，2008；Rusk，2012）。对于鸡冠嘴石英而言，Al 与 Si 的负相关性（图4.36d）和与碱金属离子（图4.36e，f）和 Sr（图4.36g）的正相关性支持了上述的 Al 替代机制。虽然 Rusk（2012）认为石英中的 Ge 含量一般与其他微量元素缺乏相关性，但是鸡冠嘴石英中的 Al 和 Ge 却具有明显的正相关性（图4.36h），这符合 Götte 和 Ramseyer（2012）提出的热液石英中 Al 和 Ge 的含量特征。考虑到 Ge 通常以二价离子（Ge^{2+}）存在，所以可以推测 Ge^{2+} 也为 Al^{3+} 替代 Si^{4+} 进行电价补偿。

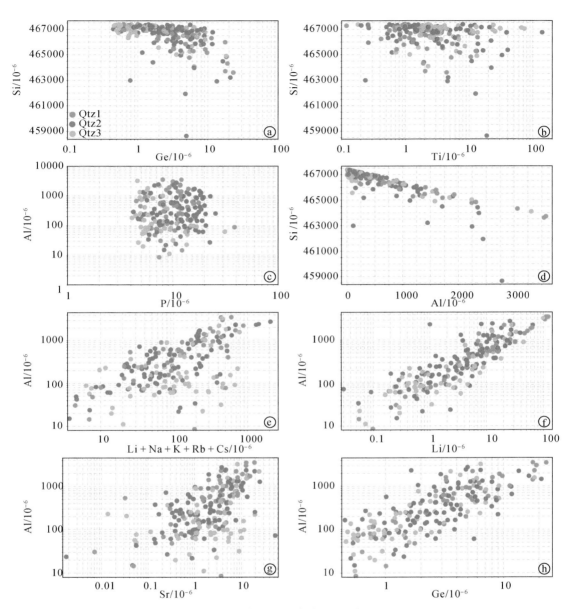

图 4.36　鸡冠嘴金–铜矿床石英微量元素散点图（据 Zhang et al.，2019b）

a. Si-Ge；b. Si-Te；c. Al-P；d. Si-Al；e. Al-碱金属元素（Li+Na+K+Rb+Cs）；f. Al-Li；g. Al-Sr；h. Al-Ge

5）对鸡冠嘴金–铜矿床的成矿指示

石英中 Ti 的含量与其形成温度具有密切的关系，当石英形成温度大于 600 ℃时，可以用其 Ti 的含量估算其成矿温度，即石英 Ti 温度计（Wark and Watson，2006；Thomas et al.，2010；Huang and Audétat，2012）。由于热液石英的形成温度基本低于 600 ℃，所以石英 Ti 温度计并不能用于计算热液石英的形成温度（Huang and Audétat，2012），但形成温度低于 350 ℃的热液石英通常含有的 Ti 含量低于 10×10^{-6}，而形成温度高于 400 ℃的石英 Ti 含量多大于 10×10^{-6}（Rusk et al.，2008；Rusk，2012）。鸡冠嘴矿床主成矿阶段石英的 Ti 含量低于 10×10^{-6}（图 4.34），说明其较低的形成温度（< 350 ℃）。另外，石英中 Al 与二价离子（如 Li^{2+}）的正相关程度也被认为可以指示其形成温度，即低温（< 350 ℃）热液石英具有较强的正相关性，而高温（> 400 ℃）热液石英二者的相关性较差（Cherniak，2010；Rusk，2012）。鸡冠嘴石英中 Al 和 Li 的明显正相关性（斜率：0.6623；$r^2 = 0.759$；图 4.36f）也进一步说明其较低的形成温度，这也与鸡冠嘴主成矿阶段石英流体包裹体的测温结果（平均均一温度：284 ℃；张伟，2015）吻合。

　　流体 pH 对平衡三价离子（如 Al^{3+}）进入石英晶格的电价有着重要的作用（Landtwing and Pettke，2005），而且石英 Al 含量受流体 pH 的明显控制，而不受温度控制（Perny et al.，1992；Rusk et al.，2008）。此外，低温石英中高 Al 含量往往指示流体的低 pH（Rusk et al.，2008；Rusk，2012）。考虑到绢云母是鸡冠嘴主成矿阶段的主要蚀变矿物之一（Tian et al.，2019），可以推测主成矿阶段的流体是富 Al 的酸性流体。Qtz1 与 Qtz2 和 Qtz3 具有相似的 Al 含量（图 4.34，图 4.36），揭示三者形成期间具有相似的 pH。大量研究已经证实石英中微量元素的含量与 CL 反射强度具有密切的关系，高温（> 400 ℃）石英中 CL 的反射强度与其 Ti 含量正相关，而低温石英的 CL 反射强度多与 Al 含量负相关（Rusk et al.，2008）。由于鸡冠嘴石英的形成温度较低，所以 Qtz2 和 Qtz3 的 CL 强度交替的振荡环带（图 4.33b，c）说明其形成热液 Al 含量和 pH 的波动。而鸡冠嘴石英（特别是 Qtz1）从核部至边部 CL 反射强度的逐步增强显示其 Al 含量的逐步降低，对应成矿流体 pH 的增大（酸性流体的逐步中和），这也可能是导致鸡冠嘴硫化物沉淀的一重要因素。

　　Qtz1 的核幔边结构揭示其相对封闭的环境体系下的低结晶速率，而 Qtz2 和 Qtz3 的震荡环带却显示其相对开放环境体系下的物理化学条件波动，这与 Qtz2 和 Qtz3 的液压致裂形成过程相吻合。石英的溶解度与压力具有密切的关系（Shock et al.，1989），热液体系中大量石英的沉淀通常可能与液压致裂导致的压力下降相关（Rusk and Reed，2002；Landtwing and Pettke，2005），这可能就是 Qtz2 和 Qtz3 沉淀的重要原因。虽然石英的快速结晶可能导致更多的微量元素进入石英晶体结构中（Watson and Liang，1995；Watson，1996；Jourdan et al.，2009；Huang and Audétat，2012），但 Qtz2 和 Qtz3 的 Li 和 Ge 含量明显低于结晶速率更低的 Qtz1（图 4.34），这说明快速结晶并未导致 Qtz2 和 Qtz3 微量元素含量的增加。

6）鸡冠嘴夕卡岩型石英与其他热液矿化系统石英对比

　　鸡冠嘴石英中 Al 的含量（$8.581 \times 10^{-6} \sim 3579 \times 10^{-6}$）与浅层低温金矿床石英中 Al 的含量（$20 \times 10^{-6} \sim 4000 \times 10^{-6}$；Rusk，2012）接近，而且鸡冠嘴矿床主成矿阶段大量的绢云母形成（Tian et al.，2019）也与浅层低温金矿床中大量伊利石和明矾石的特征（Hedenquist et al.，1996）吻合，说明其对应成矿热液的富 Al 特征。鸡冠嘴石英 Al 含量明显高于造山型金矿床石英中的 Al 含量（$100 \times 10^{-6} \sim 1000 \times 10^{-6}$；Rusk，2012），这与造山型金矿床中富 Al 矿物相对较少的特征吻合（Goldfarb et al.，2005）。斑岩型矿床中主成矿阶段的热液石英通常形成于钾化相关的高温环境（500～700 ℃；Rusk et al.，2008），其 Al 含量多为 $50×10^{-6}$～$500×10^{-6}$，这明显低于形成于低温富 Al 热液中的鸡冠嘴石英。鸡冠嘴石英（形成温度约 284 ℃；张伟，2015）中 Ti 含量（$1×10^{-6}$～$7×10^{-6}$；图 4.34）明显高于浅成低温热液金矿床中石英（形成温度约 250 ℃）的 Ti 含量（$<3×10^{-6}$；Rusk et al.，2008；Rusk，2012），但是低于斑岩型矿床中石英（形成温度大于 400 ℃）的 Ti 含量（$1×10^{-6}$～$200×10^{-6}$；Rusk，2012）。另外，鸡冠嘴石英的 Al/Ti 值（2.12～2617）几乎覆盖斑岩型矿床（约 1～10）和造山型金矿床（10～100），但是相比浅成低温金矿床（约 100～10000；Rusk，2012）却呈现相对较窄的范围。在 Al 和 Ti 的二元图解中，鸡冠嘴石英投点于一个相比造山型金矿更宽的范围，但是又明显有别于浅层低温热液矿床和斑岩型矿床的范围，显示出夕卡岩矿床石英与造山型金矿床、浅成低温热液矿床和斑岩型矿床石英明显不同的 Al 和 Ti 元素组成（图 4.37）。

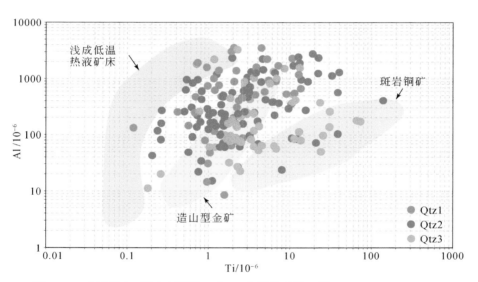

图 4.37　鸡冠嘴金–铜矿床石英 Ti 和 Al 含量关系图（据 Zhang et al.，2019b）

图中典型的浅成低温热液矿床、造山型金矿和斑岩型矿床的数据来自 Rusk，2012

4.2.3　鄂东南铜山口铜–钼–钨矿床

1. 矿区地质背景

铜山口铜–钼–钨矿床位于湖北省大冶市西南约 18 km 的陈贵镇，鄂东南矿集区的西南部（舒全安等，1992；Li et al.，2008）。截至 2018 年底，矿区已探明铜储量 0.55 Mt（平均品位 0.86%），钼储量 0.01 Mt（平均品位 0.104%），WO₃ 储量 0.012 Mt（平均品位 0.185%），属于一个大型的与斑岩体相关的夕卡岩型铜–钼–钨矿床（Li et al.，2008；湖北省地质局第一地质大队，2018）。

　　在铜山口矿区，围岩地层由老到新主要为下三叠统大冶组（T_1d）和中下三叠统嘉陵江组（$T_{1-2}j$）的碳酸盐岩以及第四系沉积盖层，其中大冶组是主要的赋矿围岩。印支期和燕山期的构造活动形成的大量褶皱和断裂，为区域上燕山期的岩浆活动和岩浆热液提供了良好的运移通道和赋矿空间。铜山口铜–钼–钨矿床正位于 NNE 向构造与近 WE 向、北西向构造的复合叠加部位（图4.38a，b；初高彬，2020）。

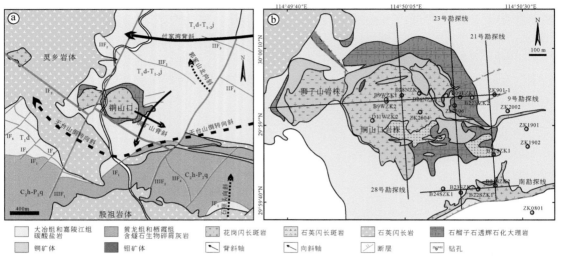

图4.38　鄂东南铜山口矿区区域构造（a）和矿床地质（b）简图（据初高彬，2020）

2. 岩浆岩特征及成因

　　在铜山口矿区出露的岩浆岩主要为花岗闪长斑岩和石英闪长斑岩及其两种岩性中赋存的暗色微细粒包体。花岗闪长斑岩发育最为广泛，以岩株形式产出，其产状受近 WE 向天台寺–铜山口断裂、NNE 向铜山口断裂和 NE 向的铜矿山背斜的控制，由南东向北西侵入到三叠系碳酸盐岩地层中（图4.38b）。花岗闪长斑岩的手标本整体为灰白色，绢云母化蚀变使局部呈灰绿色，钾化蚀变使局部呈肉红色，风化局部呈黄色。斑状结构，块状构造（图4.39a，b）。石英闪长斑岩体分布较为局限，在局部石英闪长斑岩中见少量花岗闪长斑岩的角砾，两种岩性的接触位置界线明显，局部石英闪长斑岩中见少量花岗闪长斑岩的角砾。石英闪长斑岩的手标本整体呈灰色，绢云母化蚀变部分呈灰绿色，钾化蚀变部分呈肉红色，具有斑状结构，块状构造（图4.39b，c，d）。

　　上述的两种岩性中均发育有暗色微细粒包体，包体主要分布于岩体的深部。形态大多为浑圆状，其次为椭球状和透镜体状等，长轴一般为 5～10 cm。手标本呈灰黑色，不等粒结构（图4.39d，e）。部分暗色微细粒包体中局部见石英捕虏晶（图4.39e）。与寄主花岗闪长斑岩和石英闪长斑岩的接触界线清晰，且常见斜长石和角闪石晶体横跨界线两侧（图4.39e）。在显微镜下，可见暗色微细粒包体与上述两种岩体的交界部位有角闪石堆晶结构，并含有特征性的针状磷灰石（图4.39f）。

结合不同岩浆岩的侵位接触关系、岩相学特征及锆石 LA-ICP-MS U-Pb 定年，确定铜山口矿区的类型及序列为：①花岗闪长斑岩形成于 143.9 Ma，②石英闪长斑岩形成于143.6 Ma。此外，两种岩浆岩中均有暗色微细粒包体（MMEs）产出，锆石 LA-ICP-MS U-Pb 定年结果表明，MMEs 形成于 145.4 ± 1.9 Ma，与其寄主岩的形成时代在误差范围内一致。结合区域年代学研究，矿区岩浆岩的成岩年龄相对集中，属于鄂东南矿集区早白垩世构造岩浆活动的产物。花岗闪长斑岩和石英闪长斑岩相似的地球化学性质显示它们很可能是同源岩浆多次上侵的产物（Chu et al.，2020a）。

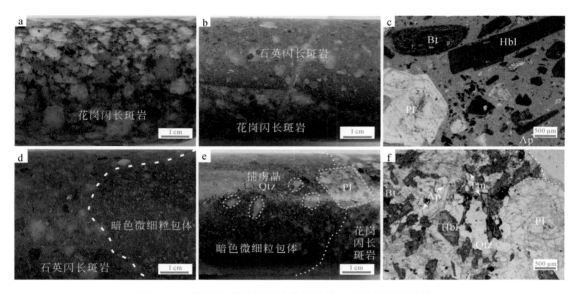

图 4.39　铜山口矿区主要岩浆岩手标本和显微镜下照片

a. 花岗闪长斑岩（手标本）；b. 花岗闪长斑岩与石英闪长斑岩的接触位置，见同一石英-方解石-黄铁矿-黄铜矿脉体穿切（手标本）；c. 石英闪长斑岩显微照片（单偏光）；d. 暗色微细粒包体（手标本）；e. 暗色微细粒包体中包裹石英的捕虏晶，边界位置见斜长石斑晶横跨边界（手标本）；f. 暗色微细粒包体显微照片（单偏光）。矿物缩写：Bt. 黑云母；Qtz. 石英；Ap. 磷灰石；Hbl. 普通角闪石；Ttn. 榍石；Pl. 斜长石

矿区 MMEs 的地球化学特征表明，其与寄主致矿斑岩具有相同的 Sr-Nd 同位素特征、误差范围内相近的形成年龄，但完全不同的不相容元素比值。再结合 MMEs 的冷凝边结构、石英捕虏晶和针状磷灰石等岩相学特征，表明 MMEs 很可能是由镁铁质岩浆和寄主长英质岩浆混合形成的。铜山口 MMEs 与长江中下游白垩纪镁铁质岩具有相似的地球化学特征，说明 MMEs 主要来源于富集的岩石圈地幔源区，具有正常岛弧岩浆特征。寄主致矿斑岩具有高 Si 低 Mg、富集大离子亲石元素（LILE）、亏损高场强元素（HFSE）的地球化学特征，且具有与长江中下游白垩纪镁铁质岩相似的同位素特征，这些现象表明它们可能形成于新生镁铁质下地壳熔体与富集岩石圈地幔熔体的混合。在陆内伸展环境下，软流圈地幔上涌和穿壳断裂的活动可能导致了上述两个源区物质发生部分熔融（Chu et al.，2020a）。

3. 矿床地质特征

1) 矿体特征

铜山口矿床主要由6个大型铜-钼-钨矿体和多个小型钼矿体组成。Ⅰ号和Ⅳ号矿体主要产于岩体与围岩的外接触带中，紧邻接触面。Ⅰ号矿体的空间展布形态呈倾斜筒状，其产状总体较陡，在地表表现为空心椭圆环状，环绕花岗闪长斑岩岩株产出。Ⅰ号矿体在所有矿体中规模最大，占矿区总储量的60%以上。Ⅳ号矿体与Ⅰ号矿体类似，产于狮子山岩岩瘤与围岩的外接触带中。Ⅱ号和Ⅴ号矿体主要产于大冶组地层的层间破碎带中，呈似层状，近水平展布，向远离接触带的位置尖灭。Ⅲ号矿体主要产于岩体内大理岩的捕虏体中，呈透镜状展布。此外，在岩体中靠近主矿体的位置，局部石英硫化物网脉发育的位置还出现少量斑岩型矿化，脉体密集处形成小规模钼矿体。

2) 围岩蚀变类型

铜山口矿区围岩蚀变发育广泛且类型多样。在空间上自岩体向外围大理岩呈现出较明显的规律性变化：在花岗闪长斑岩中，主要有弥散状钾化、钾硅化、绢云母化、绿泥石化、高岭石化和蒙脱石化，以及脉状黑云母化、钾硅化、绿泥石化和碳酸盐化。以上蚀变组合是一套典型的斑岩型蚀变矿化体系，未见夕卡岩和退化蚀变矿物的产出。而在大理岩围岩中，主要发育有夕卡岩化（石榴子石、透辉石、硅灰石和符山石）、退化蚀变（绿帘石、透闪石、阳起石和蛇纹石等）、绿泥石化等。这是一套典型的夕卡岩型蚀变矿化体系。以南线剖面为例，根据不同蚀变类型的空间分布特征以及蚀变矿物出现的频率，从致矿斑岩体中心到外围大理岩，可以划分出5个不同的围岩蚀变带，分别为钾硅化蚀变带、绢英岩化-钾硅化蚀变带、强夕卡岩化蚀变带、弱夕卡岩化蚀变带和弱绿泥石绿帘石化蚀变带（图4.40）。

3) 成矿期次

通过对铜山口矿床野外踏勘以及钻孔编录、矿床地质特征总结以及手标本和镜下岩相学的研究，根据脉次间穿切关系及矿物组合特征，可以将铜山口矿床的成矿作用划分为两部分，分别为夕卡岩型蚀变矿化和斑岩型蚀变矿化。其中夕卡岩型蚀变矿化从早到晚划分为夕卡岩阶段、退化蚀变阶段、Fe氧化物阶段、Cu-Mo硫化物阶段和后期热液脉阶段（图4.41）。斑岩型蚀变矿化从早到晚划分为钾化阶段、绢英岩化阶段和后期热液脉阶段（图4.41）。

夕卡岩型蚀变矿化：主要划分为5个成矿阶段，分别是夕卡岩阶段、退化蚀变阶段、Fe氧化物阶段、Cu-Mo硫化物阶段和后期热液脉阶段。

（1）夕卡岩阶段：主要形成了大量的无水夕卡岩矿物，如石榴子石、硅灰石、透辉石及少量白钨矿和符山石。石榴子石通常较为新鲜，尤其在以石榴子石为主的夕卡岩脉中。石榴子石多呈自形粒状，环带发育清晰（图4.42a）。

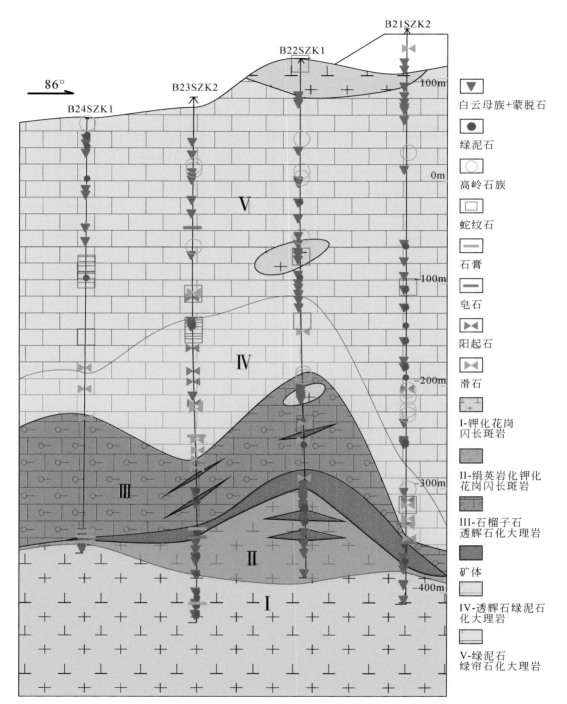

图 4.40　铜山口铜–钼–钨矿床南部勘探线蚀变矿物分布图

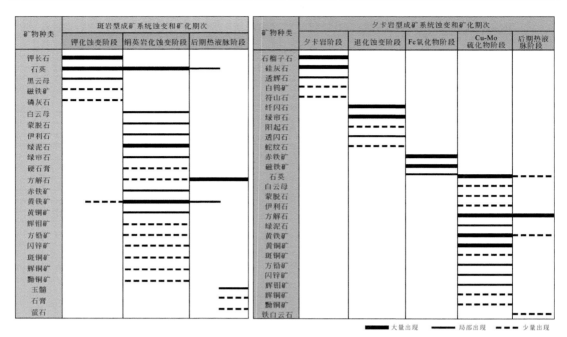

图 4.41　铜山口铜-钼-钨矿床蚀变矿化期次

（2）退化蚀变阶段：主要以形成大量的含水夕卡岩矿物为特征，如纤闪石、透闪石和绿帘石，还有少量阳起石和蛇纹石。总体上可分为镁质和钙质夕卡岩矿物两类，主要是由于围岩成分的不同。其中镁质夕卡岩矿物在矿区东北部露天采场中较为常见，以透闪石和蛇纹石为主。钙质夕卡岩分布很广泛，以纤闪石、绿帘石和阳起石为主。纤闪石呈纤维状集合体形式产出于石榴子石晶间、裂隙中，常见纤闪石交代穿切早期的石榴子石（图 4.42b，c）。

透闪石手标本也是浅绿色，镜下无色，常见纤维状透闪石集合体与纤闪石等细小集合体共生（图 4.42b，d）。绿帘石多与阳起石或蛇纹石共生呈弥散状或细脉状交代早期形成的石榴子石夕卡岩（图 4.42b，d，e）。

（3）Fe 氧化物阶段：氧化物阶段主要形成了大量赤铁矿、磁铁矿和石英，局部还可见少量的硬石膏。显微镜下常见石榴子石被石英、赤铁矿、磁铁矿和硬石膏交代蚀变呈骸晶结构（图 4.42f，g）。常见磁铁矿部分或完全交代赤铁矿形成针状假象磁铁矿（图 4.42 g），交代早期石榴子石分布在石榴子石的裂隙中。

（4）Cu-Mo 硫化物阶段：Cu-Mo 硫化物阶段是铜山口矿床最重要的矿化阶段。该阶段形成的矿石矿物主要有黄铁矿、黄铜矿、辉钼矿和斑铜矿，其次还有少量的蓝辉铜矿、方铅矿和闪锌矿等；脉石矿物主要有石英、方解石和绿泥石。镜下常见石英-方解石-硫化物脉穿切、交代早期的石榴子石、透辉石、绿帘石及纤闪石等矿物。绿泥石手标本呈灰绿色，主要与石英-方解石-硫化物共生，呈弥散状或细脉状交代早期形成的石榴子石夕卡岩。局部见绿泥石呈脉状分布于大理岩中。该阶段中，绿泥石多为叶绿泥石，常呈叶片状集合体交代石榴子石或绿帘石（图 4.42h）；局部见少量石英-辉钼矿组合交代纤闪石和透闪石等湿夕卡岩矿物（图 4.42i）。部分绿泥石与石英-方解石共生，呈细脉状或浸染状交

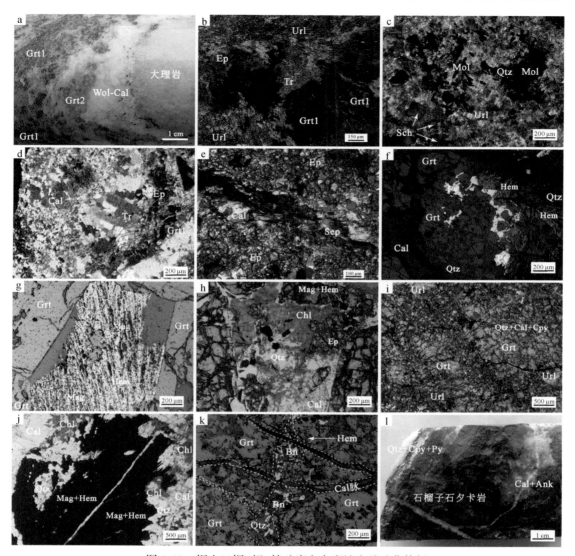

图 4.42　铜山口铜–钼–钨矿床夕卡岩蚀变及矿化特征

a. 石榴子石脉切穿大理岩，石榴子石颗粒核部为紫红色（Grt1），边部变为浅绿色（Grt2）（手标本）；b. 纤闪石–绿帘石–透闪石矿物组合交代石榴子石（正交偏光）；c. 纤维状纤闪石集合体交代早期的白钨矿并见后期石英–辉钼矿矿物组合交代纤闪石（正交偏光）；d. 透闪石–绿帘石矿物组合交代石榴子石（正交偏光）；e. 蛇纹石脉切割绿帘石化石榴子石（正交偏光）；f. Fe 氧化物阶段形成的赤铁矿针状集合体，局部磁铁矿交代，与石英共生，交代夕卡岩阶段形成的石榴子石，且见后期石英–黄铁矿组合交代赤铁矿（反射光）；g. Fe 氧化物阶段形成的磁铁矿呈赤铁矿假象，赤铁矿局部磁铁矿化，填充石榴子石颗粒间的空隙（反射光）；h. Cu-Mo 硫化物阶段形成的石英–绿泥石–黄铁矿组合交代夕卡岩阶段的石榴子石和退化蚀变阶段的绿帘石（单偏光）；i. 纤闪石呈脉状穿切交代石榴子石，另见 Cu-Mo 硫化物阶段形成的石英–方解石–黄铜矿脉穿切交代前两者（单偏光）；j. Cu-Mo 硫化物阶段形成的石英–绿泥石–方解石组合穿切交代磁铁矿和赤铁矿（单偏光）；k. 夕卡岩阶段的石榴子石被赤铁矿交代后见石英–方解石–斑铜矿脉穿切，又见后期热液阶段的方解石脉穿切上述现象（反射光）；l. 石榴子石夕卡岩和矿化石英–黄铜矿–黄铁矿脉被后期方解石–铁白云石脉穿切（手标本）。矿物缩写：Grt. 石榴子石；Qtz. 石英；Hem. 赤铁矿；Cpy. 黄铜矿；Py. 黄铁矿；Anh. 硬石膏；Epi. 绿帘石；Cal. 方解石；Wol. 硅灰石；Tr. 透闪石；Url. 纤闪石；Sch. 白钨矿；Mol. 辉钼矿；Sep. 蛇纹石；Mag. 磁铁矿；Chl. 绿泥石；Bn. 斑铜矿；Ank. 铁白云石代 Fe 氧化物阶段的假象磁铁矿（图 4.42j）。该阶段的矿化主要分布于接触带。黄铜矿和黄铁矿常以团块状分布于石榴子石夕卡岩中（图 4.42k），或以石英–黄铜矿–黄铁矿大脉产出。远离接触带的位置，矿化减弱，出现细脉或网脉状石英–黄铁矿脉以及方解石–黄铁矿脉。辉钼矿通常以石英–辉钼矿脉和方解石–辉钼矿脉的形式切穿大理岩。显微镜下，局部可见闪锌矿中出现黄铜矿，呈乳滴状出溶。

（5）后期热液脉阶段：后期热液脉阶段产出的矿物主要有方解石和黄铁矿，以及少量石英、萤石和铁白云石，主要呈脉状穿切早期的块状石榴子石夕卡岩和石英硫化物脉（图 4.42l）。

斑岩型蚀变矿化：主要可以划分为 3 个阶段，分别是钾化阶段、绢英岩化阶段和后期热液脉阶段（图 4.41，图 4.43）。

（1）钾化阶段：钾化阶段形成的主要矿物是钾长石、黑云母和石英，还有少量的磁铁矿和磷灰石。宏观上表现为花岗闪长斑岩岩体中发育的弥散状或脉状钾化蚀变（图 4.43a，b）。局部可见少量钾长石巨晶，粒径为 2～10 cm，钾长石巨晶中见黑云母细晶包裹（图 4.43b）。弥散状或细脉状钾化，在整个岩体均有分布，主要矿物为钾长石，还有少量黑云母，使整个岩体呈现肉红色（图 4.43a）。钾长石多为自形–半自形粒状结构。黑云母多呈自形片状，粒径 1～2 mm。脉状钾化表现为钾长石–石英脉，分为两期：早一期的钾长石–石英脉体呈淡红色，脉宽为 1～3 cm 不等，脉中的石英和钾长石见文象结构（图 4.43c）；后一期钾长石–石英脉体呈肉红色，钾长石含量较高，石英含量极少，石英和钾长石呈细粒，他形粒状结构，手标本晶形难以分辨（图 4.43d）。

（2）绢英岩化阶段：绢英岩化阶段是斑岩型蚀变矿化最主要的矿化阶段。此阶段所形成的矿石矿物主要有黄铜矿、黄铁矿、斑铜矿和辉钼矿，还有少量的方铅矿、闪锌矿、辉铜矿和黝铜矿；脉石矿物主要有石英、蒙脱石、伊利石和白云母，还有少量方解石、硬石膏、绿泥石和绿帘石。主要表现为花岗闪长斑岩和石英闪长斑岩体中呈弥散状或细脉状发育的强绢英岩化蚀变以及多期石英–硫化物脉。花岗闪长斑岩和石英闪长斑岩体中呈弥散状或细脉状发育的强绢英岩化蚀变使斑岩体手标本转变为淡绿色（图 4.43e）；镜下矿物主要是斜长石被蚀变成绢云母和方解石等矿物；暗色矿物蚀变成绿泥石等矿物（图 4.43f）。常见石英、绿泥石、方解石组合与黄铁矿、黄铜矿等矿石矿物共生，呈弥散状交代钾化花岗闪长斑岩。主要可分为三期脉体（图 4.43g）：①第一期的石英脉，几乎不含硫化物，脉体边部可见少量黑云母，见石英脉穿切早期石英–钾长石脉。②第二期的石英脉主要以石英–方解石–绿泥石–辉钼矿组合为特征，含辉钼矿较多的脉中石英呈烟灰色，局部见少量方铅矿和闪锌矿。③第三期石英脉主要以石英–方解石–绿泥石–黄铁矿–黄铜矿组合为特征。

（3）后期热液脉阶段：后期热液脉阶段是绢英岩化阶段成矿后的较低温阶段。此阶段所形成的主要矿物有方解石和石英，还有少量石膏和萤石。宏观上主要表现为脉状切穿大理岩以及早期形成的矿物。镜下多见方解石或方解石–萤石细脉切穿早期形成的矿物（图 4.43h）。

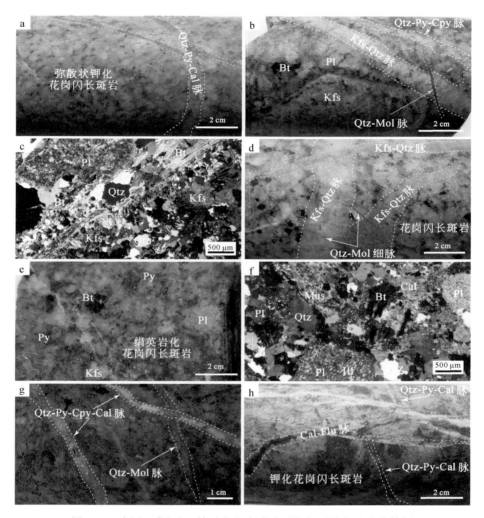

图 4.43　铜山口铜-钼-钨矿床斑岩成矿系统主要蚀变及矿化特征

a. 弥散状钾化花岗闪长斑岩被晚阶段的石英-黄铁矿-方解石脉切割（手标本）；b. 含钾长石巨晶的花岗闪长斑岩被钾长石-石英脉切割，之后又被石英-辉钼矿脉交切，晚阶段有石英-黄铁矿-黄铜矿脉切割石英-辉钼矿脉（手标本）；c. 第一期钾长石-石英脉切割花岗闪长斑岩，前者中的钾长石和石英呈文象结构（正交偏光）；d. 花岗闪长斑岩被第一期钾长石-石英脉切割，之后又被第二期细晶钾长石-石英脉交切，晚阶段有石英-辉钼矿脉切割两期钾长石-石英脉（手标本）；e. 弥散状绢英岩化花岗闪长斑岩（手标本）；f. 花岗闪长斑岩中的斜长石被伊利石、白云母和方解石交代（正交光）；g. 花岗闪长斑岩被石英-辉钼矿脉切割，之后又被晚阶段的石英-黄铁矿-黄铜矿-方解石脉交切（手标本）；h. 钾化花岗闪长斑岩被石英-黄铁矿-方解石脉切割，之后又被晚阶段的方解石-萤石脉交切（手标本）。矿物缩写：Qtz. 石英；Py. 黄铁矿；Kfs. 钾长石；Pl. 斜长石；Bt. 黑云母；Cpy. 黄铜矿；Mol. 辉钼矿；Mus. 白云母；Ill. 伊利石；Flu. 萤石；Cal. 方解石

4. 蚀变矿物 SWIR 光谱特征

1）蚀变填图

通过对铜山口铜-钼-钨矿床 19 个钻孔详细的野外岩心编录和系统性 SWIR 光谱分析，在铜山口矿区共识别出 20 余种含水蚀变矿物，包括高岭石族（高岭石、迪开石和埃洛石）、白云母族（伊利石、白云母和多硅白云母）、蒙皂石族（皂石和蒙脱石）、绿泥石（镁绿泥石、铁镁绿泥石和铁绿泥石）、退化蚀变（绿帘石、阳起石、金云母、蛇纹石、透闪石、滑石和石膏）和碳酸盐（方解石、铁白云石和白云石）等矿物（Han et al.，2018；初高彬，2020）。以铜山口南部勘探线（包含 B24SZK1、B23SZK2、B22SZK1 和B21SZK2）剖面为例，可以看出蒙脱石、白云母、伊利石和绿泥石在矿区尤为发育（图 4.40）。

2）SWIR 光谱参数变化特征

通过蚀变填图发现铜山口矿区的白云母族矿物和绿泥石在空间上分布非常广泛。为了进一步探索不同含水蚀变矿物类 SWIR 光谱特征参数在空间上的变化规律，本节将对绿泥石族矿物和白云母族分别进行光谱参数统计和分析。如图 4.40 所示，南线地质剖面岩性简单，分带也较明显，主要包括花岗闪长斑岩和大理岩，其中，大理岩与底部花岗闪长斑岩接触部位发生明显的夕卡岩化，而南线厚大矿体主要分布在大理岩与底部花岗闪长斑岩的接触部位，三个分支小矿体分布在夕卡岩化大理岩中，而两个分支小矿体分布在花岗闪长斑岩中，所采样品均匀分布。因此选取了南线剖面（包含 B21SZK2、B22SZK1、B23SZK2 和 B24SZK1）对分布比较广泛的白云母族矿物和绿泥石族矿物的 SWIR 参数进行了统计分析（Han et al.，2018；初高彬，2020）。

通过对铜山口南线剖面样品中的绿泥石 SWIR 光谱特征参数进行统计分析，发现了以下规律：

（1）Pos2250 和 Pos2335：在南线剖面图绿泥石 Fe-OH 峰位值空间变化特征图和 Mg-OH 峰的峰位值空间变化特征图中，可以发现绿泥石的 Pos2250 值和 Pos2335 值在岩体与夕卡岩接触带部位（标高–300 m 到–400 m）总体显示高值，矿体也是在这个深度。在远离接触带的岩体和无矿大理岩中，Pos2250 值和 Pos2335 值总体显示较小的值。Pos2250 值和Pos2335 值的高值中心与矿体的分布呈现很好的相关关系（图 4.44）。

（2）Dep2250 和 Dep2335：在南线剖面图绿泥石 Fe-OH 和 Mg-OH 特征峰吸收深度值空间变化特征图中，发现绿泥石 Dep2250 值和 Dep2335 值在花岗闪长斑岩中及其与大理岩接触带附近均显示低值（–200 m 及以下），而矿体与 Dep2250 低值具有非常好的吻合关系。在 0 到–200 m 之间出现的 Dep2250 值和 Dep2335 值的低值区域与矿体并无对应关系，是由于该位置本书所采集到的样品中并没有检测到绿泥石的存在（图 4.45）。

总体而言，通过上述两个剖面的绿泥石 SWIR 光谱参数变化规律（图 4.46，图 4.47），发现绿泥石的 4 个特征参数值在空间上均表现出较显著的变化规律，即绿泥石

Fe-OH 和 Mg-OH 的吸收峰位（Pos2250 和 Pos2335）从两侧靠近矿体呈现出增大的趋势；而 Fe-OH 和 Mg-OH 的吸收深度（Dep2250 和 Dep2335）从两侧靠近矿体呈现出减小的趋势。为此，本书以南线剖面图为例，以主接触带厚层的铜矿体为中心，计算出对每个样品距离主矿体的距离，并将绿泥石的 4 个特征参数值与样品距离主矿体的距离进行线性回归分析，得到了绿泥石的 4 个特征参数值与距矿体距离的散点图（图 4.48）。

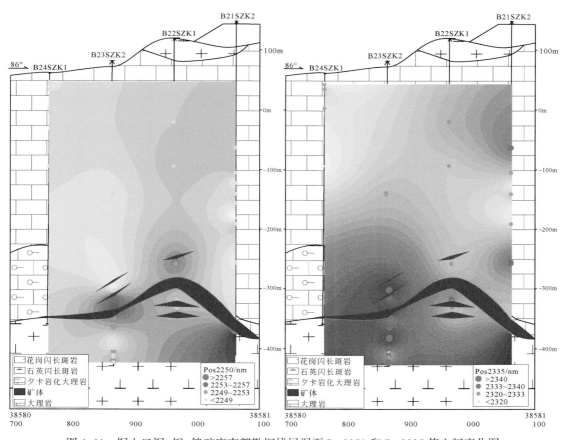

图 4.44　铜山口铜-钼-钨矿床南部勘探线绿泥石 Pos2250 和 Pos2335 值空间变化图

　　综合蚀变矿物绿泥石 SWIR 属性建模特征，在二维剖面上高 Fe-OH 吸收峰位值（Pos2250>2249 nm）、高 Mg-OH 吸收峰位值（Pos2335>2333 nm）、低 Fe-OH 的吸收深度值（Dep2250<0.11）以及低 Mg-OH 的吸收深度值（Dep2335<0.13）的出现和增多，与矿体有非常好的耦合性。但是到了三维模型上 Mg-OH 吸收峰位值（Pos2335）表现出的效果有所下降，Fe-OH 的吸收深度值（Dep2250）和 Mg-OH 的吸收深度值（Dep2335）表现出的效果则很不理想，只有 Fe-OH 吸收峰位值（Pos2250）的指示效果依然很好。

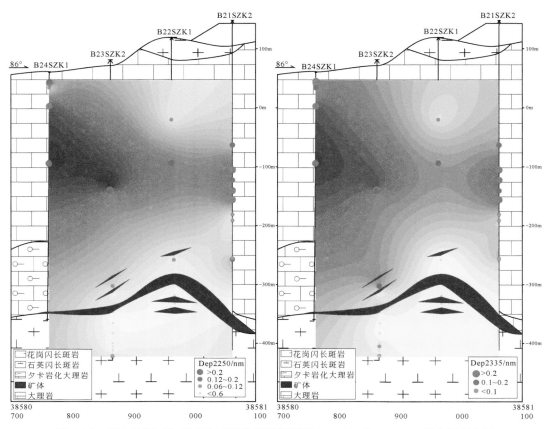

图 4.45　铜山口铜–钼–钨矿床南部勘探线绿泥石 Dep2250 和 Dep2335 值空间变化图

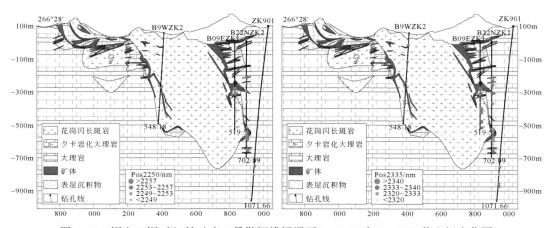

图 4.46　铜山口铜–钼–钨矿床 9 号勘探线绿泥石 Pos2250 和 Pos2335 值空间变化图

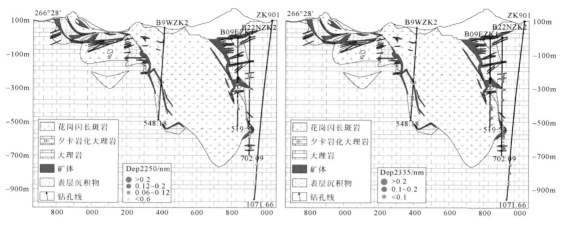

图 4.47　铜山口铜–钼–钨矿床 9 号勘探线绿泥石 Dep2250 和 Dep2335 值空间变化图

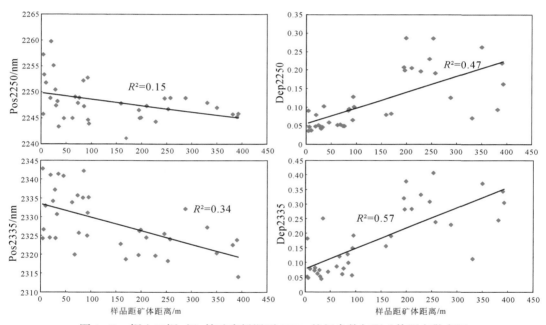

图 4.48　铜山口铜–钼–钨矿床绿泥石 SWIR 特征参数与距矿体距离散点图

5. 绿泥石地球化学

在对铜山口南线剖面（B24SZK1、B23SZK2、B22SZK1 和 B21SZK2）4 个钻孔样品的绿泥石 SWIR 特征参数进行空间分析的过程中，发现绿泥石 SWIR 特征参数具有较好的规律性。为进一步探究 SWIR 光谱特征所反映的地质意义，并且进一步探究绿泥石微量元素的地质意义，在此基础上，通过岩相学、电子探针主量成分（EPMA）及原位微区 LA-ICP-MS 微量元素成分分析，对南线剖面的 4 个钻孔样品中的蚀变矿物绿泥石进行详细的地质–地球化学特征研究（Chu et al.，2020b）。

1) 绿泥石产状及岩相学特征

通过光薄片鉴定和手标本观察，在铜山口4个钻孔中识别出4种不同产状的绿泥石。①G型绿泥石：岩体发生弥散状或细脉状绢英岩化、碳酸盐化时，岩体中的角闪石和黑云母（包括原生黑云母和钾化形成的黑云母）被流体交代蚀变形成的弥散状绿泥石集合体（图4.49a，b）。这种类型的绿泥石主要形成于斑岩型蚀变矿化的绢英岩化阶段，主要产出在蚀变带 I 和蚀变带 II 中。②V型绿泥石：岩体中常出现的石英-硫化物（Qtz-Chl-Cpy）中产出的绿泥石（图4.49c），这种类型的绿泥石也主要形成于斑岩型蚀变矿化的绢英岩化阶段，但主要产出在蚀变带 II 中，此产状的绿泥石与斑岩型矿化关系密切。③S型绿泥石：在接触带石榴子石夕卡岩中，与石英硫化物共生交代早期石榴子石（图4.49d），形成的绿泥石集合体。这种类型的绿泥石主要形成于夕卡岩型蚀变矿化的Cu-Mo硫化物矿化阶段，主要产出在蚀变带 III 中，此产状的绿泥石与夕卡岩型矿化关系密切。④M型绿泥石：主要表现为在大理岩或夕卡岩脉中局部出现的方解石-硫化物脉中分布的团块状绿泥石集合体。

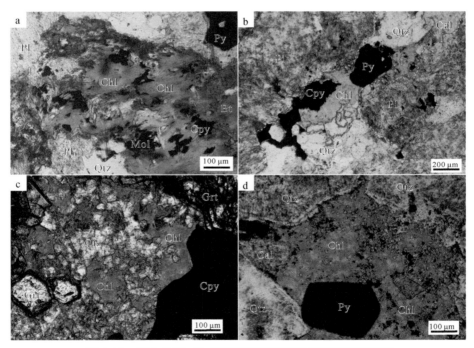

图4.49　铜山口铜-钼-钨矿床四种产状的绿泥石显微特征

a. 花岗闪长斑岩中绿泥石化的黑云母，可见黑云母残留（G型绿泥石，单偏光）；b. 花岗闪长斑岩中石英-绿泥石-方解石-黄铁矿-黄铜矿脉中的绿泥石（V型绿泥石，单偏光）；c. 强夕卡岩化蚀变带（蚀变带III）中的石英-绿泥石-黄铜矿交代早阶段的石榴子石（S型绿泥石，单偏光）；d. 弱夕卡岩化蚀变带中（蚀变带IV），大理岩中局部出现的方解石-石英-绿泥石-黄铁矿脉中的绿泥石（M型绿泥石，单偏光）。矿物缩写：Pl. 斜长石；Qtz. 石英；Mol. 辉钼矿；Bt. 黑云母；Chl. 绿泥石；Py. 黄铁矿；Cpy. 黄铜矿；Cal. 方解石；Grt. 石榴子石

　　不同类型的绿泥石主要形成于温压条件相似的矿化阶段（热液含铜钼矿化的石英–硫化物阶段，吕新彪等，1992）。由于不同样品所含绿泥石的颗粒大小差异较大，部分样品绿泥石的粒径并不足以用来进行 EPMA 和 LA-ICP-MS 分析。

　　2）绿泥石电子探针主量成分组成

　　铜山口 G 型绿泥石的 SiO_2、Al_2O_3、FeO 和 MgO 成分范围分别为 24.38%～32.67%、12.45%～18.74%、17.77%～34.82% 和 6.24%～20.87%，平均值分别为 29.08%、16.52%、24.65% 和 14.97%；Fe/（Fe+Mg）（原子数比值）则变化于 0.33～0.75 之间，平均值为 0.48。V 型绿泥石的 SiO_2、Al_2O_3、FeO 和 MgO 成分范围分别为 27.82%～29.56%、16.90%～17.86%、20.95%～33.94% 和 6.48%～18.68%，平均值分别为 28.42%、17.38%、28.19% 和 12.06%；Fe/（Fe+Mg）（原子数比值）则变化于 0.39～0.75 之间，平均值为 0.58。S 型绿泥石的 SiO_2、Al_2O_3、FeO 和 MgO 成分范围分别为 24.67%～32.48%、13.02%～19.64%、20.42%～38.93% 和 5.13%～19.22%，平均值分别为 28.18%、16.02%、30.24% 和 10.66%；Fe/（Fe+Mg）（原子数比值）则变化于 0.37～0.80 之间，平均值为 0.63。M 型绿泥石的 SiO_2、Al_2O_3、FeO 和 MgO 成分范围分别为 26.94%～29.05%、17.66%～18.96%、23.69%～27.21% 和 11.64%～14.76%，平均值分别为 28.30%、18.12%、25.91% 和 12.90%；Fe/（Fe+Mg）（原子数比值）则变化于 0.47～0.56 之间，平均值为 0.53。

　　3）绿泥石 LA-ICP-MS 微量元素组成

　　研究者选取典型样品（颗粒足够大）对铜山口矿区的绿泥石进行了 LA-ICP-MS 微量元素的分析测试。经过严格筛选，剩余 15 件样品共 76 个有效绿泥石微量数据点分析结果如图 4.50 所示（Chu et al.，2020b）。分析测试的主要元素包括：Li，B，Na，Mg，Al，Si，P，Fe，K，Ca，Sc，Ti，V，Cr，Mn，Co，Ni，Cu，Zn，Ga，Ge，As，Rb，Sr，Y，Zr，Nb，Mo，Ag，Cd，Sn，Sb，Cs，Ba，La，Ce，Pr，Nd，Sm，Eu，Gd，Tb，Dy，Ho，Er，Tm，Yb，Lu，Hf，Ta，W，Au，Bi，Pb，Th 和 U。其中，有效测试点的绿泥石微量元素中部分元素所测出来的含量低于或接近检出限，例如 P，Nb，Y，Zr，Mo，Ag，Cd，Sb，Ta，Hf，W，Bi，U，Th 和 REEs，因而在以下的讨论中不涉及这些元素。剩余的其他元素，例如 Mn，Na，K，Rb，Sr，Ba，Ca，Li，B，V，Sc，Ti，Co，Cr，Ni，Cu，Zn，As，Ga，Ge，Pb，Sn 和 Cs，它们的含量显著高于检出限几倍到十几倍（$1×10^{-6}$～$1500×10^{-6}$）。此外，讨论中所用到的绿泥石 SiO_2、Al_2O_3、FeO^T 和 MgO 的含量，使用电子探针分析的结果，其余的微量元素含量使用 LA-ICP-MS 的分析结果。

　　4）绿泥石主量元素特征、晶体离子替换机制及温度计

　　铜山口不同类型的绿泥石之间的化学变化、离子取代机理对热液演化的反演等方面具有重要意义。在 R^{2+}-Si 图中，铜山口所有绿泥石样品点都落三八–三八面体区域中，并且接近斜绿泥石和鲕绿泥石端元的位置（图 4.51a；Wiewióra and Weiss，1990）。这些绿泥石样品都具有相似数量的八面体二价阳离子数（R^{2+}=8～10）、八面体空位数（□=0～1）

和四面体三价阳离子数（R³⁺ = 2 ~ 4）（图 4.51a）。在（Al +□）-Mg-Fe 三元图解中，绿泥石样品主要落在 Type Ⅱ 三八面体区域内（图 4.51b；Zane and Weiss，1998）。这四种类型的绿泥石在铁和镁的含量上表现出较大的差异。其中 G 型、V 型和 M 型绿泥石的成分变化相对较大，在富铁绿泥石和富镁绿泥石的区域均有分布，而大部分的 S 型绿泥石样品（11 个中有 8 个）具有富铁的特征（图 4.51b）。

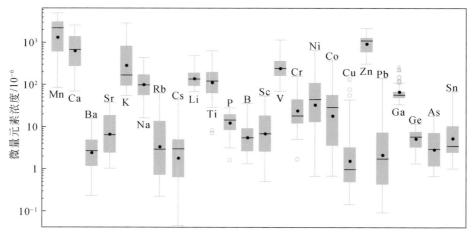

图 4.50　铜山口铜–钼–钨矿床绿泥石微量元素箱状图

在 Si-Fe（a. p. f. u）分类图中，S 型绿泥石也表现出富铁的特征，主要投在铁镁绿泥石的区域，而其他三种类型的铁含量相对较低，主要投在密绿泥石和铁斜绿泥石区域，而 M 型绿泥石主要分布在铁斜绿泥石区域（图 4.51b；Hey，1954）。从 EPMA 数据来看，四种绿泥石的硅、铝含量基本相同，区别不大（图 4.52）。V 型和 S 型绿泥石具有较高的平均铁含量和 Fe/（Fe+Mg）值，但 Mg 含量平均较低（图 4.52）。

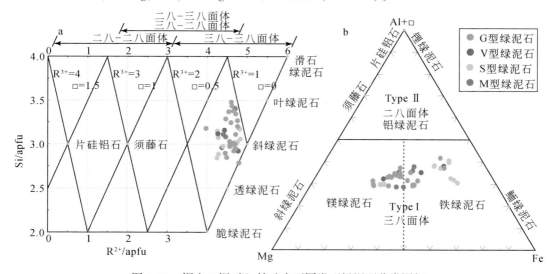

图 4.51　铜山口铜–钼–钨矿床不同类型绿泥石分类图解

a. R²⁺-Si 二元图解（原图引自 Wiewióra and Weiss，1990）；b.（Al+□）-Mg-Fe 三元图解
（原图引自 Zane and Weiss，1998）；c. Si-Fe 二元图解（原图引自 Hey，1954）

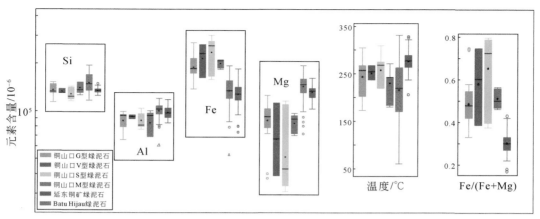

图 4.52　铜山口铜–钼–钨矿床绿泥石主量元素和结晶温度箱状图

Batu Hijau 斑岩铜–金矿床绿泥石微量元素数据引自 Wilkinson et al., 2015,

延东斑岩型铜矿床绿泥石微量数据引自 Xiao et al., 2018b

如图 4.53a 所示，Fe 与 Mg 呈良好的负相关关系（$R^2 = 0.93$），说明 Mg^{2+} 和 Fe^{2+} 之间

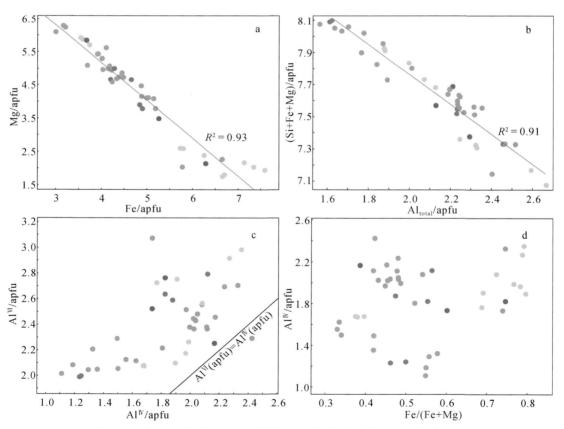

图 4.53　铜山口铜–钼–钨矿床绿泥石电子探针主量成分相关关系图解

a. Mg-Fe；b. (Si+Fe+Mg)-Al_{total}；c. Al^{VI}-Al^{IV}；d. Al^{IV}-Fe/(Fe+Mg)

的置换对八面体位置的离子置换具有重要意义（Yavuz et al., 2015）。在绿泥石晶格中，Si 和 Al^{IV} 占据四面体位置，而 Mg^{2+}、Fe^{2+} 和 Al^{VI} 占据八面体位置（Cathelineau, 1988）。因此，Tschermark 取代 Si + （Mg^{2+}，Fe^{2+}）↔ Al^{IV} + Al^{VI} 也被认为对绿泥石很重要（Cathelineau, 1988；Monteiro et al., 2008）。铜山口绿泥石样品的（Si+Fe+Mg）与 Al_{total} 呈较好的负相关关系（R^2 =0.91；图 4.53b），这表明 Tschermark 替代可能是普遍存在的。铜山口 3 种产状绿泥石的 Al^{IV} 随着 Al^{VI} 的增加出现微弱的上升趋势（图 4.53c），这可能暗示着绿泥石在四面体位置上 Al^{IV} 对 Si 的替代为 1：1 的钙镁闪石型替代（Xie et al., 1997）。大部分绿泥石样品的 Al^{VI} 值高于 Al^{IV} 值（图 4.53c）表明二八－三八面体替换 3（Fe^{2+}，Mg^{2+}）↔ □ + 2Al^{VI} 对铜山口绿泥石的形成也很重要。相反，Al^{IV} 与 Fe/（Fe+Mg）相关性较差（图 4.53d）。

通过前文所提及的经验公式进行计算，结果发现 Kranidiotis 和 MacLean（1987）中的经验公式得到的绿泥石的计算温度（169 ~ 322 ℃）与铜山口石英－硫化物阶段（包括石英、绿泥石、辉钼矿、黄铜矿、黄铁矿和斑铜矿等）石英流体包裹体的均一温度（150 ~ 380 ℃）一致（图 4.54；吕新彪等，1992）。

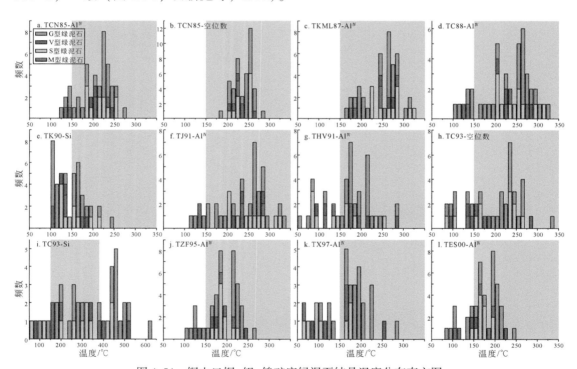

图 4.54　铜山口铜－钼－钨矿床绿泥石结晶温度分布直方图

温度计算方法引自：a，b. Cathelineau and Nieva, 1985；c. Kranidiotis and MacLean, 1987；d. Cathelineau, 1988；e. Kavalieris et al., 1990；f. Jowett, 1991；g. Hillier and Velde, 1991；h, i. De Caritat et al., 1993；j. Zang and Fyfe, 1995；k. Xie et al., 1997；l. El-Sharkawy, 2000。灰色区域是铜山口矿区石英硫化物阶段石英中流体包裹体的均一温度范围（吕新彪等，1992）

5）绿泥石地球化学成分的控制因素及对比研究

绿泥石可以形成于不同的水热环境，矿物组合多样，化学成分多变（Wilkinson et al.，2015；Wang et al.，2018）。绿泥石的非化学计量的化学组分变化主要受其形成过程中物理化学条件的控制，如原岩组成、流体组成、温度、压力和氧化还原状态等（Inoue et al.，2010；Kameda et al.，2011，2012；Ganne et al.，2012；Grosch et al.，2012；Wilkinson et al.，2015）。这种化学变化可以为流体成分的演化提供一些重要的信息（Wang et al.，2018）。

（1）铜山口绿泥石与典型斑岩系统绿泥石的比较

铜山口 4 种产状的绿泥石中，G 型绿泥石中 Ti、Li、Sc、Cr 和 Ni 的含量较高；V 型绿泥石中 K、Rb、Cs、V、B、Ni、Cu 和 Ba 的含量较高；S 型绿泥石中 Zn、B、Pb 和 As 的含量较高；M 型绿泥石中 Mn、Ca、Sr、Cu、Ga、Ge 和 Sn 的含量相对较高（图 4.55）。

在铜山口所有类型的绿泥石中，G 型绿泥石（图 4.49a）与已发表的典型斑岩系统绿泥石的形成过程非常相似，主要是交代岩浆岩或地层中的暗色矿物形成的（例如：黑云母、角闪石及辉石等），例如 Batu Hijau（Wilkinson et al.，2015）和延东（Xiao et al.，2018b）斑岩型铜（钼/金）矿床。与典型斑岩型铜矿床体系的绿泥石相比，铜山口 G 型绿泥石的 Fe、Zn、As 和 Sn 含量和 Fe/（Fe+Mg）值较高，Al、Mg、Co 和 Cu 含量较低（图 4.55）。铜山口绿泥石的形成温度与 Batu Hijau 的绿泥石相似，均低于延东铜矿的绿泥石（图 4.52；Wilkinson et al.，2015；Xiao et al.，2018b）。铜山口绿泥石、Batu Hijau 绿泥石、延东绿泥石均形成于绢英岩化蚀变阶段或石英-硫化物阶段，均与氧逸度较高的浅成中酸性侵入岩相关（Wilkinson et al.，2015；Xiao et al.，2018b）。这说明它们均来源于氧化体系岩浆所形成的流体，但形成于相对还原的环境。因此，绿泥石中微量元素组成差异的主要控制因素可能是其原岩成分和流体的成分差异，而非温度、压力和氧化还原条件等作为主控因素。

在铜山口矿床，与 G 型绿泥石相比，其余三种类型（V 型、S 型和 M 型）的绿泥石均与石英-硫化物等矿物组合共生，其中含有较高含量的流体活动性元素（Sr、Pb、Zn、Ca、Sn 和 B）和较低含量的流体惰性元素（Ti、V、Sc 和 Ni）（图 4.55；London et al.，1988）。这些元素特征及其共生矿物组合均表明，这三种类型的绿泥石可能是由开放的热液流体体系中直接结晶形成的（Beaufort et al.，2015）。铜山口成矿热液可能具有较高的 Fe、Cu、As、Zn 和 Pb 含量，其中丰富的贱金属硫化物（黄铁矿、黄铜矿、斑铜矿、闪锌矿和方铅矿等）是 Fe、Cu、As、Zn、Pb、Co 和 Ni 的重要宿主矿物（Brzozowski et al.，2018；Zajacz et al.，2013）。这也与本书通过 LA-ICP-MS 和 EPMA 得到的这三种绿泥石富集 Fe、Cu、As、Zn 和 Pb 的地球化学特征相一致（图 4.52，图 4.55）。

与 G 型绿泥石相比，并非所有的流体活动性元素（如 K、Li、Na、Rb 和 Cs）都在 V 型、M 型和 S 型这三种绿泥石中富集（图 4.55）。G 型绿泥石中流体活动性元素的含量高可能与被蚀变的黑云母原始成分有关（Xiao et al.，2020）。由于黑云母中 K 和 Li 的含量较高，与 K 具有相同化合价的 Na、Rb 和 Cs 等第二主族元素也可能通过取代钾离子而进入黑云母晶格（Haack，1969）。黑云母中高含量的 K、Li、Na、Rb 和 Cs 导致了 G 型绿泥石中这些元素的富集。此外，与外部接触带形成的 S 型和 M 型绿泥石相比，花岗闪长斑岩石英硫化物脉中的 V 型绿泥石具有较高的 K、Rb、Cs、V、B、Ni、Cu 和 Ba 元素，相对较低的 Zn、Pb、Ga、Ge、As、Ca、Sr 和 Sn 等元素（图 4.55）。这两组元素的差异富集也反映了富钙碳酸盐岩和高钾花岗闪长斑岩对绿泥石成分的控制。

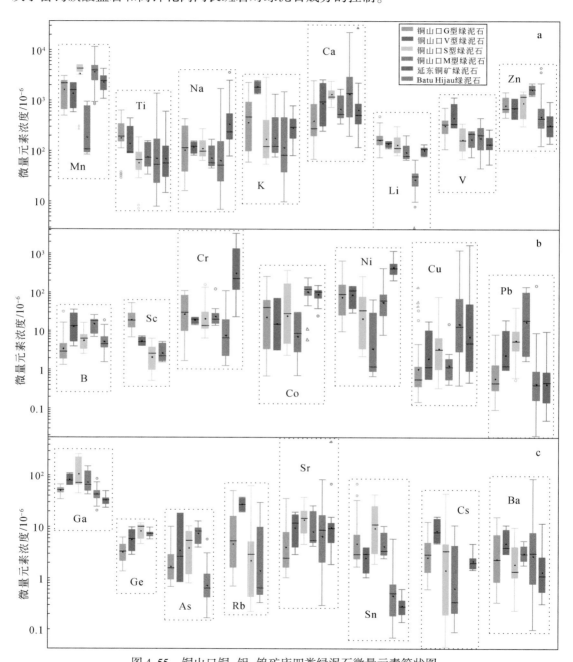

图 4.55　铜山口铜–钼–钨矿床四类绿泥石微量元素箱状图

Batu Hijau 斑岩铜矿床的绿泥石微量元素数据引自 Wilkinson et al., 2015, 延东斑岩型铜矿床的绿泥石微量
数据引自 Xiao et al., 2018b

（2）铜山口绿泥石与变质绿泥石的比较

除了热液系统，绿泥石也是低级变质体系中常见的矿物（Martinez-Serrano and Dubois，1998）。虽然在铜山口矿床并没有发现变质成因的绿泥石，但是在很多典型的斑岩矿床或与斑岩体相关的夕卡岩型矿床中变质成因的绿泥石较为常见。因此，有必要将热液绿泥石与变质绿泥石区分开来，以减少变质成因绿泥石对找矿指示的干扰。

铜山口的岩相学特征表明，铜山口形成的四种类型的绿泥石均形成于同一个岩浆热液系统（图 4.49）。将铜山口绿泥石的地球化学特征与变质环境中形成的绿泥石地球化学性质进行比较，如图 4.54 所示，所有类型的热液绿泥石和变质绿泥石中 Si 的含量都是不可区分的，但铜山口绿泥石的 Zn 和 Sr 含量高于变质绿泥石，Al 含量低于变质绿泥石（图 4.56）。如前所述，以往的研究表明，绿泥石的组成受形成条件的控制，包括流体和原岩化学、pH、温度、压力和氧化还原条件（Inoue et al.，2010；Grosch et al.，2012）。变质绿泥石和热液绿泥石之间的差异也可能受到原岩和流体组成的影响。

与 Al 饱和的变质环境相比，Al 在热液环境中是流体惰性元素，而 Sr 和 Zn 在水热流体中是流体活动性元素（London et al.，1988）。因此，热液绿泥石通常含有较高的 Sr 和 Zn。此外，Sr^{2+}（0.118 nm）和 Ca^{2+}（0.10 nm）具有相似的离子半径和电荷比，因此 Sr 可以取代 Ca 离子在含钙矿物晶格中的位置（Shannon，1976），例如在铜山口广泛分布的方解石（Li et al.，2008）。因此，铜山口矿物的碳酸盐岩围岩对绿泥石 Sr 含量的贡献也不容忽视。综上所述，绿泥石的 Zn、Sr 和 Al 含量可以用来区分夕卡岩系统和区域变质系统形成的绿泥石。

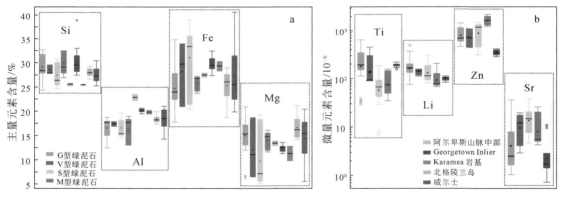

图 4.56　铜山口铜-钼-钨矿床四类绿泥石主量和部分微量元素箱状图

变质绿泥石的数据引自 Tarantola et al.，2009；Wilkinson et al.，2015；Tulloch，1979；Bevins et al.，1991

6）绿泥石微量元素地球化学勘查指示意义

最近许多研究的结果表明典型斑岩铜矿床中蚀变矿物（绿泥石、绿帘石和白云母）的化学组成能反映成矿流体的物理化学特征（Chang et al.，2011；Harraden et al.，2013；Wilkinson et al.，2015），且与其 SWIR 光谱特征类似也可以作为向热液中心引导的重要指标（Cooke et al.，2014；Wilkinson et al.，2015；Wang et al.，2018；Xiao et al.，2018a，b）。尤其是在斑岩型矿床中，运用 LA-ICP-MS 分析蚀变矿物微量元素在空间上的变化规律，已经能够较为精确地指示矿体的方位和距离（Wilkinson et al.，2015；Cooke et al.，2014）。

前人通过对绿泥石地球化学特征的空间变化研究，发现 Ti/Sr、Ti/Pb、Mg/Ca、Mg/Sr 和 V/Ni 等比值向 Batu Hijau 斑岩铜矿床的热液中心方向连续变化（Wilkinson et al.，2015）。有效矢量距离可达 4~5 km，明显大于常规全岩地球化学异常（< 1.5 km，Wilkinson et al.，2015）。在我国西北地区，延东、土屋等古生代产生的古老的斑岩型铜矿床也发现了相似的规律（Wang et al.，2019）。延东矿床绿泥石中 Ti、V、Zn、As、Sc、Sn、Au 和 Cu 含量向热液中心方向增加（Xiao et al.，2018a），土屋矿床绿泥石中的指示元素包括 Ti、V、Sc、Ga、Li、Sr、Mn 和 Zn（Xiao et al.，2018b）。在铜山口，本书研究发现从花岗闪长斑岩到大理岩围岩，绿泥石中 Zn、Mn、Ga、Ge 和 Pb 的含量升高，V、Sc 和 Ti 的含量降低（图4.57）。部分元素，如 Co，仅从花岗闪长斑岩深部向侵入接触体和矿体方向呈上升趋势（图4.57）。

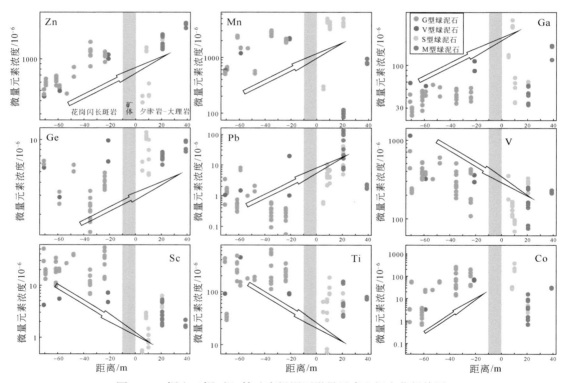

图 4.57　铜山口铜–钼–钨矿床绿泥石微量元素空间变化规律图

Wilkinson 等（2015）认为 Batu Hijau 的绿泥石微量元素空间变化规律可能是由与矿体的距离和形成温度不同造成的。在流体中容易被迁移或是在较低温度才会沉淀下来的元素，如 Zn、Mn、Pb、Fe、Co、Eu 和 Li 等，更容易受到热液向外弥散的影响而被热液带到距离岩体相对较远的位置沉淀下来（Wilkinson et al.，2015）。在矿化斑岩周围所观察到的大量贵金属和贱金属硫化物的空间分布支持了这一假说（Sillitoe，2010；Cooke et al.，2014）。绿泥石中的其他一些元素（如 Ti）可能主要受矿物形成温度的影响（Wilkinson et al., 2015)。在延东铜矿的绿泥石研究中，将绿泥石的微量元素含量与计算的形成温度进行比较，Xiao 等（2018a）认为 Sc、V、Mn、Ti、Zn、Ga、Li 和 Sr 的含量主要是温度控制的，而 B、K、Ca、Co、Ni、Rb、Cs 和 Ba 的含量部分是温度控制的。

铜山口绿泥石中，Ti、V、Mn、Zn 和 Pb 含量的空间变化趋势与 Batu Hijau 一致（Wilkinson et al., 2015）。此外，铜山口绿泥石和延东–土屋铜矿床绿泥石具有相似的 Sc 元素含量向热液中心方向增长趋势（Xiao et al., 2018a, b）。铜山口绿泥石中微量元素含量与结晶温度之间没有明显的相关性（温度评估利用的经验公式引自 Kraniodiotis and MacLean，1987）。因此，与典型的斑岩型铜矿床不同，蚀变温度可能不是影响铜山口绿泥石地球化学变化的关键因素。同样，Batu Hijau 矿床绿泥石的 Li、K、Ca、B、Sr 和 Ba 含量在空间上的变化规律在铜山口绿泥石中并没有出现，有些元素甚至呈现出相反的变化趋势（Wilkinson et al., 2015）。造成这种差异的原因可能是：①不同的原岩组成；②类似于铜山口矿床这样的夕卡岩型矿床所能提供的样本空间分布有限，并不具备类似于典型斑岩型矿床相对分布广泛的蚀变分带。铜山口围岩以碳酸盐岩为主，普遍具有较高的 Ca 和 Sr 含量特征，为某些类型绿泥石所继承。

4.3　夕卡岩矿床蚀变矿物勘查标识总结

蚀变矿物勘查标识体系包括了蚀变矿物时空分布特征、物理化学参数空间变化规律等多种信息，是通过大量数据统计分析得出的结果。由于不同矿床其成矿特征和蚀变矿物都存在较多差异，针对每个矿床的勘查标识也可能存在不同，通过单个矿床勘查标识的总结得出相似矿床类型的勘查标识体系具有重要意义。

在铜绿山矿床，我们提出富铁绿泥石［Pos2250>2250 nm；Fe/（Fe+Mg）>0.5］、高结晶度高岭石及迪开石（Pos2170>2170 nm）、白云母族矿物高异常（Pos2200>2212 nm）和低异常（Pos2200 < 2202 nm）Al-OH 峰位值和/或皂石等的大量出现可以作为铜绿山夕卡岩型矿床的勘查标志。

鸡冠嘴矿床绢云母族矿物 Al-OH 特征吸收峰位值（Pos2200）的高值区域（>2209 nm）与矿体具有较好的耦合性，示矿距离受断层、岩性以及热液中心影响，局部（ZK0287）示矿距离可以达到 400 m 左右。鸡冠嘴矿体中的（石英–）黄铁矿具有相对较低的 Gd、W、Si 和 Ca 元素含量和相对较高的 Co/Ni 值。据此，我们提出高 Pos2200（>2209 nm）的绢云母族矿物以及低含量 Gd、W、Si 和 Ca 和高 Co/Ni 值的（石英–）黄铁矿可以作为鸡冠嘴夕卡岩型铜–金矿体的勘查标志。另外，鸡冠嘴矿区地层方解石（大理岩）的 Mg-OH 吸收深度（平均值 0.23）明显大于热液方解石的 Mg-OH 吸收深度（平均值 0.12），这也为矿区热液方解石的辨别提供了指示。

在铜山口矿床，蚀变矿物绿泥石的高 Fe-OH 吸收峰位值（Pos2250>2249 nm）和高 Mg-OH 吸收峰位值（Pos2335>2333 nm）的出现和增多，以及富铁绿泥石的大量出现，可以作为铜山口矿床较好的勘查标志。而云母族矿物 SWIR 参数虽然与部分矿体呈现较好的相关关系，但是总体规律较差。铜山口绿泥石 Ti/Sr、Ti/Pb、Mg/Sr 等元素比值，均表现出从岩体到矿体再到大理岩逐渐降低的趋势，可以初步作为勘查标志。绿泥石微量元素含量在空间分布规律上也表现出与印度尼西亚 Batu Hijau 斑岩型铜–金矿床及新疆延东斑岩型铜矿床相同的趋势。这些特征可作为铜山口夕卡岩–斑岩型矿床的勘查标志。

　　总体而言，对于夕卡岩型矿床，绿泥石 SWIR 特征和主量元素（如 Fe 含量等）可能是较为普遍适用的矿物勘查标志，而云母族等其他矿物标志则可能随不同矿床变化较大，需结合具体矿床地质特征使用。

第5章 其他类型矿床勘查标识体系

5.1 VMS型矿床

5.1.1 VMS型矿床的特征

火山成因块状硫化物矿床（volcanogenic massive sulfide deposit），简称VMS型矿床，是硫化物在海底或附近沉淀形成的，在时间、空间和成因上与同时期火山作用关系密切的矿床（Franklin et al.，2005）。VMS型矿床过去又被称作VHMS矿床（volcanic-hosted massive sulfide deposit）、VAMS矿床（volcanic-associated massive sulfide deposit）（Franklin et al.，1981；Large，1992），但都不能与VMS替换；因为VMS是一个矿床成因类型，表明矿床形成与火山作用相关，并且矿体的直接围岩不仅可以是火山岩，还可以是沉积岩（Franklin et al.，2005）。VMS矿床是世界上Zn、Cu、Pb、Ag、Au的主要来源和Co、Sn、Se、Mn、Cd、In、Bi、Te、Ga、Ge等元素的部分来源，其经济意义仅次于斑岩型铜矿床（在非铁矿床里）（Ohmoto，1996；Barrie and Hannington，1999；Galley et al.，2007）。

该类型矿床形成于伸展构造环境中，包括大洋中脊、洋内弧后、陆缘弧后、大陆裂谷（Sillitoe，1982；侯增谦和莫宣学，1996；Barrie and Hannington，1999；李文渊，2007）。根据VMS产出的围岩类型-构造环境，可以划分为黑矿型、别子型、塞浦路斯型和诺兰达型四类，对应的金属组分可以划分为Zn-Pb-Cu型、Cu-Zn黄铁矿型、含Cu黄铁矿型和Cu-Zn型（Hutchinson，1973；Galley et al.，2007；李文渊，2007）。黑矿型产于与火山岛弧有关的伸展环境，空间上赋存于双峰式火山岩的酸性火山碎屑岩系中；别子型产于弧前盆地或海槽环境的拉斑玄武质火山-沉积岩系中；塞浦路斯型产于弧后或者洋中脊环境，与低钾拉斑玄武质火山岩系有关；诺兰达型也产于火山岛弧环境，但赋存于镁铁质火山岩中（Franklin et al.，1981；李文渊，2007）。最新的分类将VMS分为五类，同样是基于岩石-构造背景划分，增加了硅屑-长英质型（巴瑟斯特型），此外还包括双峰式-镁铁质型（诺兰达型）、镁铁质型（塞浦路斯型）、泥质-镁铁质型（别子型）和双峰式-长英质型（黑矿型）（Barrie and Hannington，1999；Franklin et al.，2005）。

VMS型矿床常成群成带分布，其中1~2个矿床往往占据整个矿田资源量的一半以上（Carr et al.，2008）。矿床通常由两部分组成：上部为整合的块状硫化物矿体（丘状、板状到层状），下部为不整合的细脉或网脉状硫化物矿化，被包围在热液蚀变岩管内（Lydon，1984；Franklin et al.，2005；Galley et al.，2007）；但Large（1992）对澳大利亚的VMS型矿床研究发现，矿体的具体形态复杂多样，包括典型的丘状、席状、管状、层状和网脉状/浸染状、堆叠状等十种主要形态。围绕热液中心，矿床的金属组分常具有上部或外带富 Zn 或 Pb-Zn，下部或内带富 Cu 的分带现象；块状硫化物矿体下盘通常发育以绿泥石化蚀变为核心，绢云母化-绿泥石化在两侧对称分布的蚀变（图 5.1）；矿床外围经常发育铁锰质、硅质岩类等热水沉积岩（Lydon，1984，1988；Ohmoto，1996；侯增谦等，2003）。

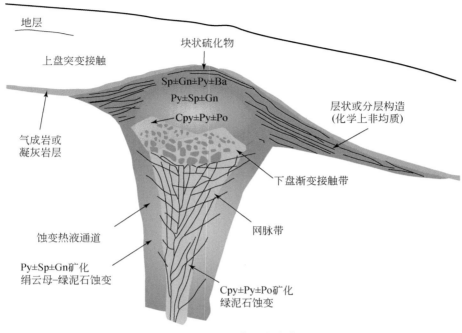

图 5.1　VMS 矿床蚀变分带图

Ba. 重晶石；Cpy. 黄铜矿；Gn. 方铅矿；Po. 磁黄铁矿；Py. 黄铁矿；Sp. 闪锌矿

5.1.2　VMS 型矿床研究实例

1. 中国新疆红海 VMS 型铜锌矿床

1）矿床地质与蚀变特征

中国新疆红海 VMS 型铜锌矿床位于东天山大南湖-头苏泉岛弧带北部，吐哈盆地南缘的卡拉塔格成矿带东段。矿床赋存于奥陶系大柳沟组海相长英质火山岩-火山碎屑岩中，岩性包括英安质熔结凝灰岩、凝灰质角砾岩和沉凝灰岩等（毛启贵等，2016）（图 5.2）。块状硫化物矿体具有明显的层控特征，主要产于第二套中性火山-沉积岩顶部，块状矿体下盘发育强烈的黄铁绢英岩化和绿泥石化；块状矿体上覆为第三套中酸性火山-碎屑岩建造，发育绿泥石化、绿帘石化、钠长石化和硅化等。矿床由上部整合的似层状块状硫化物矿体和下部不整合的脉状-网脉状矿体组成。矿床储量 Cu 26.6×10⁴ t、Zn 27.4×10⁴ t，Au 7.1 t，Ag 281 t，对应矿石品位分别为 Cu 2.82%、Zn 9.58%、Au 0.60 g/t、Ag 26 g/t（Deng et al.，2016；毛启贵等，2016）。

　　红海 VMS 矿床围岩蚀变的垂向分带自上而下依次包括：蚀变带Ⅰ（绿泥石–钠长石–绢云母–方解石带）、蚀变带Ⅱ（绿帘石–绿泥石–钠长石–绢云母–方解石带）、蚀变带Ⅲ（石英–绢云母–黄铁矿带）、矿化带Ⅳ（块状硫化物带）、蚀变带Ⅴ（绿泥石–黄铁矿±绢云母带）和蚀变带Ⅵ（绿泥石–石英–绢云母带）。各蚀变/矿化带的矿物组合见表 5.1。其中，蚀变带Ⅰ和蚀变带Ⅱ为块状硫化物矿体的盖层蚀变带，两蚀变带厚度之和大于 300 m，主要发育绿泥石化、绿帘石化、钠长石化、绢云母化、硅化和碳酸盐化；块状硫化物矿体下盘发育强烈的黄铁绢英岩化带（蚀变带Ⅲ），该带局部延伸至矿体上盘 30 m 范围内，带内岩石基本被石英、绢云母和黄铁矿所交代；蚀变带Ⅴ是绿泥石蚀变岩筒的主要构成部分，主要分布于块状矿体下盘，该带中绿泥石化、黄铁矿化发育强烈；钻孔揭露最深部为蚀变带Ⅵ，蚀变强度相对较弱，主要包括绿泥石化、硅化和绢云母化（黄健瀚等，2016）。

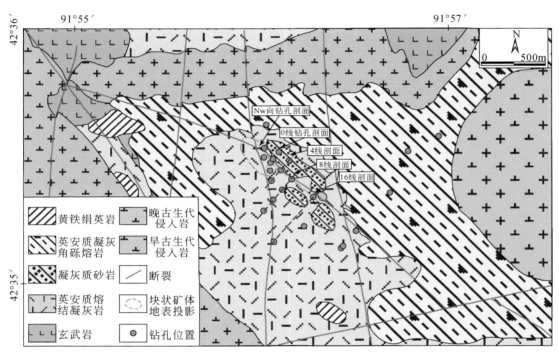

图 5.2　红海铜锌矿床矿区地质图（据毛启贵等，2016 修改）

表 5.1　红海矿床主要蚀变/矿化带的矿物组合

带号	蚀变带	主要矿物	次要–微量矿物
Ⅰ	绿泥石–钠长石–绢云母–方解石带	绿泥石、钠长石、石英	方解石、绢云母、赤铁矿、针铁矿、绿帘石、黄铁矿、石膏
Ⅱ	绿帘石–绿泥石–钠长石–绢云母–方解石带	绿帘石、绿泥石、钠长石、石英	方解石、绢云母、赤铁矿、黄铁矿、镜铁矿、磁铁矿、黄铜矿、斑铜矿、蓝辉铜矿、铜蓝
Ⅲ	石英–绢云母–黄铁矿带	石英、绢云母、黄铁矿	黄铜矿、闪锌矿、方解石、绿泥石

续表

带号	蚀变带	主要矿物	次要-微量矿物
IV	块状硫化物带	黄铁矿、闪锌矿、黄铜矿	重晶石、石英、砷黝铜矿、方铅矿、绢云母-白云母、磁铁矿
V	绿泥石-黄铁矿±绢云母带	绿泥石、黄铁矿	绢云母、黄铜矿、石英
VI	绿泥石-石英-绢云母带	石英、绿泥石、绢云母	黄铁矿、方解石、黄铜矿、斑铜矿

红海 VMS 铜锌矿床成矿过程可划分为三个成矿期共七个成矿阶段，分别为 VMS 成矿期、后期热液叠加期和表生期，其中 VMS 成矿期可进一步划分为黄铁矿阶段、黄铜矿-闪锌矿阶段和重晶石阶段，后期热液叠加期亦可进一步划分为钠长石阶段、绿泥石-绿帘石阶段和石英-碳酸盐阶段（图 5.3）。

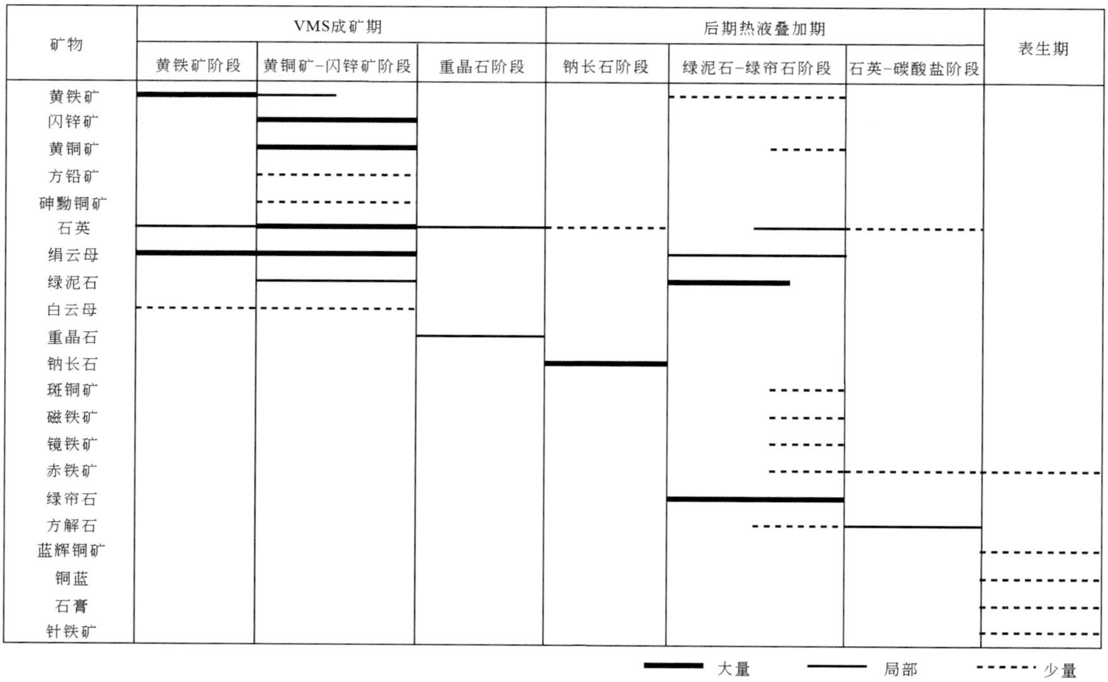

图 5.3 红海铜锌矿床矿化蚀变期次划分（黄健瀚等，2016）

VMS 成矿期主要形成块状硫化物矿化以及块状矿体下盘的脉状-浸染状矿化，围岩蚀变则包括绿泥石化、黄铁绢英岩化和重晶石化等。该成矿期主要矿物包括黄铁矿、黄铜矿、闪锌矿、石英、绢云母和绿泥石，以及少量重晶石、白云母、砷黝铜矿、方铅矿和磁黄铁矿等。黄铁矿阶段以大量黄铁矿的出现为标志，共生蚀变为黄铁绢英岩化。黄铁矿以半自形-他形粒状或集合体形式产出，在矿体的绝大部分均有分布，与石英、绢云母-白云母共生。黄铁矿边缘和内部可见自形的白云母，表明二者密切共生。铜-锌硫化物阶段是红海 VMS 矿床最重要的成矿阶段，大量黄铜矿、闪锌矿以及少量的砷黝铜矿和方铅矿都主要在该阶段沉淀。黄铜矿-闪锌矿主要充填、交代黄铁矿，沿黄铁矿颗粒边缘、裂隙间发育，多为他形集合体形式产出，少量呈细粒发育在黄铁矿颗粒内部。交代作用使黄铁矿呈骸晶或孤岛状-港湾状（图 5.4a，b），表明黄铜矿和闪锌矿形成晚于黄铁矿。黄铜矿与闪锌矿共生，二者边界较平直，常见黄铜矿以乳滴状出溶于闪锌矿中。闪锌矿为他形，主要分布于块状矿体的上部，向下含量逐渐变少，在脉状-浸染状区域则较少见。黄铜矿和闪锌矿的边缘和内部也发育结晶较好的白云母，镜下观察呈针状-长柱状，其长度可达 100 μm以上，而宽度则常常小于 10 μm（图 5.4c）。在 VMS 矿化阶段同时发育较多的黄铁矿，绢云母主要呈细粒团块状集合体，与浸染状黄铁矿发育在石英颗粒之间（图 5.4d），可见少量黄铜矿化（图 5.4e）。绿泥石主要产于块状矿体下部的蚀变岩筒中，以绿泥石凝灰岩的形式产出，局部可见绿泥石交代黄铁绢英岩化中的绢云母（图 5.4d）。重晶石阶段表现为重晶石-石英呈脉状切穿铜锌矿化（图 5.4f），表明其形成略晚于硫化物矿化。重晶石-石英还可见团块状。重晶石可见自形柱状晶体，与石英共生，二者边界非常平直（图 5.4g）。

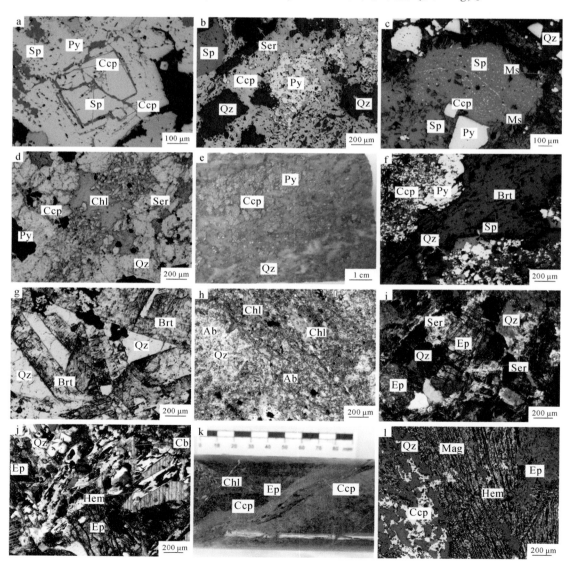

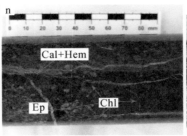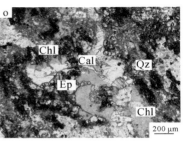

图 5.4　红海矿床 VMS 成矿期和后期热液叠加期手标本和镜下照片

a. 黄铜矿–闪锌矿沿黄铁矿粒间及裂隙充填交代；b. 黄铜矿溶蚀交代黄铁矿；c. 闪锌矿内部发育乳滴状的黄铜矿；d. 绿泥石化叠加于绢英岩化的绢云母中；e. 黄铁绢英岩化中发育少量黄铜矿；f. 石英–重晶石呈脉状切穿块状铜锌矿化；g. 石英与重晶石边界平直；h. 钠长石化被绿泥石化叠加；i. 团块状绿帘石–石英–绢云母；j. 绿帘石脉中绿帘石–石英–方解石–赤铁矿密切共生；k. 斑点状绿泥石–绿帘石化的安山岩中铜矿化发育于绿帘石脉中；l. 黄铜矿产出与磁铁矿–赤铁矿关系密切；m. 黄铜矿–斑铜矿被蓝辉铜矿、铜蓝交代；n. 方解石–赤铁矿脉切过绿泥石–绿帘石化；o. 方解石–石英脉切过绿泥石–绿帘石化。矿物缩写：Ab. 钠长石；Bn. 斑铜矿；Brt. 重晶石；Cal. 方解石；Cb. 碳酸盐；Ccp. 黄铜矿；Chl. 绿泥石；Cv. 铜蓝；Dg. 蓝辉铜矿；Ep. 绿帘石；Hem. 赤铁矿；Ms. 白云母；Py. 黄铁矿；Qz. 石英；Ser. 绢云母；Sp. 闪锌矿；Mag. 磁铁矿

后期热液叠加期主要发育在块状矿体上盘的第三套中酸性火山岩–火山碎屑岩中，形成矿物主要包括钠长石、绿泥石、绿帘石、石英、方解石和少量绢云母、赤铁矿、磁铁矿、黄铜矿和斑铜矿等。该成矿期形成的矿化作用较弱，矿化主要发育在绿泥石–绿帘石阶段。钠长石阶段发育强烈的钠长石化，主要为团块状、斑状分布。上盘火山岩–火山碎屑岩中的晶屑、岩屑等常发生钠长石化，其颜色为特征的浅红色。手标本中团块状的钠长石常被绿帘石交代，或被其包裹，也有的被绿帘石脉切穿。在显微尺度下，钠长石常常集中发育，呈他形粒状，表面浑浊不清，与少量他形的石英共生，并被绿泥石、绿帘石、碳酸盐等交代（图5.4h）。绿泥石–绿帘石阶段以绿泥石和绿帘石的强烈发育为特征，共生矿物还包括绢云母、石英、方解石和赤铁矿等（图5.4i，j），同时在此阶段还发育少量铜矿化（图5.4k），主要产于绿帘石脉或绿帘石团块中，铜矿物包括黄铜矿、斑铜矿，还共生磁铁矿–赤铁矿（镜铁矿），含有或不含黄铁矿（图5.4k，m）。绿泥石呈弥散状、似条带状、斑点状，交代暗色矿物和斜长石斑晶、火山基质等。脉状绿帘石通常与石英、碳酸盐和赤铁矿共生，而团块状的绿帘石除与石英、碳酸盐和赤铁矿共生外，还可见其与绢云母、石英共生（图5.4i）。石英–碳酸盐阶段主要以方解石–石英脉和方解石–赤铁矿–石英脉的形式产出，切穿 VMS 期的矿物组合以及钠长石化、绿泥石化和绿帘石化等（图5.4n，o）。部分碳酸盐也呈斑块状，交代长石、绿泥石等。

表生期主要表现为 VMS 成矿期和后期热液叠加期形成的部分矿物发生表生氧化作用，形成赤铁矿、针铁矿（褐铁矿）、蓝辉铜矿、铜蓝、石膏等为代表的蚀变矿物。表生期蚀变主要发生在近地表，例如钻孔浅部的红褐色赤铁矿–针铁矿化等；还在岩石裂隙面发育，矿物呈被膜状或网脉状。

2）蚀变矿物短波红外光谱和化学成分特征

对红海矿床21个钻孔（共约11000 m）的510件样品进行 SWIR 光谱分析，共获得1528

条光谱曲线，在有效的光谱数据中共识别出 8 种蚀变矿物，包括：白云母族（包括白云母–多硅白云母和伊利石）、绿泥石、绿帘石、蒙脱石、方解石、石膏、高岭石和葡萄石。

红海矿床样品中，白云母族 Al-OH 吸收峰波长范围为 2194 ~ 2221 nm（表 5.2），主要集中在 2198 ~ 2214 nm（平均值为 2207 nm）。较宽的 Al-OH 吸收峰波长范围，指示红海矿床的白云母族具有较广泛的成分变化，其中以伊利石–普通白云母为主。在红海矿床的垂向蚀变分带中，蚀变带 I 和 II 具有较为接近的 Al-OH 吸收峰波长，其平均值分别为 2209 nm 和 2211 nm，比蚀变带 III、V 和 VI 明显高（2202 nm 和 2205 nm）（Huang et al., 2018）。

表 5.2　红海矿床白云母族 Al-OH 吸收峰和绿泥石 Fe-OH 吸收峰波长统计

蚀变带		最小值/nm	最大值/nm	平均值/nm	中值/nm	范围/nm	总数
Al-OH	I	2202	2219	2209	2209	17	124
	II	2199	2221	2211	2211	22	291
	III	2194	2210	2202	2202	16	230
	V 和 VI	2198	2214	2205	2204	16	60
Fe-OH	I	2250	2259	2255	2255	9	112
	II	2249	2258	2254	2254	9	362
	III	2250	2257	2252	2252	7	36
	V 和 VI	2251	2261	2253	2253	10	81

NW 向剖面的白云母族 Al-OH 吸收峰波长变化显示（图 5.5a），蚀变带 I 和 II 中的白云母族 Al-OH 吸收峰，波长大部分大于 2208 nm；而靠近矿体 Al-OH 吸收峰波长明显变小（例如 ZK0101、ZK001），在蚀变带 III 中均小于 2203 nm；钻孔在矿体下盘继续向下，在蚀变带 III 和 VI 中，Al-OH 吸收峰波长具有一个微弱的上升趋势（例如 ZK0801）。

红海矿床代表性白云母样品的电子探针数据结果显示，含有白云母样品的 Al-OH 吸收峰波长与白云母的 Si/Al 值、（Fe+Mg）含量成正比，而与 Al 和六次配位 Al（Al^{VI}）含量成反比。靠近矿体的蚀变带 III 中具有较短 Al-OH 吸收峰波长的白云母，其成分中的平均（Fe+Mg）含量为 0.30 apfu（atoms per formula unit），平均 Si/Al 值为 1.26，平均 Al^{VI} 含量为 3.68 apfu，平均 Na/（Na+K）值为 0.041。相比之下，块状矿体上盘的蚀变带 I 和 II 具有更高的平均（Fe+Mg）含量（0.57 apfu）和 Si/Al 值（1.43），而 Al^{VI}（3.46）与 Na/（Na+K）值（0.030）则明显较低。块状矿体中的白云母成分显示，其 Al^{VI} 和 Na/（Na+K）最高，分别为 3.84 apfu 和 0.086，而（Fe+Mg）含量和 Si/Al 值也是最低的（0.15 apfu 和 1.16）。

绿泥石 Fe-OH 吸收峰波长范围在 2249 ~ 2261 nm 之间（表 5.2），平均值为 2254 nm（$n = 639$），大部分 Fe-OH 吸收峰波长分布在 2252 ~ 2257 nm 之间，指示绿泥石的成分变化从富 Mg 绿泥石（<2255 nm）到富 Fe 绿泥石（>2260 nm）（Yang and Huntington, 1996; Jones et al., 2005; Laakso et al., 2016）。各蚀变带的 Fe-OH 吸收峰波长平均值则显示，靠近矿体其具有微弱变小的特征，从蚀变带 I 和 II 的 2255 nm、2254 nm，变化到蚀变带 III 的 2252 nm（表 5.2）。

NW 向剖面绿泥石 Fe-OH 吸收峰波长的变化显示（图 5.5b），靠近块状矿体的绿泥石

Fe-OH 吸收峰波长具有相对变小的趋势，例如 ZK0101 和 ZK001；然而块状矿体下部绿泥石还出现 Fe-OH 吸收峰较高的分析点，其原因可能是因为这部分绿泥石与黄铁矿共生，而黄铁矿会影响 SWIR 光谱分析中光的吸收，从而对分析结果造成影响。

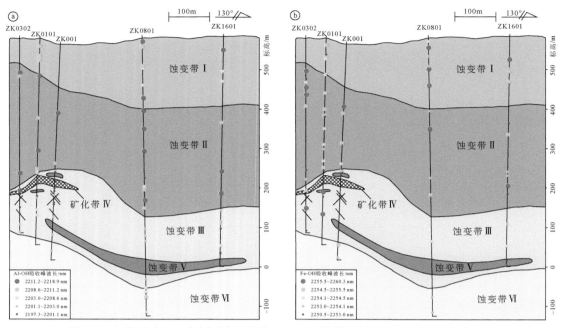

图 5.5　红海矿床 NW 向剖面白云母族 Al-OH 吸收峰和绿泥石 Fe-OH 吸收峰变化

　　红海矿床绿泥石的电子探针分析表明，绿泥石的 Fe-OH 吸收峰波长与其 Mg/（Mg+Fe）值成反比，指示 Mg 含量增加会使绿泥石 Fe-OH 吸收峰波长变小。靠近矿体的蚀变带 V，其绿泥石 Fe-OH 吸收峰相对较小，平均 Mg/（Mg+Fe）值为 0.63；而矿体上盘蚀变带 I 和 II 的绿泥石该值则分别为 0.41 和 0.53。

　　白云母族 Al-OH 吸收峰的变化是受其结构中 Al^{VI} 的成分控制的（Duke，1994）：Al^{VI} 含量高，对应 Al-OH 吸收峰波长短；Al^{VI} 含量低，对应 Al-OH 吸收峰波长较长（Herrmann et al.，2001；Jones et al.，2005）。白云母族的成分中 Al^{VI} 的变化主要受契尔马克替代控制（Duke，1994；Jones et al.，2005；Van Ruitenbeek et al.，2012），而这一替代作用则是主要由温度控制，高温条件下有利于形成高 Al^{VI}、低 Mg+Fe 的白云母，低温则利于形成高 Fe+Mg、低 Al^{VI} 的白云母（Miyashiro and Shido，1985；Duke，1994；Huston and Kamprad，2001）。在 VMS 系统中，靠近块状硫化物附近往往是高温的，指示热液流体通道或其附近，以块状硫化物矿体下部的网脉状区域为代表（Gemmell and Large，1992）。因此，对于红海矿床的白云母族，靠近矿体的样品具有较短的 Al-OH 吸收峰波长（<2203 nm），可以用来指示块状硫化物矿体附近的高温蚀变区域。

　　虽然红海矿床绿泥石 Fe-OH 吸收峰波长的变化规律不明显，但靠近矿体的区域，其吸收峰相对较短，对应富 Mg 绿泥石。在加拿大和日本的典型 VMS 矿床中，靠近矿体区域常发育富 Mg 绿泥石，向外绿泥石的 Fe/（Fe+Mg）值逐渐升高（Gemmell and Large，1992

及其参考文献)。Hannington 等(2003)对瑞典的 Kristineberg VMS 铜锌矿区的绿泥石研究表明,靠近矿体区域的绿泥石具有富 Mg 的特征,是由于绿泥石形成过程中富 Mg 海水的贡献。这些结果指示红海矿床靠近矿体的绿泥石富 Mg,可能与绿泥石在形成时有更多海水组分的加入有关。

2. 中国新疆阿舍勒 VMS 型铜锌矿床

中国新疆阿舍勒 VMS 型铜锌矿床位于阿尔泰造山带南缘阿舍勒火山–沉积盆地内,大地构造位置属于中亚造山带南缘晚古生代弧间拉张盆地(郑义等,2015)。矿床产出受地层层位和构造控制,似层状–大透镜状矿体主要产于阿舍勒组第二岩性段第二岩性层玄武岩和凝灰岩之间(郑义等,2015)。金属矿物主要为黄铁矿、黄铜矿和闪锌矿,其次为方铅矿、锌砷黝铜矿、含银锌锑黝铜矿等,非金属矿物为石英、白(绢)云母、绿泥石、重晶石、方解石、白云石和长石等(郑义等,2015)。下盘围岩蚀变分带由内向外可划分为黄铁矿–硅化–绢云母化带、绿泥石化带和碳酸盐化带(Wan et al.,2010)。矿床矿石量59.5 Mt,平均品位 Cu 2.22%、Zn 1.03%(游富华等,2021)。

游富华等(2021)使用岩心扫描仪 CMS350A 对阿舍勒 I 号主矿体 47 个钻孔累计22150 m 岩心进行了编录和近红外–短波红外光谱分析,识别出的主要蚀变类型包括硅化、绢(白)云母化、黄铁矿化和绿泥石化,其次为重晶石化、碳酸盐化、高岭石化、绿帘石化、蒙脱石化等,其中与矿化相关的蚀变矿物组合为黄铁矿化–硅化–绢云母化。白云母族Al-OH 吸收峰波长主要位于 2200~2210 nm 之间,且靠近矿体该吸收峰波长表现为下降的趋势,与矿化关系密切的 Al-OH 吸收峰<2205 nm。绿泥石 Fe-OH 吸收峰波长主要位于2250~2265 nm 之间,靠近矿体该吸收峰波长表现为骤降的趋势,从 2260 nm 左右降至2250~2255 nm 之间,反映绿泥石相对富 Mg 的特征。

3. 加拿大 Myra Falls VMS 矿区

Myra Falls 矿区位于加拿大不列颠哥伦比亚省温哥华岛中部斯特拉思科纳公园。温哥华岛是 Wrangellia 地体的组成部分,后者由古生代—新生代岛弧有关的岩石组成。古生代Sicker 群作为温哥华岛的基底,由 4 个组构成,从老到新分别为 Price 组、Myra 组、Thelwood 组和 Flower Ridge 组,其中矿区内所有已知 VMS 矿体都赋存在 Myra 组内。Myra Falls VMS 型矿区由上部 Myra-Lynx-Price 层位和下部 HW-Battle 层位组成,总金属量为 Cu 0.436 Mt、Zn 1.768 Mt、Pb 0.157 Mt、Au 56.21 t、Ag 1676.8 t。

Jones 等(2005)使用便携式红外矿物分析仪 PIMA-II 对 Myra Falls 矿区超过 1100 个样品进行了短波红外光谱分析,识别出从远矿到靠近矿体白云母族 Al-OH 吸收峰和绿泥石 Fe-OH 吸收峰波长的变化规律(表 5.3)。靠近矿体区域(100 m 内)流纹岩样品白云母Al-OH 吸收峰波长范围在 2194~2204 nm 之间(平均为 2198 nm;表 5.3),对应成分为钠云母–白云母,电子探针分析显示白云母具有相对富 Na、贫 Fe+Mg 的特征[Na/(Na+K)为 0.05~0.12;Fe+Mg 为 0.13~0.39 apfu];而远矿区域流纹岩样品的白云母 Al-OH 吸收峰波长则为 2194~2218 nm(平均为 2206 nm),明显高于近矿样品,对应成分为白云母–多硅白云母,成分相对贫 Na 而富 Fe+Mg[Na/(Na+K)为 0.02~0.06;Fe+Mg 为 0.46~

0.77 apfu]。下盘 Price 组安山岩和顶板安山岩的 Al-OH 吸收峰也表现出类似的变化规律，即靠近矿体吸收峰波长较短，平均值分别为 2200 nm 和 2207 nm，而远离矿体对应类型的样品 Al-OH 吸收峰波长较长，平均值分别为 2204 nm 和 2210 nm。进一步的分析发现，全岩成分对近矿强蚀变样品中白云母族的光谱特征影响非常微小，安山质–流纹质序列岩石的白云母族 Al-OH 吸收峰差别很小，大部均在 2194 ~ 2200 nm 之间；而全岩成分是影响远矿弱蚀变岩石白云母成分和光谱特征的最重要因素，英安岩和安山岩的白云母族 Al-OH 吸收峰基本在 2207 ~ 2214 nm 之间，该值明显高于邻近的流纹岩的 Al-OH 吸收峰 (2198 ~ 2200 nm)。

Myra Falls 矿区绿泥石 Fe-OH 吸收峰的数据明显小于白云母族 Al-OH 吸收峰的数据，因为绿泥石化在流纹岩中发育较弱，但依然展现出一定的变化规律，即靠近矿体绿泥石相对富 Mg，其 Fe-OH 吸收峰波长较短，介于 2238 ~ 2252 nm 之间，平均值为 2241 nm；而远离矿体主要为铁镁–富铁绿泥石，Fe-OH 吸收峰波长较长，介于 2238 ~ 2255 nm 之间，平均值为 2247 nm。

表 5.3　Myra Falls 不同岩石类型的白云母族 Al-OH 和绿泥石 Fe-OH 吸收峰特征统计表

组及位置	矿物组合	白云母族 Al-OH 吸收峰波长/nm	绿泥石 Fe-OH 吸收峰波长/nm
HW 层位流纹岩 （Battle 矿体）	Qtz、Pg-Ms、Py，少量 Mg-Chl、Cb	2194 ~ 2204，平均 2198	2238 ~ 2252，平均 2241
HW 层位流纹岩 （HW 矿体）	Qtz、Ms、Py，少量 Mg-Chl、Cb	2196 ~ 2214，平均 2201	2238 ~ 2254，平均 2246
HW 层位流纹岩 （区域样品）	Qtz、Ms-Phg、Py，少量 Mg-Chl、Cb	2194 ~ 2218，平均 2206	2238 ~ 2255，平均 2247
Price 安山岩 （靠近矿体）	Qtz、Ms、Mg-Chl、Py、Cb	2196 ~ 2218，平均 2200	2238 ~ 2254，平均 2246
Price 安山岩 （区域样品）	Fe-Chl、Ep、Ms-Phg，少量 Cb、Qtz	2198 ~ 2218，平均 2204	2236 ~ 2252，平均 2246
顶板安山质岩石 （Battle 矿体）	Fe-Chl、Ep、Ms-Phg、Cb	2204 ~ 2218，平均 2207	2242 ~ 2253，平均 2250
顶板安山质岩石 （区域样品）	Fe-Chl、Ep、Ms-Phg、Cb	2203 ~ 2217，平均 2210	2237 ~ 2253，平均 2249

矿物缩写：Cb. 碳酸盐；Ep. 绿帘石；Fe-Chl. 铁绿泥石；Mg-Chl. 镁绿泥石；Ms-Phg. 白云母–多硅白云母；Ms. 白云母；Pg. 钠云母；Phg. 多硅白云母；Py. 黄铁矿；Qtz. 石英。

Myra Falls VMS 矿区的实例研究表明，SWIR 光谱分析是 VMS 型矿床的理想勘查手段，SWIR 光谱特征的微弱变化能够反映矿物成分的变化，进而可以用于矿区尺度的勘查标识。该 VMS 矿区最终选取出的勘查标识为 Al-OH 吸收峰波长小于 2197 nm 和 Fe-OH 吸收峰波长小于 2240 nm。

4. 澳大利亚 Rosebery VMS 型矿床

Rosebery VMS 型 Zn-Pb（-Cu-Ag-Au）矿床位于澳大利亚塔斯马尼亚西部，矿床产于寒武纪 Monut Read 火山岩中。Rosebery 矿床由多个层状硫化物矿体组成，主要赋存于流纹质浮石角砾岩为主的火山碎屑岩中。层状矿体附近发育 Mn-碳酸盐±绢云母±绿泥石化或石英+绢云母化，外围则发育广泛的绢云母±碳酸盐化。该矿床矿石量为 28.3 Mt，平均品位 Zn 14.3%、Pb 4.5%、Cu 0.6%、Ag 145 g/t、Au 2.4 g/t（Large et al.，2001）。

Herrmann 等（2001）对区域微弱蚀变的 Mount Read 火山岩和 Rosebery 矿床钻孔样品进行了 SWIR 光谱分析。结果表明微弱蚀变的火山岩中的蚀变类型主要取决于全岩成分，流纹岩中以白云母化为主，镁铁质岩则主要发育绿泥石化，而安山岩则同时发育绿泥石化和白云母化。白云母族 Al-OH 吸收峰波长介于 2197～2227 nm 之间，与围岩蚀变强度无关，同时也不受白云母与绿泥石比值的影响，部分镁铁质岩和发育强绿泥石化流纹质-安山质火山碎屑岩的白云母 Al-OH 吸收峰波长也表现出较短的特征。Rosebery VMS 型 Zn-Pb 矿床白云母族 Al-OH 吸收峰波长范围为 2192～2219 nm，其中靠近矿体样品 Al-OH 吸收峰波长为 2190～2200 nm，而远离矿体则大于 2200 nm；同时 Al-OH 吸收峰波长与 EPMA 分析的白云母成分［Si/Al 值、Fe+Mg、Na/（Na+K）］密切相关。Rosebery 矿床绿泥石 Fe-OH 吸收峰波长的空间变化规律不明显，且其与绿泥石 Mg 含量的相关性也较差，但总体表现出绿泥石含量高的地段更富 Mg。

5.1.3　VMS 型矿床蚀变矿物勘查标识总结

上述 VMS 型矿床研究实例表明，蚀变矿物地球化学勘查方法能够有效地应用于 VMS 型矿床勘查工作中。其中，短波红外光谱分析能够快速识别 VMS 矿床蚀变白（绢）云母化、绿泥石化和碳酸盐化等蚀变，并且蚀变矿物的特征光谱参数，可以指示矿体/矿化的方向。在多数 VMS 型矿床中，以低白云母族 Al-OH 特征吸收峰作为矿体/矿化的指示标志，例如我国新疆红海矿床为小于 2203 nm、新疆阿舍勒矿床为小于 2205 nm，加拿大 Myra Falls 矿区则为小于 2197 nm，反映靠近矿体部位白云母族具有高 Al^{VI} 和 Na/（Na+K）值、低 Mg+Fe 和 Si/Al 值，指示块状硫化物矿体附近的高温蚀变区域。相比之下，绿泥石 Fe-OH 特征吸收峰波长变化规律不如白云母族 Al-OH 吸收峰的变化规律明显，但靠近矿体区域，Fe-OH 吸收峰波长相对较短，例如阿舍勒矿床与矿化关系密切的绿泥石 Fe-OH 吸收峰集中在 2250 nm 附近、Myra Falls 矿区则以小于 2240 nm 为矿体指示标志，表明矿体附近绿泥石相对富 Mg，指示绿泥石形成过程中富 Mg 海水的贡献。

蚀变矿物化学成分同样可以作为勘查指示标识，在 VMS 型矿体附近具有较低 Al-OH 吸收峰波长的白云母，具有较高的 Na/（Na+K）值和较低的 Fe+Mg，例如红海矿床的 Na/（Na+K）为 0.041、Myra Falls 则为 0.05～0.12，Fe+Mg 红海矿床为 0.30 apfu、Myra Falls 为 0.13～0.39。靠近矿体具有低 Fe-OH 吸收峰波长的绿泥石，主要表现为富 Mg 的特征；此外，瑞典 Kristineberg VMS 矿区和新疆红海 VMS 矿床中靠近矿体绿泥石还具有更高的 Mn、Zn（Hannington et al.，2003）。

综上所述，低白云母族 Al-OH 吸收峰、富 Na、贫 Mg+Fe，绿泥石低 Fe-OH 吸收峰、富 Mg、Mn 和 Zn 可以作为 VMS 型矿床的勘查标识。但同时需要指出的是，不同 VMS 型矿床之间由于围岩性质和成矿热液性质的差别，会存在不同甚至相反的变化规律，例如澳大利亚 Hellyer 和阿根廷 Arroyo Rojo VMS 型矿床，则以高 Al-OH 吸收峰作为近矿指示标识（Biel et al.，2012；Yang et al.，2011）。这要求我们在应用蚀变矿物勘查标识时，需要在分析矿区地质背景、赋矿围岩特征、成矿流体性质等工作基础上，结合蚀变填图、蚀变矿物短波红外光谱分析、蚀变矿物化学成分分析，最终才能确定矿区的蚀变矿物勘查标识。

5.2　浅成低温热液型金矿床

5.2.1　浅成低温热液型金矿特征

浅成低温热液型金矿床作为世界上最重要的金矿床类型之一，具有埋藏浅、易开采、规模大、品位高、分布集中且经济意义巨大等特点，是金的重要来源之一。通常形成深度小于1.5 km，形成温度在300 ℃以下（Simmons et al., 2005）。根据脉石矿物组合，浅成低温热液型金矿床可以分成两类，一类是高硫型浅成低温热液金矿床，以石英+明矾石±叶蜡石±迪开石±高岭石为特征矿物；另一类是低硫型浅成低温热液金矿床，以石英±方解石±冰长石±伊利石为特征矿物。低硫型浅成低温热液金矿床热液蚀变在深部以青磐岩化为特征，向外向上逐渐变为黏土矿物、碳酸盐以及沸石矿物，矿体主要赋存在石英、冰长石和伊利石蚀变带内。高硫型浅成低温热液金矿床金通常以原生金的形式赋存于蚀变带中心的硅化带中，从硅化蚀变带向外，蚀变分带依次为硅化蚀变，明矾石+迪开石±高岭石±叶蜡石蚀变，伊利石或者蒙脱石蚀变，最外围被青磐岩化蚀变包围（Sillitoe and Hedenquist, 2003）。

现有的研究表明，浅成低温热液型金矿与斑岩型矿床之间存在着紧密的联系。空间上，斑岩型矿床位于浅成低温热液型金矿的下部，为浅成低温热液型金矿的形成提供了热能和成矿物质。如菲律宾勒潘多（Lepanto）高硫型浅成低温热液铜-金矿床位于远东南（Far Southeast）斑岩铜-金矿床之上（Chang et al., 2011），我国福建紫金山高硫型浅成低温热液型金矿床位于斑岩铜矿之上（So et al., 1998）。Corbett（2002）结合多年勘查实践与理论研究，建立了斑岩-浅成低温热液成矿系统理论模型（图5.6）。

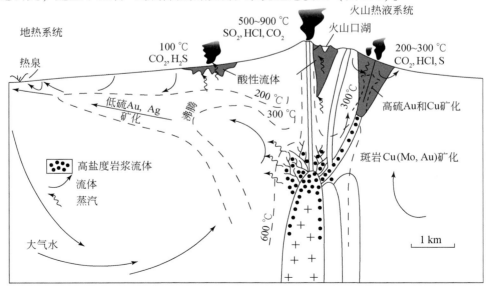

图5.6　浅成低温热液矿床成矿模式图（据 Corbett, 2002）

5.2.2　浅成低温热液型金矿研究实例——菲律宾勒潘多（Lepanto）高硫型浅成低温热液铜-金矿床

1. 矿床地质与蚀变特征

勒潘多高硫浅成低温硫砷铜-金矿位于环太平洋火山岩带的菲律宾北部 Mankayan 地区，中央科迪勒拉造山带近南北向背斜的东翼。矿区出露的岩性单元主要有：①晚白垩世到中中新世基底，包括勒潘多变质火山岩，以及 Apaoan 和 Balili 火山碎屑岩；②中新世石英闪长质的 Bagon 侵入杂岩体（13~12 Ma）；③上新世 Imbanguila 英安质-安山质斑岩和碎屑岩，形成时间早于远东南斑岩铜-金矿化，是勒潘多硫砷铜-金矿和 Victoria 矿脉的主要围岩；④矿化后的盖层，包含更新世 Bata 英安-安山质斑状熔岩和碎屑岩，以及 Lapangan 凝灰岩。目前，该矿床已开采的铜金属量超过 85×10^4 t，金金属量 92 t，银金属量 393 t，大概还剩余 440×10^4 t 矿石，其中，铜平均品位为 1.76%，金的平均品位为 2.4 g/t。

远东南斑岩铜-金矿床是一个隐伏矿床，矿化的顶部位于海拔 900 m 左右，地面 550 m 以下，矿化主要与石英闪长斑岩相关，早期发育的钾化（黑云母±磁铁矿±钾长石）被晚期广泛发育的绿泥石和赤铁矿以及云母族矿物-黏土-绿泥石蚀变叠加。从斑岩矿化中心向上部和外围，云母族矿物-黏土-绿泥石组合逐渐从以云母族矿物为主加少量的叶蜡石，向以叶蜡石为主，伴随石英、硬石膏和高岭石族矿物蚀变组合转变。远东南斑岩铜-金矿床地表发育勒潘多高硫型浅成低温热液铜-金矿化，矿体主要位于硅化和高级泥化蚀变带所组成的蚀变岩帽中，该岩帽在地表续出露超过 7 km。高级泥化蚀变带由明矾石、迪开石、高岭石、黄铁矿和局部发育的水铝石和叶蜡石组成。对远东南斑岩矿床中钾化蚀变相关的黑云母和勒潘多硫砷铜-金矿床中的明矾石定年，得到黑云母和明矾石的形成年龄分别为 1.41 ± 0.05 Ma 和 1.42 ± 0.08 Ma，表明远东南斑岩铜-金矿床与勒潘多硫砷铜-金矿形成时间一致。斑岩矿化相关的黑云母和伊利石以及勒潘多硫砷铜-金矿中的明矾石稳定同位素研究表明，斑岩和浅成低温矿化相关的流体主要来自岩浆热液。这些研究表明勒潘多高硫浅成低温硫砷铜-金矿床与其下部的远东南斑岩铜-金矿床属于一套斑岩-浅成低温热液系统。勒潘多高硫浅成低温硫砷铜-金矿主要蚀变带特征如图 5.7 所示，蚀变岩帽中心发育石英-明矾石，外部发育迪开石-高岭石，矿体主要位于石英-明矾石带内。

2. 蚀变矿物地球化学特征与空间变化规律

背散射分析表明，勒潘多高硫浅成低温硫砷铜-金矿床中的明矾石有明显的环带，环带宽为 1~5 μm，主要和明矾石 Na、K 及 Ca 含量变化有关。电子探针分析表明，明矾石的 Na/（Na+K）值变化范围为 0.04~0.96。明矾石 Al 和 S 含量变化范围较小，分别为 20.12%±0.35% 和 15.03%±0.31%。明矾石 Na/（Na+K）值与其 1480 nm 吸收峰位值呈明显正相关关系，而实验岩石学研究表明，明矾石 Na 含量与其形成温度呈正相关关系，因而，明矾石 1480 nm 吸收峰位值越大，其形成温度越高。短波红外光谱分析表明，勒潘多高硫浅成低温硫砷铜-金矿床中的明矾石 1480 nm 峰位值变化范围为 1479~1495 nm。在空

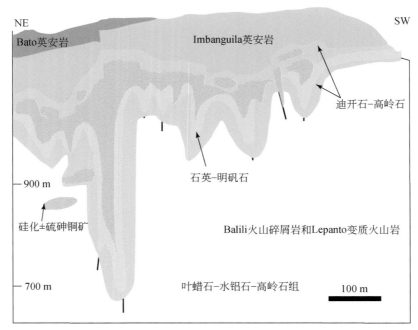

图 5.7　勒潘多浅成低温铜-金矿床蚀变分带特征（Chang and Yang, 2012）

间上，相对于远东南斑岩铜-金矿床矿化中心的明矾石，靠近远东南斑岩铜-金矿化中心的明矾石 1480 nm 峰位值明显较大，可达 1498 nm（图 5.8）。

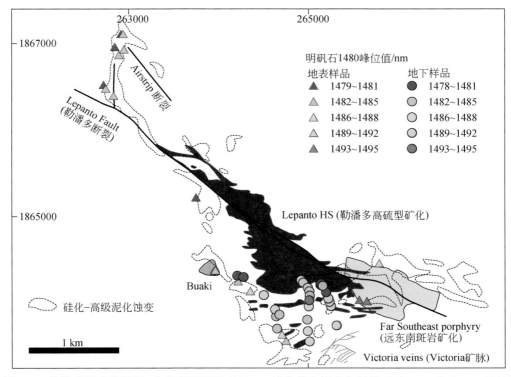

图 5.8　勒潘多浅成低温铜-金矿床明矾石 1480 nm 峰位值空间变化规律（Chang and Yang, 2012）

Chang 和 Yang（2012）对勒潘多高硫浅成低温硫砷铜-金矿床中的明矾石开展了 LA-ICP-MS 分析，获得了明矾石 Ca、Sr、La、Ce、Nd、Sm、Eu、Gd、Dy、Er、Yb、Lu、Zr、Ba、Au、Ag、Pb、Sb、Bi、Mn、Fe、Cu、As 和 Se 元素含量。根据 LA-ICP-MS 分析结果，相对于远东南斑岩铜-金矿床矿化中心的明矾石，靠近远东南斑岩铜-金矿床矿化中心的明矾石 Pb 含量更低（图 5.9）。大部分明矾石 Ag 含量都低于检测线，但远离矿化中心的明矾石 Ag 含量可达 $0.2×10^{-6} \sim 3.5×10^{-6}$。随着明矾石远离斑岩矿化中心，其 Sr 和 REE，以及 La/Pb 和 Sr/Pb 值逐渐降低。

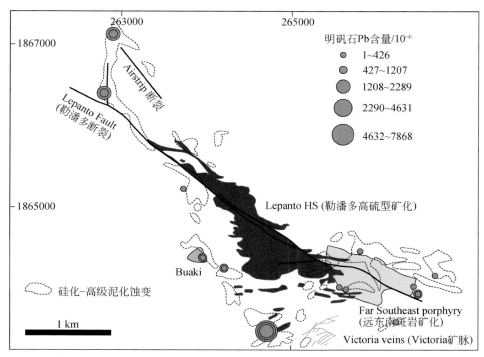

图 5.9　勒潘多浅成低温铜-金矿床明矾石 Pb 含量空间变化规律（Chang and Yang，2012）

5.2.3　浅成低温热液型金矿蚀变矿物勘查标识总结

根据 Chang 和 Yang（2012）对勒潘多高硫浅成低温硫砷铜-金矿床蚀变矿物的研究结果，明矾石的 1480 nm 吸收峰位和微量元素组成随着样品与远东南矿床斑岩成矿系统中心的距离变化而系统地变化，因而，可以通过明矾石 1480 nm 吸收峰位的系统变化和微量元素成分特征来定位侵入体中心及斑岩型矿化的位置，从而为浅成低温热液金矿的找矿勘查提供指导。

5.3　铁氧化物–铜–金（IOCG）型矿床

5.3.1　IOCG 矿床特征

IOCG 是铁氧化物–铜–金矿床的英文简称，于 1992 年被正式提出（Hitzman et al.，1992）。IOCG 的定义比较宽泛而且饱受争议，目前比较认可的定义是由 Williams 等（2005）在 *Economic Geology* 百周年专辑上提出的，主要是指一组含大量原生磁铁矿或赤铁矿的铜–金（–银–铀等）矿床，其关键鉴定特征包括以下几点：①含大量低钛铁氧化物；②为贫硫铜金成矿系统；③热液成因–角砾、脉体及交代结构发育；④受局部断裂控制，与岩体关系不明确。除此之外，还有一些非鉴定性特征，在很多 IOCG 矿床中出现，但也在部分矿床中缺失，包括：①与区域性侵入体有时空关系；②与其他富铁建造关系密切；③与大面积钠、钠–钙及钾化等交代作用相关；④具不同含量的铀、轻稀土、氟、钴、钡和银等元素；⑤与斑岩铜矿相比，热液石英相对较少（陈华勇，2012）。

铁、铜、金是我国紧缺的大宗矿产，而 IOCG 型矿床是全球最重要的铁铜金复合矿床类型，其包含了全球最大的金属矿床——澳大利亚奥林匹克坝铜金铀矿。IOCG 目前争论最为激烈的是其成矿流体的来源问题，这直接影响到与成矿相关的各个方面，尤其是其定义的界定。尽管很多研究者认为 IOCG 成矿与斑岩型及夕卡岩型矿床类似，均属于岩浆热液直接成矿产物（Sillitoe，2003；Pollard，2006），也有很多学者认识到外部流体对 IOCG 成矿系统有至关重要的作用，甚至是提供矿物质及硫的主要来源（Barton and Johnson，1996；Benavides et al.，2007；Chen et al.，2010a；Chen et al.，2011）。此外，对于长期争论的基鲁纳（Kiruna）高品位铁–磷矿床是否能被归为 IOCG 端元组分，部分学者认为基鲁纳型铁矿可能是岩浆成因，与 IOCG 成矿具有本质性的区别，因此不应列入 IOCG 类型中（Nystroem and Henriquez，1994；Naslund et al.，2002；Chen et al.，2010b）。此外，一些探讨 IOCG 成矿根源性的新思想也正融入目前的讨论中，如致矿岩浆的地幔特征（Porter，2010），外部硫源对成矿的必要性等（Chen et al.，2011）。

利用矿物学手段，尤其是现代微区微量测试技术，以矿物为核心来探讨 IOCG 成矿问题，可以更有效地帮助此类型矿床的勘查。磁铁矿是 IOCG 矿床中主要的矿石矿物，其成因类型是研究矿床成因的重要内容，也是关键的突破口之一。磁铁矿属于尖晶石族矿物，分子式为 $Fe^{2+}Fe_2^{3+}O_4$，空间群 Fd3m，$Z=8$，属等轴晶系，具有反尖晶石型结构，即 Fe^{2+} 全部占据八面体位置，而 Fe^{3+} 的 1/2 占据八面体位置，另外 1/2 占据四面体位置。由于四面体和八面体位置可以被其他元素替换，因此磁铁矿的成分非常复杂，其晶格中可以赋存 Ca、Al、Ti、Mg、Mn、V、Cr、Ni、Co、Cu、Zn、Sn、Ga、Au 等二十多种元素，因而磁铁矿地球化学成分的变化可以用来反映其形成环境的变化，对岩石及矿床的成因具有非常重要的指示意义（Dare et al.，2012；Nadoll et al.，2014；王敏芳等，2014；赵振华和严爽，2019）。

磁铁矿的物理性质和化学成分特征的研究一直是矿床学领域的研究热点，我国学者早在 20 世纪七八十年代就已经对磁铁矿的物理和化学标型特征进行了比较系统的分析研究和总结。林师整（1982）、陈光远等（1987）、王顺金（1987）通过对比研究和总结当时国内外已有的磁铁矿化学成分测试数据，基于 Al_2O_3、TiO_2、MgO 和 MnO 含量的变化，提出了一些能够有效区分不同成岩环境、成矿类型的三角图解（图 5.10；王敏芳等，2014；陈华勇和韩金生，2015）。由于早期测试技术手段的限制（得到的主要为主量元素数据），得到的磁铁矿数据及成因判别图解可能存在准确性不够的问题，但是这些总结性工作为磁铁矿的物理化学特征在成岩成矿指示方面的研究奠定了良好的基础。

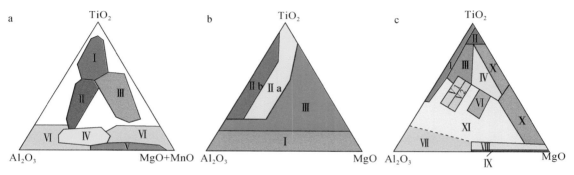

图 5.10　磁铁矿成因判别三角图解

a（林师整，1982）：Ⅰ. 副矿物型；Ⅱ. 岩浆熔离钛磁铁矿型；Ⅲ. 火山岩型；Ⅳ. 接触交代型；Ⅴ. 夕卡岩型；Ⅵ. 沉积变质型。b（陈光远等，1987）：Ⅰ. 沉积变质–接触交代磁铁矿；Ⅱ. 超基性–基性–中性岩浆磁铁矿；Ⅲ. 酸性–碱性岩浆磁铁矿。c（王顺金，1987）：Ⅰ. 花岗岩区（酸性岩浆岩、伟晶岩）；Ⅱ. 玄武岩区（拉斑玄武岩等）；Ⅲ. 辉长岩区（辉长岩、橄榄岩、二长岩、斜长岩–副矿物及铁矿石）；Ⅳ. 橄榄岩区（橄榄岩、纯橄榄岩、辉岩等副矿物及铁矿石）；Ⅴ1. 角闪岩区（包括单斜辉石岩）；Ⅴ2. 闪长岩区；Ⅵ. 金伯利岩区；Ⅶ. 热液型及钙夕卡岩型（虚线以上主要为深成热液型，以下为热液型及夕卡岩型）；Ⅷ. 热液型及镁夕卡岩型（其中热液型为深成热液型，部分为热液交代型）；Ⅸ. 沉积变质，热液叠加型；Ⅹ. 碳酸盐岩区（靠上部者与基性岩有关，靠下部者与围岩交代有关）；Ⅺ. 过渡区。

随着测试技术的飞速发展以及分析精度的不断提高，如扫描电镜、高精度电子探针（EMPA）及激光剥蚀电感耦合等离子质谱仪（LA-ICP-MS）等仪器的相继问世，准确快速的单矿物高精度元素分析测试等成为现实，从而掀起了新一轮的磁铁矿微量元素化学成分研究热潮。国内外矿床学领域的权威期刊上相继发表了一系列关于磁铁矿地球化学成分特征研究（以 LA-ICP-MS 测试为主）的论文。这些研究中，磁铁矿微量元素成分对深入探讨矿床成因机制起到了较好的指示作用。目前国内外应用最广泛的矿床类型判别图是 Dupuis 和 Beaudoin（2011）基于大量的磁铁矿化学成分数据提出的（$Ca+Al+Mn$）-（$Ti+V$）判别图解（Nadoll et al.，2014 又对其进行了一定的修正），用于区分夕卡岩型、斑岩型、IOCG 型、BIF 型、Kiruna 型和钒钛磁铁矿型等不同含磁铁矿成矿系统（图 5.11），近几年大部分关于单个矿床或区域性磁铁矿成分的研究都参考了这一判别图解。

然而，磁铁矿不仅容易受到溶解–再沉淀、氧化–出溶、重结晶作用而发生再平衡（Hu et al.，2014，2015；Huang and Beaudoin，2019），而且受结晶后热液流体影响易发生扩散重置（Cooke et al.，2017），使得磁铁矿的成分发生改变，如 Si、Mg、Ca、Al、Mn、Ti 等含量发生明显变化，因而利用 Dupuis 和 Beaudoin（2011）的判别图解进行矿床类型的识别会出现多解的情况（赵振华和严爽，2019）。实际上图解中的不同矿床类型之间的分界线不是截然的，而是过渡的。有些图解中的元素含量之间差别很大，如 Ca+Al+Mn 的 Ca 与 Al、Mn 含量有数量级差别，Ca 的含量也常常是磁铁矿中包裹体引起（Nadoll et al.，2015）。因此，在利用磁铁矿的微量元素化学成分进行矿床成因类型判别的研究时必须要结合精细的结构分析。

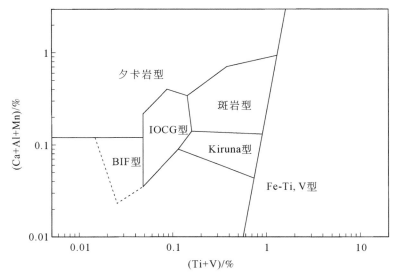

图 5.11　矿床类型判别图解（据 Dupuis and Beaudoin，2011）

5.3.2　IOCG 矿床研究实例

1. Mina Justa 矿床地质与蚀变特征

Mina Justa 铜矿床（346.6 Mt @ 0.71% Cu，3.83 g/t Ag 和 0.03 g/t Au；Chen et al.，2011）位于秘鲁南部的 IOCG 成矿带内（图 5.12a）。矿床赋存在中–晚侏罗世 Rio Grande 组上部岩石中，该组岩性主要为斑状安山质熔岩和中到细粒的安山质火山碎屑岩及少量的砂岩、泥岩和灰岩（图 5.12b；Caldas，1978；Hawkes et al.，2002；Baxter et al.，2005）。Mina Justa 铜矿体主要分为主矿体和上部矿体两部分，二者在空间上受近平行的北东向且向东南缓倾的断层控制，矿体垂直延伸范围在 10～200 m 之间（图 5.12b；Chen et al.，2010a；Baxter et al.，2005）。主矿体为不连续的铜氧化物和钠长石–钾长石–阳起石蚀变带，出露长度约为 400 m，以 10°～30°的角度向东南方向倾斜；上部矿体在剖面上呈现为被拉长的椭圆形，位于主矿体东南方向约 400 m 处，与主矿体近平行排列，也以 10°～30°的角度向东南方向倾斜（图 5.12b）。矿区浅部还出露北东–南西向的磁铁矿透镜状矿体，通常含有少量的铜氧化物，局部被南东向倾斜的 Mina Justa 正断层所切割。矿床上部200 m 内的主要矿物为铜氧化物，向深部逐渐过渡为硫化物。单个矿体中的硫化物在剖面上从下往上具有明显的分带特征 [黄铁矿–黄铜矿→斑铜矿–辉铜矿（±蓝辉铜矿）]，局部地区在横向上也出现类似的分带，这种分带方式指示越向下铜的品位越高。在磁铁矿–硫化物矿体附近，蚀变自下向上也具有分带特征，依次为钾化蚀变（主要为钾长石）→钙化蚀变（阳起石）→钠化蚀变（钠长石）。钾长石化和方解石化在空间上分别与铁氧化物和铜硫化物的发育密切相关。铜矿化区的上部通常发育赤铁矿化。

　　结合脉体穿切关系及矿物组合特征，Mina Justa 铜矿床成矿作用过程可以分为四个阶段：早期矿化阶段（Ⅰ）、赤铁矿阶段（Ⅱ）、磁铁矿–黄铁矿阶段（Ⅲ）和铜矿化阶段（Ⅳ）（Chen et al., 2010a）。早期矿化阶段主要形成钠长石、微斜长石、透辉石和阳起石等矿物。Mina Justa 矿床与铁氧化物成矿相关的主要是阶段Ⅰ和Ⅱ。阶段Ⅱ实际上并未观察到明显可见的赤铁矿，而是由所观察到的穆磁铁矿推测出来的一个阶段（Chen et al., 2010a），穆磁铁矿是指磁铁矿交代赤铁矿后仍保留赤铁矿晶形者，即假象磁铁矿。他形–半自形的中粗粒方解石充填于穆磁铁矿的三角空隙中，局部被石英、磁铁矿所交代。这一阶段暂时将早期蚀变阶段和安山岩中的主磁铁矿化分开了。阶段Ⅲ主要包括磁铁矿、黄铁矿、石英和绿泥石等矿物。可观察到中粗粒黄铁矿局部被后一阶段的黄铜矿细脉所穿切（图 5.13a）。磁铁矿根据其形态可分为两种类型：一种是与黄铁矿和石英共生的板状穆磁铁矿（T_{M1}），其间隙通常被黄铜矿所充填（图 5.13a, c）；另一种是自形粒状磁铁矿（T_{M2}），通常与黄铁矿和石英共生（图 5.13b），局部被后期的方解石脉穿切（图 5.13g）。铜矿化阶段主要形成铜硫化物，如黄铜矿、斑铜矿、辉铜矿等。

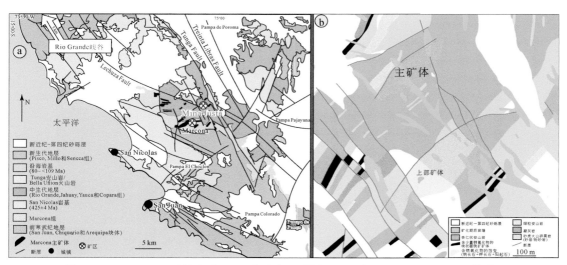

图 5.12　Mina Justa 区域地质（a）和矿床地质图（b）（据 Chen et al., 2010a 修改）

2. Mina Justa 矿床磁铁矿结构与地球化学特征

　　利用扫描电镜详细观察两种类型磁铁矿的表面结构特征，发现 T_{M1} 磁铁矿的背散射（BSE）图像可以明显观察到三条不同亮度的环带（核部亮带、中间暗带和边部亮带），其中，核部亮带（T_{M1}-1）含有大量的微孔隙和矿物包裹体，被中间暗带（T_{M1}-2）强烈交代，边部（T_{M1}-3）也为亮带，但缺乏微孔隙及矿物包裹体（图 5.13d, e）。T_{M1}-1 磁铁矿中的包裹体通常为硅酸盐矿物或者是含钨矿物（如白钨矿，图 5.13f）。T_{M2} 磁铁矿的 BSE

图像中也呈现出两种不同亮度的环带，暗带（T_{M2}-1）和亮带（T_{M2}-2）共生，边界不规则（图 5.13h）。

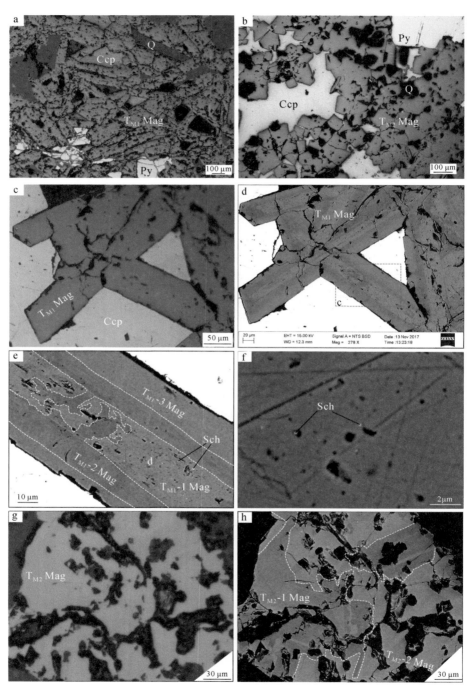

图 5.13　Mina Justa 矿床两种类型磁铁矿的显微及背散射照片

矿物缩写：Q. 石英；Mag. 磁铁矿；Ccp. 黄铜矿；Py. 黄铁矿；Sch. 白钨矿

利用 XRD 和激光拉曼测试方法来分析上述两种类型磁铁矿的结构特征。XRD 分析结果显示，T_{M1} 磁铁矿的晶胞参数为 $a = 8.3894$ Å，略小于磁铁矿的标准晶胞参数值（PDF No. 19-0629，$a = 8.396$ Å）。T_{M2} 磁铁矿的晶胞参数 $a = 8.3909$ Å，在误差范围内与 T_{M1} 磁铁矿的基本相同。T_{M1} 磁铁矿 {311} 峰的半峰全宽（FWHM）为 $0.205°$，T_{M2} 磁铁矿的半峰全宽为 0.228，指示 T_{M1} 磁铁矿的结晶度可能要略高于 T_{M2} 磁铁矿（Crepaldi et al., 2003）。激光拉曼的测试结果表明，所有样品均显示出磁铁矿的拉曼特征峰，即约 298 cm^{-1} 处的一个弱峰和约 540 cm^{-1}、约 667 cm^{-1} 处的两个强峰。此外，板状磁铁矿的核部亮带（T_{M1}-1）在 225 cm^{-1}、406 cm^{-1} 和 1320 cm^{-1} 三处还显示了赤铁矿的拉曼特征峰，说明 T_{M1}-1 磁铁矿中存在赤铁矿。

EPMA 成分分析结果显示，穆磁铁矿的三个条带分别对应三组不同的成分：T_{M1}-1 磁铁矿具有最低的 SiO_2（0.07%）、Al_2O_3（0.05%）、MgO（0.02%）含量和最高的 FeO（92.45%）含量，而 CaO 的含量大多低于检测限（b. d. l）；T_{M1}-2 磁铁矿具有最高的 SiO_2 含量（1.58%）、CaO（0.23%）、Al_2O_3（0.32%）、MgO（0.12%）含量和最低的 FeO（90.28%）含量；T_{M1}-3 磁铁矿含有中等含量的 SiO_2（0.51%）、CaO（0.08%）、Al_2O_3（0.07%）、MgO（0.04%）和 FeO（91.94%）含量。这三者的 MnO（分别为 0.05%、0.06%、0.04%）、V_2O_3（分别为 0.03%、0.03%、0.03%）、TiO_2（分别为 0.01%、0.03%、0.01%）含量相似。NiO 和 Cr_2O_3 的含量大多低于检测限。

同样地，粒状磁铁矿的两个条带分别对应两组不同的成分：T_{M2}-1 磁铁矿具有较高的 SiO_2（1.37%）、CaO（0.25%）、Al_2O_3（0.4%）、MgO（0.22%）、MnO（0.09%）、TiO_2（0.15%）含量和较低的 FeO（89.82%）、V_2O_3（0.26%）含量；而 T_{M2}-2 磁铁矿具有较低的 SiO_2（0.30%）、Al_2O_3（0.11%）、MgO（0.04%）、MnO（0.06%）、TiO_2（0.08%）含量和较高的 FeO（90.19%）、V_2O_3（0.42%）含量。NiO、CaO 和 Cr_2O_3 的含量大多低于检测限。一般而言，T_{M1}-2 和 T_{M1}-3 磁铁矿的元素含量（如 Si、Ca、Al）分别与 T_{M2}-1 和 T_{M2}-2 的磁铁矿相似，而 T_{M1} 磁铁矿的 V_2O_3 含量整体上要低于 T_{M2} 磁铁矿。

热液磁铁矿的化学成分受多种因素控制，如流体组成、共晶矿物性质、矿物形成过程中的温度（T）和氧逸度（fO_2）等（Nadoll et al., 2014）。Mina Justa 矿床中，两种类型的磁铁矿均形成于阶段Ⅲ，表明它们是由相似的热液流体形成的。穆磁铁矿和粒状磁铁矿与相同的矿物组合共生，如硫化物（黄铁矿和少量黄铜矿）和石英，表明共晶矿物的性质可能不是这两种磁铁矿组成明显差异的主要控制因素。

温度被认为是热液磁铁矿的主要控制因素，因为元素分配系数与温度密切相关（McIntire, 1963; Sievwright et al., 2017）。高温斑岩型和夕卡岩型磁铁矿中的微量元素含量相对较高，而未变质的条带状铁建造（BIF）中的磁铁矿的微量元素含量最低（Nadoll et al., 2014）。铁氧化物中的钛通常被认为与温度呈正相关性（Dare et al., 2012; Nadoll et al., 2012）。此外，Nadoll 等（2014）认为 Ti+V-Al+Mn 图解在一定程度上可以反映温度的变化，即高温磁铁矿组成落在高 Ti+V 和 Al+Mn 值区域。T_{M1}-2 磁铁矿具有最高的 Ti+V 和 Al+Mn 含量（图 5.14a），指示从 T_{M1}-1 到 T_{M1}-2 再到 T_{M1}-3，温度先有所升高后降低。T_{M2}-1 磁铁矿的 Ti+V 和 Al+Mn 含量也略高于 T_{M2}-2 磁铁矿，说明从 T_{M2}-1 到 T_{M2}-2 温度呈现降低的趋势。整体上而言，相对于 T_{M1} 磁铁矿，T_{M2} 磁铁矿可能是在更高的温度下形成的

（图 5.14a）。

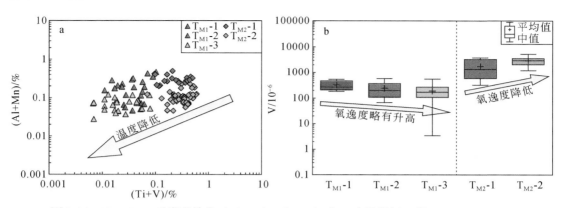

图 5.14　Mina Justa 矿床磁铁矿（Al+Mn）-（Ti+V）和 V 含量图解（据 Hu et al.，2020）

　　氧逸度也可以通过控制元素分配系数来影响磁铁矿的化学成分。一些元素（比如钒）可以以不同的价态出现，因此它们的行为与 fO_2 密切相关（Nielsen et al.，1994；Righter et al.，2006）。钒在自然环境中的氧化态可以在+3 ~ +5 价之间变化。在这些价态中，V^{3+} 与磁铁矿尖晶石结构的相容性最高（Balan et al.，2006；Righter et al.，2006）。因此，随着 fO_2 的增加，V^{3+} 在磁铁矿中的分配系数减小，即磁铁矿中的 V 含量减少。对于 Mina Justa 磁铁矿，从图 5.14b 上可以看出，T_{M1} 磁铁矿的 V 含量低于 T_{M2} 磁铁矿，说明 T_{M1} 磁铁矿的 fO_2 要高于 T_{M2} 磁铁矿。此外，在 T_{M1}-1、T_{M1}-2 和 T_{M1}-3 磁铁矿中，钒含量的变化不明显，说明在穆磁铁矿的不同条带中，fO_2 没有发生明显的变化。与 T_{M2}-2 磁铁矿相比，T_{M2}-1磁铁矿的 V 含量较低，说明 fO_2 从 T_{M2}-1 到 T_{M2}-2 磁铁矿略有下降（图 5.14b）。

　　根据上述讨论可知，原生赤铁矿（图 5.15）可能是从早期岩浆–热液流体中结晶形成的，在 fO_2 急剧下降后转变为 T_{M1}-1 磁铁矿，由于这一过程会造成体积减小，因此 T_{M1}-1 磁

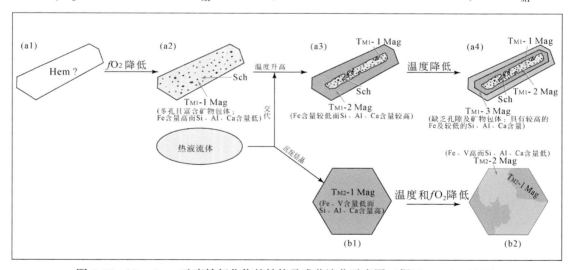

图 5.15　Mina Justa 矿床铁氧化物的结构及成分演化示意图（据 Hu et al.，2020）

矿物缩写：Hem. 赤铁矿；Sch. 白钨矿；Mag. 磁铁矿

铁矿中形成了大量的微孔隙和矿物包裹体。随着温度的升高，T_{M1}-1 磁铁矿被热液流体交代，形成了 Fe 含量较低而 Si、Al、Ca 含量较高的 T_{M1}-2 磁铁矿。随后由于温度的降低，Si、Al、Ca 进入磁铁矿晶格的数量减少，形成了 Si、Al、Ca 含量低且缺少微孔隙和矿物包裹体的 T_{M1}-3 磁铁矿，最终就形成了具有不同亮暗环带的板状穆磁铁矿。而粒状磁铁矿（T_{M2}）可能是最初从与形成 T_{M1}-2 相同的热液流体中直接沉淀结晶形成的，然后受到温度和 fO_2 降低的影响，形成了 Si、Al、Ca 含量低而 Fe 含量高的 T_{M2}-2（图 5.15）。

5.3.3　IOCG 矿床磁铁矿成因机制与勘查标识总结

IOCG 系统中通常存在两种类型的磁铁矿：板状和粒状磁铁矿，其中板状磁铁矿是穆磁铁矿（即是由赤铁矿转变而来，且保留了赤铁矿的长板状外形）。成矿流体的成分、成矿环境的温度和氧逸度等条件的变化是导致 IOCG 系统中不同类型磁铁矿形成的主要机制，这些条件的变化造成了磁铁矿复杂的地球化学成分特征及物理结构特征。即使是处于同一蚀变阶段的铁氧化物，受热液流体物理化学条件变化的影响，也可能经历了非常复杂的演化过程，其微量元素成分在成因判别图解中显示出较大的分散性，这对于我们利用磁铁矿来识别矿床类型也是一种巨大的挑战。磁铁矿由于其特殊的晶体结构，可以赋存多种微量元素。磁铁矿在形成过程中微量元素进入磁铁矿晶体的过程是复杂的，在解释磁铁矿中微量元素的赋存机制及其对矿床的形成意义、矿床类型判别时应慎重，需结合精细的矿物组合、形成期次和物理结构（如原生热液磁铁矿受后期热液作用发生溶解–再沉淀等）分析。根据磁铁矿的地球化学特征的变化能够推断形成环境的变化，不仅对岩石及矿床成因具有重要的指示意义，对于找矿勘查也具有一定的启示作用。

5.4　造山型金矿

5.4.1　造山型金矿特征

造山型金矿床的概念最先兴起于国外，指产于区域上各个时代变质地体中，在时间和空间上与增生造山或碰撞造山密切相关，形成于汇聚板块边界受到韧–脆性断裂控制的脉型和浸染型金矿床系列（Groves et al.，1998）。该类矿床包括了赋存于前寒武纪克拉通和显生宙造山带内变质地体中曾以矿床形成深度和温度（低温、中温、高温热液型）、构造样式（韧性剪切带型）、赋矿围岩（绿岩带型、板岩型、浊积岩型、BIF 型）、矿化样式（脉型、石英–碳酸盐脉型、浸染型等）、成矿年代（太古宙金矿床）等命名和分类的各类金矿床（Keppie et al.，1986；Nesbitt et al.，1986；Groves et al.，2003）。我国学者王庆飞等（2019）通过总结国内外造山型金矿产出的构造背景、成矿模式、流体迁移沉淀的控制因素等，指出造山型金矿的主体特征为：与大洋板块俯冲和陆块拼贴有关、产在汇聚板块边界变质地体内部或者边缘受韧–脆性断裂构造控制的，成矿流体以低盐度 H_2O-CO_2-CH_4 为主要特征的，成矿深度在 2~20 km 和温度在 200~650 ℃ 及其相应的蚀变矿化组合有较大变化的系列金矿床。

基于造山型金矿地壳连续成矿模式，根据矿床形成深度，造山型金矿可以分为浅成型（≤6 km，150~300 ℃）、中成型（6~12 km，300~475 ℃）以及深成型（>12 km，>475 ℃）（图5.16；Groves et al.，1998）。浅成型主要形成 Au-Sb 矿，中成型主要形成 Au-As-Te 矿，深成型则主要形成 Au-As 矿。由于围岩含有不同的变质矿物组合，不同深度的造山型金矿的热液蚀变矿物组合也存在着差异（Bierlein and Maher，2001）。蚀变带的宽度变化也较大，可以有几百米的范围，总体来说蚀变比较弱，或者是隐性的蚀变带，只能由同位素和微量元素的变化才能鉴定出来（卢焕章等，2018）。深成造山型金矿主要发育在前寒武纪角闪岩相或麻粒岩相变质的绿岩带中，以脉状金矿为主，金主要以自然金的形式与硫化物共生于石英脉中，围岩蚀变带较窄，热液脉两侧发育硫化物（黄铁矿、磁黄铁矿为主）-黑云母-角闪石-石榴子石蚀变矿物组合（图5.16），远端发育斜长石及角闪石矿物组合（Phillips and Powell，2009，2010；Tomkins and Grundy，2009）；中、浅成造山型金矿主要发育在绿片岩相变质的沉积岩和基性岩中，其热液蚀变带较宽(0.5~2.0 km)，近矿端以发育白云母、铁/镁碳酸盐、石英、钠长石和硫化物等蚀变矿物为特征（图5.16），远矿端则以发育绿泥石、绿帘石、方解石、石英等蚀变矿物组合为特征，且未见明显硫化物（王庆飞等，2019；Eilu et al.，1999）。

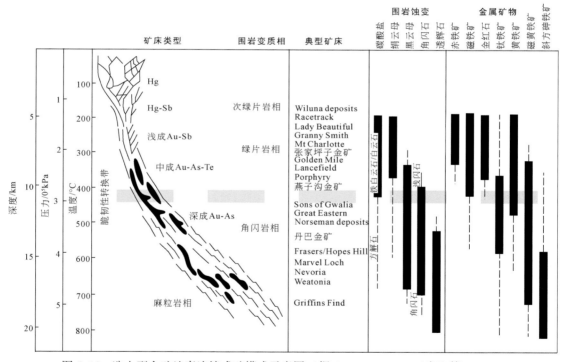

图5.16　造山型金矿地壳连续成矿模式示意图（据 Groves，1993；王庆飞等，2019）

造山型金矿中的硫化物主要分布在石英碳酸盐脉中或者以浸染状分布在蚀变围岩中。其中绿片岩相变质沉积岩中以发育毒砂为主，绿片岩相变质火山岩中则主要发育黄铁矿和磁黄铁矿；角闪岩相变质岩中主要发育磁黄铁矿，中级角闪岩相–麻粒岩相变质岩中主要发育斜方砷铁矿（Goldfarb et al.，2005）。根据含矿脉体的矿物组合和穿插关系，其矿化总体可以分为 4 个阶段，分别为乳白色石英黄铁矿阶段、含金石英黄铁矿阶段、含金多金属硫化物石英阶段和碳酸盐阶段（卢焕章等，2018）。通过对矿床控矿构造几何学样式的研究发现，褶皱转折端和层间滑脱带通常是矿体赋存的有利部位，而对于剪切带或断裂控制的造山型金矿，断裂弯曲转折端、剪切带张性或压性衔接部位、里德尔剪切派生裂隙以及不同断裂相交点常常是矿体出现的主要场所。此外，由于花岗质侵入体的存在，侵入体与其他岩性接触部位的最大主应力方向发生明显偏转，导致岩性接触带具有异常低的最小主应力，易于流体侵入，因此花岗质侵入体形成的岩性接触带也是造山型金矿产出的重要部位（Groves et al.，2018）。

关于造山型金矿的成因模式，主要有大陆地壳变质流体成因模式、地幔流体成因模式、岩浆热液成因模式。由于岩浆热液流体来源的造山型金矿，与 Sillitoe 和 Thompson（1998）提出的侵入体相关金矿具有诸多相似特征，同时 Goldfarb 和 Groves（2015）认为岩浆热液流体并不是造山型金矿的流体和物质来源，王庆飞等（2019）也认为如果造山型金矿物源来自岩浆热液流体，那么区分这两种类型金矿将毫无意义，因此将岩浆热液流体来源的造山型金矿归为侵入体相关金矿，于是关于造山型金矿的成因讨论集中为变质流体成因模式和地幔流体成因模式。变质流体成因模式适用于全球众多产在绿片岩相中的显生宙造山型金矿（Phillips and Powell，2009，2010，2015；Tomkins and Grundy，2009；Tomkins，2010）；地幔流体成因模式则可以解释许多特殊的矿床，如全球前寒武纪深成造山型金矿和中国许多显生宙造山型金矿（胶东、哀牢山、丹巴等金矿带；王庆飞等，2019）。

5.4.2　造山型矿床研究实例

相对于斑岩和夕卡岩系统，蚀变矿物地球化学勘查方法在造山型金矿中的应用较少，目前光谱分析主要集中于白云母和黑云母的研究，标型矿物特征研究方面则主要集中于石英和黄铁矿。我们挑选了赋存于次角闪岩相（绿片岩相）变质地体中的西奥 Sunrise Dam 和 Kanowna Belle 金矿床（Sung et al.，2009；Wang et al.，2017）、赋存于角闪岩相变质地体中的坦桑尼亚 Geita Hill（van Ryt et al.，2017，2019）和巴西 Pedra Branca 金矿床（Naleto et al.，2019）以及我国胶东三山岛北部海域（宋英昕等，2021）和玲珑金矿（申俊峰等，2013）作为应用实例，主要介绍了这些矿床的地质特征、蚀变矿化、蚀变矿物光谱特征参数以及石英和黄铁矿的矿物标型特征对矿体的指示意义。

1. 西奥 Kanowna Belle 和 Sunrise Dam 金矿床

Kanowna Belle 和 Sunrise Dam 金矿床位于西澳大利亚伊尔岗克拉通（Yilgarn craton）东部，即由卡尔古利（Kalgoorlie）、肯那皮（Kurnalpi）和伯特维尔（Burtville）组成的东部金矿田超级地体（eastern goldfields superterrane）。已有研究表明这两个矿床均赋存于次角闪岩相（绿片岩相）变质地体中的太古宙造山型金矿床。Kanowna Belle 金矿位于卡尔古利地体东缘，出露的基底地层是由拉斑玄武岩和科马提质的基性-超基性岩组成的Kambalda 组，盖层岩石为 Black Flag 组的火山碎屑岩序列。区内可见 Mount Shea 斑岩（2658±3 Ma）侵入到 Black Flag 组中。矿床主要赋存于酸性火山碎屑岩和斑岩中，金矿体主要受 NE-SW 向的 Fitzroy 断裂及其次级活化断裂控制，在 Black Flag 组中由脉体和蚀变岩组成的岩石碎屑内可见有少量的自然金。矿化主要分布在白云母-石英脉、碳酸盐角砾、碳酸盐-白云母-石英脉以及黄铁矿-石英-碳酸盐脉中。Sunrise Dam 金矿位于肯那皮地体东缘，出露的基底岩石为基性火山岩、中性钙碱性杂岩和含长石变质沉积岩，盖层岩石主要为双峰式玄武岩和流纹岩以及中酸性钙碱性杂岩。矿床主要赋存于绿片岩相变质的玄武岩、辉绿岩基、条带状铁建造以及火山沉积岩中，长期的变质变形和构造活化形成了多阶段的金矿化。矿体受 NE 向的构造带控制，矿化主要与充填在构造带中的硫化物-石英-碳酸盐脉有关，局部脉体中可见有自然金，近脉蚀变以强烈的绢云母+铁白云石或白云石为主，远脉蚀变以绿泥石+方解石为主。

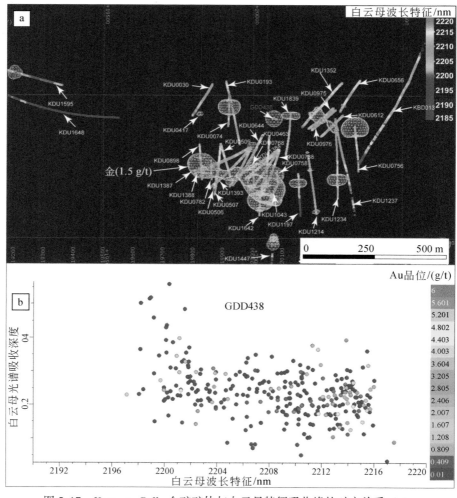

图 5.17　Kanowna Belle 金矿矿体与白云母特征吸收峰的对应关系（a）；
钻孔 GDD438 中矿石品位与白云母特征吸收峰的对应关系（b）（据 Wang et al.，2017）

Wang 等（2017）使用岩心光谱扫描仪（HyChips6.4）分别对 Kanowna Belle 矿床 42 个钻孔和 Sunrise Dam 矿床 24 个钻孔开展了岩心光谱扫描，同时使用野外便携式光谱仪（ASD-FS4 Hi-Res）分别对两个矿床中的 6 个钻孔样品开展了短波红外光谱测试（SWIR）。随后使用光谱地质师（TSG；Version 7.1.0.062）软件对数据进行了解译和处理。

岩心扫描结果与地质编录的三维成图结果显示 Kanowna Belle 矿床和 Sunrise Dam 矿床中白云母 2200 nm 的特征吸收峰位变化与金矿体显示出明显的空间对应关系。其中 Kanowna Belle 矿床的金矿体对应于发育较长波长的富硅白云母族矿物（2205~2215 nm；图 5.17a）。这一现象与便携式短波红外光谱仪在 Kanowna Belle 矿床单个钻孔样品中的研究结果一致，即高品位样品对应于发育多硅白云母的部位（图 5.17b）。同时显微镜下观察和电子探针测试也显示在蚀变较强的富金区域，主要发育浸染状的多硅白云母+钠长石+铁白云石+黄铁矿±少量的磁铁矿。相比之下，Sunrise Dam 矿床却表现出相反的特征，其钻孔岩心扫描和单孔短波红外测试结果均表明矿体部位主要发育波长较短的贫硅白云母族矿物（2190~2205 nm；图 5.18），包括钠云母和白云母。显微镜下观察和电子探针测试也证实了这一结论，即蚀变较强的富金区域主要发育石英+方解石+铁白云石+钠云母+白云母±绿泥石的矿物组合。相同的矿床类型、相似的蚀变矿物，为何会产生相反的成矿指示特征，作者通过进一步的研究发现导致这一差异的原因可归咎于其成矿流体性质的差异，其中 Kanowna Belle 矿床以发育氧化、碱性、富硅流体为特征，而 Sunrise Dam 矿床则以发育还原、酸性、富铁、贫硅流体为特征。以上研究表明，由于流体性质、围岩特征等的不同，即使相同的矿床类型，相似的蚀变矿物，其光谱特征参数在不同矿床中的变化规律也不尽相同，但是其均显示出对金矿体较好的指示意义，为白云母族矿物在金矿找矿勘查过程的应用提供了较好的范例。

2. 坦桑尼亚 Geita Hill 金矿床

Geita Hill 金矿床是坦桑尼亚世界级金矿山盖塔（Geita）的重要组成部分，也是目前坦桑尼亚最大的金矿床之一。盖塔金矿山自 2000 年投产以来已经生产了约 260 t 的金，目前估算金资源量 202 t。Geita Hill 金矿床位于坦桑尼亚克拉通北部的盖塔绿岩带内，是一个典型的新太古代造山型金矿床。盖塔绿岩带呈 EW 向展布，主要由火山-沉积岩组成，隶属于尼安萨群（Nyanzian Supergroup，2820~2700 Ma），其基底岩石为玄武岩，盖层为一套碎屑-火山碎屑沉积岩夹黑色页岩序列。这套沉积岩显示出了浊流沉积的特征，其中富磁铁矿的粉砂岩、页岩和燧石层在整个浊积岩序列中广泛分布，普遍遭受了绿片岩相-角闪岩相的变质作用，是金矿化的主要围岩。此外，还可见有闪长岩侵入（2699±9 Ma）到沉积盖层中。Geita Hill 矿床的金矿化与东西向展布的近直立石英脉以及与之相关的角砾岩带关系密切，高品位金矿石主要分布于闪长岩和含燧石-磁铁矿变质沉积岩的碎裂接触带内。与金矿相关的硅化、硫化以及钾化蚀变主要分布在含金石英脉、含金微裂隙网脉以及硫化物中。矿石矿物主要为黄铁矿，其次为磁黄铁矿以及少量的黄铜矿、闪锌矿和方铅矿。脉石矿物主要为石英、黑云母、钾长石以及少量的方解石、磷灰石和独居石等。金以游离金和金碲化物包裹体的形式存在于黄铁矿、黑云母和钾长石的粒间以及黄铁矿的晶格中。

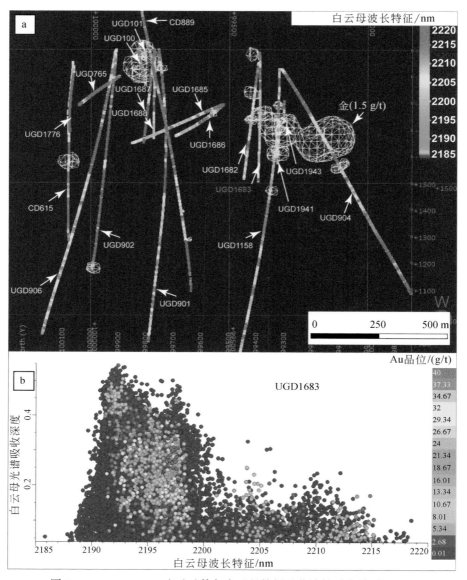

图 5.18　Sunrise Dam 金矿矿体与白云母特征吸收峰的对应关系（a）；
钻孔 UGD1683 中矿石品位与白云母特征吸收峰的对应关系（b）（据 Wang et al.，2017）

　　Geita Hill 金矿床的变质矿物组合为黑云母+钾长石+阳起石±磁黄铁矿，通常被与矿化相关的石英+黑云母+钾长石+黄铁矿组合所叠加，几乎相似的蚀变矿化组合增加了确定成矿流体来源以及作用空间范围的难度。为此，van Ryt 等（2019）对 Geita Hill 矿床 3 个钻孔 73 个样品进行了详细的地质编录，并开展了电子探针和短波红外光谱（PIMA-SP field spectrometer）研究，识别出了岩浆黑云母、变质黑云母以及热液黑云母。短波红外光谱测试结果显示黑云母铁羟基（Fe-OH）特征吸收峰（2250 nm）明显，波长变化范围为 2240~2265 nm，与围岩金含量呈现出较好的相关关系，即随着黑云母 2250 nm 峰位向短波方向的偏移，金矿石的品位将随之升高。这一特征对区分贫矿区（<0.01 g/t Au）和矿化区（≥1 g/t Au）的效果更为明显，贫矿区黑云母的 Fe-OH 吸收峰位为 2250~2265 nm，矿化区黑云母的 Fe-OH 吸收峰位为 2240~2255 nm（图 5.19）。这种变化也体现在黑云母 Fe/（Fe+Mg）的变化上，即黑云母 Fe/（Fe+Mg）减小的方向指示着靠近矿体的位置（图 5.19）。这是由于矿化带内发育强烈的硫化作用，以形成富镁的黑云母为主，而远离矿化带则以发育富铁的黑云母为主。以上研究表明，当各类黑云母叠加时，短波红外光谱以及电子探针测试对识别不同种类黑云母具有较好的效果。同时，黑云母的 Fe/（Fe+Mg）值和光谱特征峰位（2250 nm）的变化对金矿体的位置以及矿与非矿能够较好地区分，为黑云母蚀变在造山型金矿的找矿勘查应用提供了较好的范例。

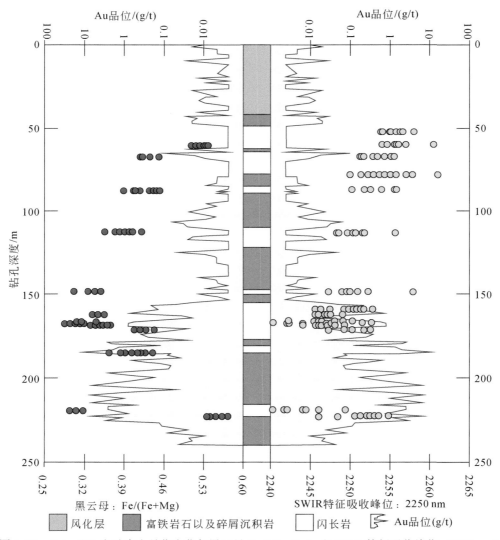

图 5.19　Geita Hill 金矿床金品位变化与黑云母 Fe/（Fe+Mg）和 SWIR 特征吸收峰位（2250 nm）之间的相关关系（据 van Ryt et al., 2019）

3. 巴西 Pedra Branca 金矿床

Pedra Branca 金矿床位于巴西东北部的特罗亚地块（Troia Massif），是近年来发现的一个赋存于古元古代 Serra das Pipocas 绿岩带中角闪岩相变质地体中的造山型金矿。Serra das Pipocas 绿岩带主要由太古宙变质火山–沉积地层组成，遭受了高绿片岩相至高角闪岩相的变质作用。其基底岩石由变质玄武岩组成（角闪岩、石榴子石角闪岩），夹变质沉积岩和变质基性–超基性侵入岩，盖层主要由含石墨、蓝晶石的片岩、片麻岩组成，并夹有中酸性的变质火山岩和少量的变质杂砂岩、石英岩和大理岩。Pedra Branca 金矿主要沿着 NE-SW 向的区域剪切带分布，即绿岩带基底岩石和盖层岩石的地层分界线。矿体主要分布在变质英云闪长岩、中–基性变质火山岩和变质沉积岩中。金矿化带沿走向延伸长约 400 m，厚约 1～5 m，品位为 2～7 g/t。金矿化主要与褶皱石英脉和钙硅酸盐蚀变有关。硫化物呈浸染状分布在片理面中，呈粒状分布在充填于脆韧性构造和断裂面内的石英和碳酸盐脉中。变质火山–沉积岩层中的热液蚀变矿物包括透辉石、角闪石、钾长石、黑云母、榍石、磁黄铁矿、黄铁矿、磁铁矿、钛铁矿、碳酸盐、±黄铜矿和±绿泥石。透辉石通常被角闪石交代，磁黄铁矿通常被黄铁矿交代。钙硅酸盐蚀变中榍石的 LA-ICP-MS 定年结果显示金矿化形成于古元古代（2029±27 Ma）。金通常以自然金的形式产在石英碳酸盐脉内的热液黑云母和角闪石中。这些热液脉体被分为两类：Ⅰ类为变形的绿色石英碳酸盐脉，Ⅱ类为晚期的白色石英碳酸盐脉。根据镜下观察，Ⅰ类脉体中以辉石蚀变为角闪石和绿帘石为特征，并伴随有钾长石、斜长石、绢云母、榍石和硫化物，XRD（X 射线衍射）分析还确定了黑云母（金云母）、黄铁矿和白云母的存在。Ⅱ类脉体主要以晶形较好的白云母为特征，并伴随有绿泥石和绢云母化的钾长石，XRD 分析还确定了黑云母（金云母）、角闪石和斜长石存在。

钻孔样品可以提供局部尺度的找矿信息，而地表露头样品则可以提供整个矿床尺度不同岩性的变化以及不同矿物组合的风化信息。钻孔样品光谱特征显示Ⅰ类脉体中的白云母主要为富铝白云母，Ⅱ类脉体中的白云母包括富铝白云母和贫铝白云母两种，而且贫铝白云母主要靠近矿体部位分布（图 5.20）。因此，贫铝白云母可以作为矿化脉体的指示矿物。地表露头样品的光谱特征显示结构有序的高岭石，发生了 Fe 的替代作用，是含贫铝白云母样品风化的产物，这与前人在西澳大利亚的默奇森金矿集区（Murchison Goldfields）太古宙金矿中的研究结果一致。考虑到贫铝白云母与矿化脉体的紧密关系，这些高岭石因此可以作为风化带内矿化的指示矿物。随后作者将机载高光谱矿物填图结果与矿区已有土壤化探异常进行了比对，发现化探异常区与高岭石发育区域具有很好的空间对应关系，进一步说明风化高岭石对矿化具有良好的指示作用，同时也说明机载高光谱矿物填图可以作为圈定找矿远景区的有效手段。

4. 我国胶东三山岛北部海域金矿和玲珑金矿

胶东地区是我国最大的金矿集中区之一，也是大型、特大型金矿床数目最多、最集中的地区。胶东地区大地构造位置属华北地台，是中国东部中–新生代大陆边缘活动带（也称滨太平洋成矿带）的重要组成部分。三山岛北部海域金矿床位于胶东半岛西北部的渤海近岸海域，是中国首个在海底之下发现的全隐伏超大型金矿床，金资源量达约 470 t。矿区及周边区域除在临海的三山岛上见有零星的侏罗纪玲珑型花岗岩出露外，其余均被第四系和海水覆盖。矿区内中生代煌斑岩、辉绿玢岩发育，个别钻孔内见少量石英闪长玢岩、闪长玢岩。

　　矿体主要赋存于三山岛断裂主裂面以下的黄铁绢英岩化碎裂岩带中下部，矿床的围岩蚀变类型有钾长石化、黄铁绢英岩化、碳酸盐化等，矿石金属矿物主要为黄铁矿，其次含有毒砂、磁黄铁矿、方铅矿、闪锌矿、黄铜矿等。玲珑金矿区位于胶东西北部的金矿集中区，构造位置处于招平断裂带的北端。

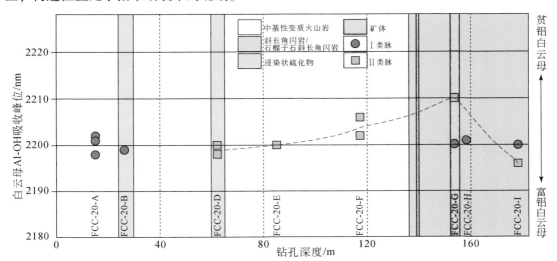

图 5.20　Pedra Branca 金矿床不同脉内白云母光谱特征吸收峰位（2200 nm）的变化特征

（据 Naleto et al., 2019）

　　矿田内地层出露简单，分布范围很小，主要为太古宇胶东群苗家岩组变质岩和新生界第四系松散沉积物。其中，太古宇胶东群变质岩多呈岩浆岩体中的残留体产出。区内岩浆活动强烈，主要出露有玲珑型片麻状黑云母二长花岗岩和郭家岭型似斑状花岗闪长岩。其中玲珑片麻状黑云母二长花岗岩为主要赋矿围岩，局部可见郭家岭花岗闪长岩侵入到玲珑花岗岩中，同样成为赋矿围岩。发育的热液蚀变有钾长石化、硅化、黄铁绢英岩化、绿泥石化及碳酸盐化等。蚀变带一般沿矿脉两侧呈对称分布，以矿脉为中心，自内向外依次表现为黄铁绢英岩化、绢英岩化、钾化，直至未蚀变花岗岩带。

　　宋英昕等（2021）通过对三山岛北部海域金矿的贯通性矿物石英开展热释光和晶胞参数特征的时空分布规律与金矿化关系的系统研究，发现石英热释光曲线以中温单峰、肩峰和不对称双峰为特征，而主成矿阶段发光曲线出现中温峰和高温峰的双峰，发光强度大，同时其热释光峰位温度、发光强度在垂向上的波动变化与矿石金品位套合较好（图 5.21），对金矿体具有较好的指示意义。申俊峰等（2013）通过对玲珑金矿主要载金矿物黄铁矿的标型特征进行研究，发现细粒不规则五角十二面体或复杂聚形黄铁矿晶体含金性高，黄铁矿 S/Fe 值随矿体延深有增高趋势，黄铁矿微量元素总量高是富矿段的找矿标志，且矿体上部、晚期、较低温形成的黄铁矿，其热电系数 α 为正值，属 P 导型；矿体中部、中期、中温条件下形成的黄铁矿，其热电系数或正或负，多属混合导型（P-N 型或 N-P 型）；矿体下部、早期、高温条件形成的黄铁矿，其热电系数为负值，具有 N 导型特点。三山岛北部海域金矿石英热释光、晶胞参数特征和玲珑金矿黄铁矿的标型特征均显示出与金矿体不同程度的对应关系，使得石英和黄铁矿作为金矿找矿勘查的标型矿物成为可能。

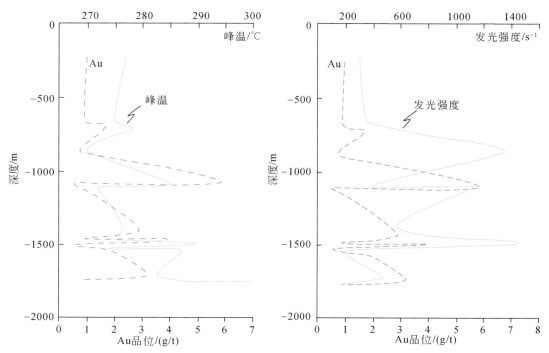

图 5.21　三山岛北部海域金矿 32 号勘探线石英热释光参数垂向变化特征（据宋英昕等，2021）

5.4.3　造山型金矿蚀变矿物勘查标识总结

综合以上研究实例可知蚀变矿物地球化学勘查方法在造山型金矿中也具有良好的应用效果，特别是当围岩变质矿物组合与热液蚀变矿物组合相近时，短波红外光谱等分析手段就显得尤为重要，其特征参数的变化也可能对矿体具有特殊的指示意义。特别要注意白云母光谱特征峰位 2200 nm 和黑云母光谱特征峰位 2250 nm 的偏移以及黑云母 Fe/（Fe+Mg）值的变化与金矿化之间的对应关系。然而不同矿床具有不同的成矿流体性质和围岩特征，导致不同矿床相同蚀变矿物的光谱特征参数的变化规律不尽相同，但这不能否认其在找矿勘查中的重要作用，同时告诉我们在使用蚀变矿物光谱进行以点带面的勘查应用时需要结合区域地质背景、赋矿围岩特征以及成矿流体性质等矿床信息进行综合限定，最终才能准确确定找矿勘查标识。此外，结合详细的地质信息以及钻孔和露头样品的光谱特征，机载高光谱矿物填图也能够在找矿勘查靶区圈定的过程中发挥出重要作用。通过对石英和黄铁矿等与金矿化相关的矿物开展热释光、晶胞参数特征以及矿物标型特征研究，可以获得较好的示矿信息，这些均为开展造山型金矿蚀变矿物勘查研究提供了良好的范例。

第6章 应用前景与研究展望

6.1 蚀变矿物勘查方法应用前景

与地球物理等更为直观的"可视性"勘查方法不同的是，蚀变矿物勘查方法是建立在矿物和元素物理化学特征变化规律研究的基础上，并进一步进行成矿预测，因此对于勘查精度和适用性等方面需要更为细致和深入的对比验证等工作才能进行较为广泛的应用。不同类型矿床之间，甚至同一类型的不同矿床之间，都有可能存在矿物特征指示的差异，从而导致预测体系包括经验公式等适用性的降低。因此，目前蚀变矿物勘查方法总体上仍处于初步研发和丰富完善的阶段，多以单个矿床，单一或多种矿物综合指示研究为主，且基本上都是已知矿床的实例研究，在全球范围较大规模的技术方法应用示范尚不多见。

在国外以澳大利亚国家矿产研究中心（CODES）为代表的研究团队长期致力于斑岩-浅成低温成矿系统蚀变矿物勘查方法研发，积累了大量的数据并已经初步建立起适用于斑岩相关矿床的多种矿物勘查方法体系，特别是绿泥石、绿帘石和明矾石等矿物标识成果已经在近十多年的研发过程中进行了多次的应用验证，获得了较为显著的成功率。这些应用实例主要来自环太平洋构造带中较为年轻的斑岩-浅成低温成矿系统，且多为赞助商（矿业公司）提供其正在进行的勘查项目，因此多数成果为保密材料未进行公布，少量成功应用实例已经通过最近的论文得以展现，如美国亚利桑那州的 Resolution 超大型斑岩铜矿（Cooke et al.，2020a）。该矿床在 2010 年由力拓（Rio Tinto）公司提供作为"盲测"应用实例时，通过绿泥石 Ti/Sr 值经验公式获得的预测矿体与实际位置误差在 200 m 以内，成为当时最为成功的应用实例之一（图 6.1）。然而，不同的斑岩矿床研究实例得出的指标体系或经验公式存在较为显著的差异和适用范围，因此，简单利用少数实例研究得出的经验公式进行矿体距离和位置的测算还具有较大的风险和不确定性。CODES 在 2008~2012 年期间所进行的约 10 例斑岩-浅成低温成矿系统矿体预测中，经验证的成功率可达 50% 以上，这对于一个较新的、尚在初步发展的勘查方法而言是不错的"成绩"。

进入 21 世纪以来，由于测试技术等方面的限制，国内在蚀变矿物勘查方法构建上相对较为薄弱，相应的勘查应用更为少见。近 10 年以来，以中国科学院广州地球化学研究所为代表的部分研究团队也开始重视这方面的研究，并将矿床学机制研究与矿物最新的研究手段相结合，在国外当前蚀变矿物勘查方法研究的基础上，除了进一步拓展斑岩矿床矿物勘查方法的实例研究和应用，也开拓性地对国内夕卡岩型、VMS 型等其他主要热液矿床进行系统性的矿物勘查标识体系研究，并在鄂东南等地区进行了初步应用验证，取得了一定的成果。

总体而言，蚀变矿物勘查方法的研发虽然初具成效，可进一步尝试的矿物还有很多，而目前也仅限于斑岩型、夕卡岩型等少数几种矿床类型，可见其具有广阔的发展前景。但是，勘查应用示范，特别是规模性的广泛应用还十分缺乏，亟须在更多实例研究和方法构建完善的基础上大力推进应用示范，形成蚀变矿物勘查方法"边研发，边检验"的良性发展态势，最终能成为有理论支撑和应用验证的新型高效勘查方法。

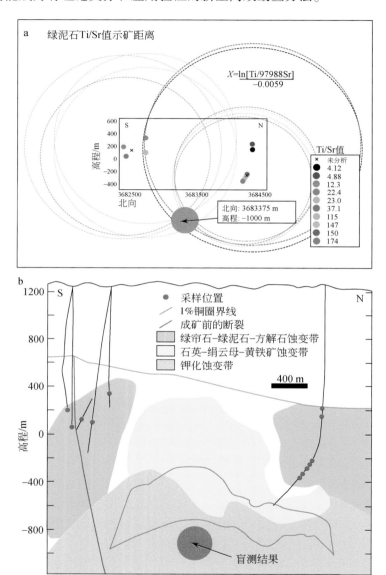

图 6.1　美国亚利桑那州 Resolution 超大型斑岩铜矿利用绿泥石进行矿体预测示意图

（据 Cooke et al., 2020a 修改）

a. 绿泥石 Ti/Sr 值矿体预测（圆圈直径通过印度尼西亚 Batu Hijau 矿床经验公式计算获得）；

b. 矿体预测位置与实际矿体位置对比

6.2 蚀变矿物勘查方法研究展望

蚀变矿物勘查方法是继承前人们在矿床学与成因–找矿矿物学研究的基础上，结合现代矿物结构成分测试技术的突破，针对当前深部隐伏矿体勘查的需求应运而生的一种新的矿产勘查技术手段。与传统物化探及遥感勘查所不同的是，蚀变矿物勘查方法更加强调矿床地质特征的重要性，其勘查标识的提取也是建立在矿床学与矿物学研究的基础上，这使得该方法的研发与应用都与矿床机制研究和成矿模式建立密不可分，增强了勘查标识体系的地质理论支撑，减少了由数据多解性导致的误判，具有一定的优越性和独特性。

从研究性质上来看，蚀变矿物勘查方法的研发属于应用基础性研究，介于传统矿床学–矿物学基础研究与矿产勘查应用之间，是针对工业界（矿产勘查过程中）存在的实际问题进行重点攻关的研究行为，能有效地弥补当前矿产相关科研工作中普遍存在的成矿理论与矿产勘查"两张皮""平行线"的局面。目前蚀变矿物勘查方法的研发正处于攻坚克难的关键阶段，全面系统性的勘查标识体系建设还需要大量持续的工作支持，未来 10 年有可能建立较为完善的蚀变矿物勘查技术方法体系，在此过程中，蚀变矿物勘查方法相关科研工作应该围绕"更深，更广，更强，更准"几个方面进行重点研究：

（1）"更深"——蚀变矿物勘查方法理论研究有待加强。蚀变矿物勘查方法体系的建立是由勘查指标支撑的，而勘查指标的提取主要来自对矿物结构成分在时间–空间上的表现特征与变化规律的认识，如斑岩矿床中绿泥石 Ti/Sr 值随远离矿体下降的线性规律。然而，目前只有少部分的变化规律有较为明确的理论支撑，如浅成低温系统中明矾石短波红外光谱 1480 峰位值远离矿体降低是由温度控制（Chang et al., 2011），斑岩系统中绿泥石 Ti 元素含量远离矿体降低也是由温度控制等（Xiao et al., 2020），大部分谱线和元素的表现特征和变化规律还没有明确的理论可以进行合理解释，这表明需要更多的相关实验和理论研究工作，来从更深层次的角度对变化规律进行地质解译，从而使得提取的勘查指标更加科学可信。

（2）"更广"——蚀变矿物研究对象亟须尽快扩展。通过本书的介绍可以看出，当前蚀变矿物勘查方法的研究对象还相对局限，从矿物种类来看，目前主要是对非金属矿物中的绿泥石、绿帘石、明矾石、云母族矿物，金属矿物中的磁铁矿、黄铁矿等进行了相对深入的研究，而对于广泛分布的大部分热液蚀变（或矿化）矿物还缺乏综合研究，导致勘查指标常出现"零散化"的状况。从国内外蚀变矿物勘查研究现状来看，目前主要是针对斑岩–浅成低温型和夕卡岩型矿床进行了较为系统的研究，特别是国外的研究主要集中在前者，而对于其他重要的热液矿床类型，如造山型金矿、VMS 型矿床、MVT 型铅锌矿、IOCG 型矿床，以及我国广泛分布的花岗岩相关的钨锡矿床、稀土和稀有金属矿床等都缺乏系统的综合研究，即使是夕卡岩型矿床，目前也仅仅是近几年在我国鄂东南矿集区进行了相对深入的系统研究（陈华勇等，2019）。因此，需要大力推进多种矿物和成矿类型的系统研究，才能尽快建立起综合完善的蚀变矿物勘查标识体系。

（3）"更强"——蚀变矿物勘查指示作用与范围需拓展。目前蚀变矿物勘查指示作用的应用范围主要体现在两个方面，一是矿体位置的指示（如绿泥石 Ti/Sr 值等），二是成矿类型的指示（如磁铁矿微量元素区分成因）。然而，隐伏矿体勘查所面临的问题还包括更多方面，如蚀变系统是否为矿化系统（如何区分矿化与非矿化系统），矿化潜力与成矿规模如何等，初步的一些探索性研究表明蚀变矿物的结构化学特征亦能对这些方面起到指示作用（CODES 内部研究成果）。对于不同成矿类型或矿种（如斑岩铜金和铜钼的区别）的指示作用研究目前也还处于非常初步的阶段，早期形成的如磁铁矿、黄铁矿等成因判别图解由于缺乏细致的矿物结构和期次研究而存在很大的不确定性，亟须进一步深入研究形成更加强有力的指示标志。

（4）"更准"——蚀变矿物勘查指示准确度需要提高。虽然研究表明部分蚀变矿物的结构参数和化学（元素）成分在区分成矿类型和预测矿体方向、测算矿体距离等方面都具有一定的指示作用，但由于其属于"不可见"的非直接预测手段（相对于地球物理方法），对于其预测的准确度（即预测的"成功率"）是有较高的要求的，这也是蚀变矿物勘查方法能否得到规模性应用示范的关键步骤。在未来研究过程中，在精细矿物分析的基础上，还必须加强对大数据和人工智能手段的充分利用，减少人为主观因素的影响，使得当前的成因判别图解和各类经验性公式能够更具科学性、更为准确，从而提高矿床预测的成功率。

参 考 文 献

曹忠, 叶晖, 杨中乾, 2005. 桃花嘴铜金铁矿床成矿作用于矿床成因的探讨. 黄金科学技术, 13 (1-2): 6-9.

陈光远, 孙岱生, 殷辉安, 1987. 成因矿物学与找矿矿物学. 重庆: 重庆出版社.

陈光远, 邵伟, 孙岱生, 1989. 胶东金矿成因矿物学与找矿. 重庆: 重庆出版社.

陈华勇, 2012. 中国铁氧化物铜金 (IOCG) 矿床成矿规律及全球对比. 矿床地质, 31 (增刊): 5-6.

陈华勇, 韩金生, 2015. 磁铁矿单矿物研究现状、存在问题和研究方向. 矿物岩石地球化学通报, 34 (4): 724-730

陈华勇, 肖兵, 2014. 俯冲边界成矿作用研究进展及若干问题. 地学前缘, 21 (5): 13-22.

陈华勇, 张世涛, 初高彬, 张宇, 田京, 程佳敏, 2019. 鄂东南矿集区蚀变矿物研究及勘查应用. 岩石学报, 35 (12): 3629-3643.

陈剑锋, 张辉, 2011. 石英晶格中微量元素组成对成岩成矿作用的示踪意义. 高校地质学报, 17 (1): 125-135.

陈静, 陈衍景, 钟军, 孙艺, 李晶, 祁进平, 2011. 福建省紫金山矿田五子骑龙铜矿床流体包裹体研究. 岩石学报, 27 (5): 1425-1438.

陈静, 陈衍景, 钟军, 孙艺, 祁进平, 李晶, 2015. 福建省紫金山矿田龙江亭矿床地质和成矿流体特征及成因意义. 矿床地质, 34 (1): 98-118.

程佳敏, 陈华勇, 张宇, 田京, 张世涛, 初高彬, 2021. 鄂东南金牛火山盆地深部成岩成矿类型: 来自鸡冠嘴矿区火山角砾岩的指示. 地球化学 (接收待刊).

初高彬, 2020. 湖北铜山口铜钼钨矿床岩浆演化、蚀变矿物特征及勘查标识研究. 广州: 中国科学院广州地球化学研究所.

邓昌州, 2019. 大兴安岭北部中生代斑岩铜矿: 成岩与成矿. 吉林: 吉林大学.

邓晓东, 李建威, 张伟, 2012. 铜绿山 Fe-Cu (Au) 矽卡岩矿床花岗伟晶岩及其文象结构的成因: 来自钾长石 $^{40}Ar/^{39}Ar$ 年龄、微量元素和石英中流体包裹体的证据. 地球科学, 37 (1): 77-92.

范光, 葛祥坤, 2010. 微区 X 射线衍射在矿物鉴定中的应用实例. 世界核地质科学, 27 (2): 85-89.

冯雨周, 2020. 大兴安岭地区小柯勒河铜钼矿床成岩成矿机制与找矿勘查研究. 广州: 中国科学院广州地球化学研究所.

冯雨周, 邓昌州, 陈华勇, 李光辉, 肖兵, 李如操, 时慧琳, 2020. 大兴安岭北段小柯勒河铜钼矿床硫化物 Re-Os 年龄及其地质意义. 大地构造与成矿学, 44 (3): 465-475.

郭娜, 史维鑫, 黄一入, 郑龙, 唐楠, 王成, 伏媛, 2018. 基于短波红外技术的西藏多龙矿集区铁格隆南矿床荣那矿段及其外围蚀变填图-勘查模型构建. 地质通报, 37 (2-3): 446-457.

黑龙江省地质矿产局, 1997. 黑龙江省岩石地层. 武汉: 中国地质大学出版社.

侯增谦, 莫宣学, 1996. "三江" 古特提斯地幔热柱——洋岛玄武岩证据. 地球学报, 17 (4): 343-361.

侯增谦, 韩发, 夏林圻, 张绮玲, 曲晓明, 李振清, 别风雷, 王立全, 余金杰, 唐绍华, 2003. 现代与古代海底热水成矿作用: 以若干火山成因块状硫化物矿床为例. 北京: 地质出版社.

湖北省地质局第一地质大队, 2010. 湖北省大冶市铜录山铜矿接替资源勘查 (深部普查) 报告. 大冶: 大冶有色金属公司.

湖北省地质局第一地质大队, 2014. 鸡冠咀矿区、桃花嘴矿区深部铜金详查地质报告. 大冶: 湖北三鑫金铜股份有限公司.

湖北省地质局第一地质大队, 2018. 湖北省大冶市铜山口铜矿接替资源勘查 (深部普查) 报告. 大冶: 大冶有色金属公司.

黄圭成，夏金龙，丁丽雪，金尚刚，柯于富，吴昌雄，祝敬明，2013. 鄂东南地区铜绿山岩体的侵入期次和物源：锆石 U-Pb 年龄和 Hf 同位素证据. 中国地质，40（5）：1392-1408.

黄健瀚，2017. VMS 矿床蚀变矿物地球化学——以东天山红海铜锌矿床为例. 广州：中国科学院广州地球化学研究所.

黄健瀚，陈华勇，韩金生，陆万俭，张维峰，2016. 新疆东天山卡拉塔格红海 VMS 铜锌矿床蚀变与矿化时空分布特征. 地球化学，45（6）：582-600.

黄文婷，李晶，梁华英，王春龙，林书平，王秀璋，2013. 福建紫金山矿田罗卜岭铜钼矿化斑岩锆石 LA-ICP-MS U-Pb 年龄及成矿岩浆高氧化特征研究. 岩石学报，29（1）：283-293.

李光辉，陈华勇，邓昌州，时慧霖，李成禄，冯雨周，刘艳君，李如操，孟凡波，肖兵，韩金生，赵瑞君，周向斌，杨云宝，2019. 大兴安岭北部中生代斑岩铜矿蚀变矿物地球化学勘查应用研究. 北京：地质出版社.

李华芹，陈富文，梅玉萍，2009. 鄂东鸡冠嘴矿区成矿岩体锆石 SHRIMP U-Pb 定年及其意义. 大地构造与成矿学，33（3）：411-417.

李宁波，罗勇，郭双龙，姜玉航，曾令君，牛贺才，2013. 中条山铜矿峪变石英二长斑岩的锆石 U-Pb 年龄和 Hf 同位素特征及其地质意义. 岩石学报，29（7）：2416-2424.

李诺，陈衍景，张辉，赵太平，邓小华，王运，倪智勇，2007. 东秦岭斑岩钼矿带的地质特征和成矿构造背景. 地学前缘，14（5）：186-198.

李如操，陈华勇，李光辉，冯雨周，肖兵，韩金生，邓昌州，时慧琳，2020. 大兴安岭地区富克山斑岩铜钼矿床地质特征与 SWIR 勘查应用. 地球科学，45（5）：1517-1530.

李胜荣，2013. 成因矿物学在中国的传播与发展. 地学前缘，20（3）：45-54.

李胜荣，陈光远，2001. 现代矿物学的学科体系刍议. 现代地质，15（2）：157-160.

李文渊，2007. 块状硫化物矿床的类型，分布和形成环境. 地球科学与环境学报，29（4）：331-344.

连长云，章革，元春华，杨凯，2005. 短波红外光谱矿物测量技术在热液蚀变矿物填图中的应用——以土屋斑岩铜矿床为例. 中国地质，32（3）：483-495.

林师整，1982. 磁铁矿矿物化学、成因及演化的探讨. 矿物学报，2（3）：166-174.

刘继顺，马光，舒广龙，2005. 湖北铜绿山夕卡岩型铜铁矿床中隐爆角砾岩型金（铜）矿体的发现及其找矿前景. 矿床地质，24（5）：527-536.

卢焕章，池国祥，朱笑青，Guha J，Archambault G，王中刚，2018. 造山型金矿的地质特征和成矿流体. 大地构造与成矿学，42（2）：244-265.

吕新彪，姚书振，林新多，1992. 湖北大冶铜山口矽卡岩–斑岩复合型铜（钼）矿床地质特征和成矿机制，地球科学，17（2）：171-180.

毛景文，罗茂澄，谢桂青，刘军，吴胜华，2014. 斑岩铜矿床的基本特征和研究勘查新进展. 地质学报，88（12）：2153-2175.

毛启贵，王京彬，方同辉，于明杰，朱江建，张锐，付王伟，高卫宏，2016. 东天山红海火山成因块状硫化物矿床地质特征及成因类型探讨. 矿产勘查，7（1）：17-30.

梅玉萍，李华芹，陈富文，2008. 鄂东南铜绿山矿区石英正长闪长玢岩 SHRIMP U-Pb 定年及其地质意义. 地球学报，29（6）：805-810.

尚毅广，2017. 黑龙江省大兴安岭地区小柯勒河与 972 高地金多金属矿床地质特征及成矿预测. 长春：吉林大学.

申俊峰，李胜荣，马广钢，刘艳，于洪军，刘海明，2013. 玲珑金矿黄铁矿标型特征及其大纵深变化规律与找矿意义. 地学前缘，20（3）：55-75.

申俊峰，李胜荣，黄绍锋，卿敏，张华锋，许博，2021. 成因矿物学与找矿矿物学研究进展（2010-

2020）．矿物岩石地球化学通报，40（3）：610-624.

舒全安，陈培良，程建荣，1992. 鄂东铁铜矿产地质．北京：冶金工业出版社.

宋英昕，李胜荣，申俊峰，张龙，李文涛，曹勇杰，2021. 胶东三山岛北部海域金矿床石英热释光和晶胞参数特征及其找矿意义．地学前缘，28（2）：305-319.

孙四权，陈华勇，金尚刚，魏克涛，张世涛，张宇，2019. 鄂东南矿集区蚀变矿物地球化学研究及其勘查应用．北京：科学出版社.

汪方跃，葛粲，宁思远，聂利青，钟国雄，2017. 一个新的矿物面扫描分析方法开发和地质学应用．岩石学报，33（11）：3422-3436.

王建，谢桂青，余长发，朱乔乔，李伟，杨庆雨，2014. 鄂东南地区鸡笼山矽卡岩金矿床的矽卡岩矿物学特征及其意义．岩石矿物学杂志，33（1）：149-162.

王敏芳，郭晓南，陈梦婷，2014. 磁铁矿中微量元素和铂族元素的组成特征．地质找矿论丛，29（3）：417-423.

王庆飞，邓军，赵鹤森，杨林，马麒镒，李华健，2019. 造山型金矿研究进展：兼论中国造山型金成矿作用．地球科学，44（6）：2155-2186.

王顺金，1987. 论磁铁矿的标型特征．武汉：中国地质大学出版社.

王云峰，陈华勇，肖兵，韩金生，杨俊弢，2016. 新疆东天山地区土屋和延东铜矿床斑岩-叠加改造成矿作用．矿床地质，35（1）：51-68.

魏克涛，李享洲，张晓兰，2007. 铜绿山铜铁矿床成矿特征及找矿前景．资源环境与工程，21：41-56.

谢桂青，赵海杰，赵财胜，李向前，侯可军，潘怀军，2009. 鄂东南铜绿山矿田夕卡岩型铜铁金矿床的辉钼矿 Re-Os 同位素年龄及其地质意义．矿床地质，28（3）：227-239.

新疆地质矿产局第一地质大队，2012. 新疆维吾尔自治区哈密市土屋铜矿床勘探报告.

许超，陈华勇，White N，祁进平，张乐骏，张爽，段甘，2017. 福建紫金山矿田西南铜钼矿段蚀变矿化特征及 SWIR 勘查应用研究．矿床地质，36（5）：1013-1038.

杨志明，侯增谦，杨竹森，曲焕春，李振清，刘云飞，2012. 短波红外光谱技术在浅剥蚀斑岩铜矿区勘查中的应用——以西藏念村矿区为例．矿床地质，31（4）：699-717.

姚凤良，孙丰月，2006. 矿床学教程．北京：地质出版社.

姚磊，谢桂青，张承帅，刘佳林，杨海波，郑先伟，刘晓帆，2012. 鄂东南矿集区程潮大型矽卡岩铁矿的矿物学特征及其地质意义．岩石学报，28（1）：135-148.

姚书振，吕新彪，张德会，1990. 湖北大冶铜山口矽卡岩-斑岩复合型铜（钼）矿床研究：内部研究报告.

游富华，蒋姣姣，张锦章，赖晓丹，2021. 短波红外光谱技术在新疆阿舍勒铜锌矿床勘查中的应用．岩石矿物学杂志.

翟裕生，姚书振，蔡克勤，2011. 矿床学．北京：地质出版社.

章革，连长云，元春华，2004. PIMA 在云南普朗斑岩铜矿矿物识别中的应用．地学前缘，11（4）：460.

章革，连长云，王润生，2005. 便携式短波红外矿物分析仪（PIMA）在西藏墨竹工卡县驱龙铜矿区矿物填图中的应用．地质通报，24（5）：480-484.

张达玉，周涛发，袁峰，范裕，刘帅，彭明兴，2010. 新疆东天山地区延西铜矿床的地球化学、成矿年代学及其地质意义．岩石学报，26（11）：3327-3338.

张锦章，2013. 紫金山矿集区地质特征、矿床模型与勘查实践．矿床地质，32（4）：757-766.

张世涛，2018. 湖北铜绿山铜铁金矿床岩浆演化、蚀变矿物特征及勘查应用．广州：中国科学院广州地球化学研究所.

张世涛，陈华勇，张小波，张维峰，许超，韩金生，陈觅，2017. 短波红外光谱技术在矽卡岩型矿床中的应用——以鄂东南铜绿山铜铁金矿床为例. 矿床地质, 36 (6): 1263-1288.

张世涛, 陈华勇, 韩金生, 张宇, 初高彬, 魏克涛, 赵逸君, 程佳敏, 田京, 2018. 鄂东南铜绿山大型铜铁金矿床成矿岩体年代学、地球化学特征及成矿意义. 地球化学, 47 (3): 240-256.

张伟, 2015. 鄂东南地区鸡冠嘴铜金矿床成因研究. 武汉: 中国地质大学.

赵海杰, 谢桂青, 魏克涛, 柯于富, 2012. 湖北大冶铜绿山铜铁矿床夕卡岩矿物学及碳氧硫同位素特征. 地质论评, 58 (2): 379-395.

赵一鸣, 2002. 夕卡岩矿床研究的某些重要新进展. 矿床地质, 21 (2): 113-120.

赵一鸣, 林文蔚, 2012. 中国矽卡岩矿床. 北京: 地质出版社.

赵振华, 严爽, 2019. 矿物——成矿与找矿. 岩石学报, 35 (1): 31-68.

郑义, 李登峰, 张莉, 王成明, 方京, 2015. 新疆阿舍勒 VMS 型铜锌矿床元素活化富集作用初步研究. 大地构造与成矿学, 39 (3): 542-553.

钟军, 2014. 福建省紫金山斑岩–浅成低温热液成矿系统成岩成矿时空演化规律研究. 北京: 北京大学.

周玉, 武高辉, 1998. 材料分析测试技术: 材料 X 射线衍射与电子显微分析. 哈尔滨: 哈尔滨工业大学出版社.

Adams C G, 1984. Neogene larger foraminifera, evolutionary and geological events in the context of datum planes. Contributions to Biostratigraphy and Chronology: 1976-1982.

Arndt N T, Fontboté L, Hedenquist J W, Kesler S E, Thompson J F H, Wood D G, 2017. Future global mineral resources. Geochemical Perspectives, 6 (1): 1-166.

Baker M J, Wilkinson J J, Wilkinson C C, Cooke D R, Ireland T, 2020. Epidote trace element chemistry as an exploration tool in the Collahuasi District, Northern Chile. Economic Geology, 115 (4): 749-770.

Balan E, Eeckhout S G, Glatzel P, 2006. The oxidation state of vanadium in titanomagnetite from layered basic intrusions. American Mineralogist, 91: 953-956.

Barley M E, Groves D I, 1992. Supercontinent cycles and the distribution of metal deposits through time. Geology, 20 (4): 291-294.

Barrie C T, Hannington M D, 1999. Classification of volcanic-associated massive sulfide deposits based on host-rock composition. Reviews in Economic Geology, 8: 1-11.

Barton M D, Johnson D A, 1996. Evaporitic-source model for igneous-related Fe-oxide (-REE-Cu-Au-U) mineralization. Geology, 24: 259-262.

Baxter R, Meder K, Cinits R, 2005. The Marcona copper project—Mina Justa prospect geology and mineralisation. Proceedings of the 3rd Congr Int de Prospectores y Exploradores, Lima, Conferencias, Inst de Ingenieros de Minas del Perú, Lima (CD-ROM).

Beaufort D, Rigault C, Billon S, Billault V, Inoue A, Inoue S, Patrier P, 2015. Chlorite and chloritization processes through mixed-layer mineral series in lowtemperature geological systems—a review. Clay Minerals, 50: 497-523.

Benavides J, Kyser T K, Clark A H, Oates C J, Zamora R, Tarnovschi R, Castillo B, 2007. The Mantoverde iron oxide-copper-gold district, Ⅲ Región, Chile: the role of regionally-derived, non-magmatic fluid contributions to chalcopyrite mineralization. Economic Geology, 102 (3): 415-440.

Berggren W A, Kent D V, Swisher C C, Aubry M P, 1995. A revised Cenozoic geochronology and chronostratigraphy//Berggren W A, Kent D V, Aubry M P, Hardenbol J. Geochronology, Time Scales and Stratigraphic Correlation. SEPM Special Publication, 54: 129-212.

Bevins R E, Robinson D, Rowbotham G, 1991. Compositional variations in maffic phyllosilicates from regional low-grade metabasites and application of the chloritegeothermometer. Journal of Metamorphic Geology, 9:

711-721.

Biel C, Subías I, Acevedo R D, Yusta I, Velasco F, 2012. Mineralogical, IR- spectral and geochemical monitoring of hydrothermal alteration in a deformed and metamorphosed Jurassic VMS deposit at Arroyo Rojo, Tierra del Fuego, Argentina. Journal of South American Earth Sciences, 35: 62-73.

Bierlein F P, Maher S, 2001. Orogenic disseminated gold in Phanerozoic fold belts: examples from Victoria, Australia and elsewhere. Ore Geology Reviews, 18 (1-2): 113-148.

Bishop J L, Noe Dobrea E Z, McKeown N K, Parente M, Ehlma B L, 2008. Phyllosilicate diversity and past aqueous activity revealed at Mawrth Vallis, Mars. Science, 321: 830-833.

Brzozowski M J, Samson I M, Gagnon J E, Linnen R L, Good D J, Ames D E, Flemming R, 2018. Controls on the chemistry of minerals in late- stage veins and implications for exploration vectoring tools for mineral deposits: an example from the Marathon Cu-Pd deposit, Ontario, Canada. Journal of Geochemical Exploration, 190: 109-129.

Byrne K, Trumbull R B, Lesage G, Gleeson S A, Ryan J, Kyser K, Lee R G, 2020. Mineralogical and isotopic characteristics of sodic- calcic alteration in the Highland valley copper district, British Columbia, Canada: implications for fluid sources in porphyry Cu systems. Economic Geology, 115 (4): 841-870.

Caldas V J, 1978. Geología de los cuadrángulos de San Juan, Acarí y Yauca: hojas, (31- m, 31- n, 32- n). Instituto de Geología y Minería, Lima, Peru.

Camus F, 1975. Geology of the El Teniente orebody with emphasis on wall- rock alteration. Economic geology, 70 (8): 1341-1372.

Cannell J, Cooke D R, Walshe J L, Stein H, 2005. Geology, mineralization, alteration, and structural evolution of the El Teniente porphyry Cu- Mo deposit. Economic Geology, 100 (5): 979-1003.

Carr P M, Cathles L M, Barrie C T, 2008. On the size and spacing of volcanogenic massive sulfide deposits within a district with application to the Matagami District, Quebec. Economic Geology, 103 (7): 1395-1409.

Cathelineau M, 1988. Cation site occupancy in chlorites and illites as function of temperature. Clay Minerals, 23: 471-485.

Cathelineau M, Nieva D, 1985. A chlorite solid solution geothermometer the Los Azufres (Mexico) geothermal system. Contributions to Mineralogy and Petrology, 91: 235-244.

Chang Z, Meinert L, 2004. Vermicular textures of quartz phenocrysts, endoskarn, and implications for late stage evolution of granitic magma. Chemical Geology, 210: 149-171.

Chang Z S, Meinert L D, 2008. The Empire Cu- Zn mine, Idaho: exploration implications of unusual skarn features related to high fluorine activity. Economic Geology, 103: 909-938.

Chang Z S, Yang Z M, 2012. Evolution of inter- instrument variations among short wavelength infrared (SWIR) devices. Economic Geology, 107 (7): 1479-1488.

Chang Z S, Hedenquist J W, White N C, Cooke D R, Roach M, Deyell C L, Garcia J, Gemmell J B, McKnight S, Cuison A L, 2011. Exploration tools for linked porphyry and epithermal deposits: example from the Mankayan intrusion-centered Cu-Au district, Luzon, Philippines. Economic Geology, 106 (8): 1365-1398.

Chang Z S, Shu Q H, Meinert L D, 2019. Skarn deposits of China. Society of Economic Geologists, Special Publication, 22: 189-234.

Chen H Y, Clark A H, Kyser T K, 2010a. Evolution of the giant Marcona- Mina Justa iron oxide- copper- gold district, south-central Peru. Economic Geology, 105: 155-185.

Chen H Y, Clark A H, Kyser T K, 2010b. The Marcona magnetite deposit, Ica, south-central Peru: a product of hydrous, iron oxide-rich melts? Economic Geology, 105 (8): 1441-1456.

Chen H Y, Kyser T K, Clark A H, 2011. Contrasting fluids and reservoirs in the contiguous Marcona and Mina Justa iron oxide-Cu (-Ag-Au) deposits, south-central Peru. Mineralium Deposita, 46 (7): 677-706.

Chen Y J, Chen H Y, Zaw K, Pirajno F, Zhang Z J, 2007. Geodynamic settings and tectonic model of skarn gold deposits in China: an overview. Ore Geology Reviews, 31 (1-4): 139-169.

Chen Y J, Pirajno F, Li N, Guo D S, Lai Y, 2009. Isotope systematics and fluid inclusion studies of the Qiyugou breccia pipe-hosted gold deposit, Qinling Orogen, Henan province, China: implications for ore genesis. Ore Geology Reviews, 35 (2): 245-261.

Cherniak D J, 2010. Diffffusion in quartz, melilite, silicate perovskite, and mullite. Reviews in Mineralogy & Geochemistry, 72 (1): 735-756.

Chu G B, Chen H Y, Falloon T J, Han J S, Zhang S T, Cheng J M, Zhang X B, 2020a. Early Cretaceous mantle upwelling and melting of juvenile lower crust in the Middle-Lower Yangtze River Metallogenic Belt: example from Tongshankou Cu-(Mo-W) ore deposit. Gondwana Research, 83: 183-200.

Chu G B, Zhang S T, Zhang X B, Xiao B, Han J S, Zhang Y, Cheng J M, Feng Y Z, 2020b. Chlorite chemistry of Tongshankou porphyry-related Cu-Mo-W skarn deposit, eastern China: implications for hydrothermal fluid evolution and exploration vectoring to concealed orebodies. Ore Geology Reviews, 122: 103531.

Clark R N, King T V V, Klejwa M, Swayze G A, Vergo N, 1990. High spectral resolution reflectance spectroscopy of minerals. Journal of Geophysical Research: Solid Earth, 95: 12653-12680.

Cooke D R, Hollings P, Walshe J L, 2005. Giant porphyry deposits: characteristics, distribution, and tectonic controls. Economic Geology, 100 (5): 801-818.

Cooke D R, Baker M, Hollings P, Sweet G, Chang Z S, Danyushevsky L, Gilbert S, Zhou T F, White N C, Gemmell J B, 2014. New advances in detecting the distal geochemical footprints of porphyry systems—epidote mineral chemistry as a tool for vectoring and fertility assessments. Economic Geology Special Publication, 18: 127-152.

Cooke D R, AgnewP, Hollings P, 2017. Porphyry indicator minerals (PIMS) and porphyry vectoring and fertility tools (PVFTS): indicators of mineralization styles and recorders of hypogene geochemical dispersion halos// Tschirhart V, Thomas M D. Proceedings of Exploration 17: Sixth Decennial International Conference on Mineral Exploration: 457-470.

Cooke D R, Wilkinson J J, Baker M, Agnew P, Phillips J, Chang Z, Chen H, Wilkinson C C, Inglis S, Hollings P, Zhang L, Gemmell J B, White N C, Danyushevsky L, Martin H, 2020a. Using mineral chemistry to aid exploration: a case study from the resolution porphyry Cu-Mo deposit, Arizona. Economic Geology, 115 (4): 813-840.

Cooke D R, Agnew P, Hollings P, Baker M, Chang Z, Wilkinson J J, Ahmed A, White N C, Zhang L, Thompson J, 2020b. Recent advances in the application of mineral chemistry to exploration for porphyry copper-gold-molybdenum deposits: detecting the geochemical fingerprints and footprints of hypogene mineralization and alteration. Geochemistry: Exploration, Environment, Analysis, 20 (2): 176-188.

Corbett G, 2002. Epithermal gold for explorationists. AIG Jounal-Applied Geoscientific Practice and Research in Australia, 2002, April: 1-26.

Crepaldi E L, de A A Soler-Illia G J, Grosso D, Sanchez C, 2003. Nanocrystallised titania and zirconia mesoporous thin films exhibiting enhanced thermal stability. New Journal of Chemistry, 27: 9-13.

Dare S A S, Barnes S J, Beaudoin G, 2012. Variation in trace element content of magnetite crystallized from a fractionating sulfide liquid, Sudbury, Canada: implications for provenance discrimination. Geochimica et Cosmochimica Acta, 88: 27-50.

De Caritat P, Hutcheon I, Walshe J L, 1993. Chlorite geothermometry: a review. Clays and Clay Minerals, 41: 219-239.

Deer W A, Howie R A, Iussman J, 1962. Rock-forming minerals: sheet silicates. London: Longman.

Deng X H, Wang J B, Pirajno F, Wang Y W, Li Y C, Li C, Zhou L M, Chen Y J, 2016. Re-Os dating of chalcopyrite from selected mineral deposits in the Kalatag district in the eastern Tianshan Orogen, China. Ore Geology Reviews, 77: 72-81.

Deng C Z, Sun D Y, Han J S, Li G H, Feng Y Z, Xiao B, Li R C, Shi H L, Xu G Z, Yang D G, 2019a. Ages and petrogenesis of the Late Mesozoic igneous rocks associated with the Xiaokele porphyry Cu-Mo deposit, NE China and their geodynamic implications. Ore Geology Reviews, 107: 417-433.

Deng C Z, Sun D Y, Han J S, Chen H Y, Li G H, Xiao B, Li R C, Feng Y Z, Li C L, Lu S, 2019b. Late-stage southwards subduction of the Mongol-Okhotsk oceanic slab and implications for porphyry Cu-Mo mineralization: constraints from igneous rocks associated with the Fukeshan deposit, NE China. Lithos, 326-327: 341-357.

Duke E F, 1994. Near infrared spectra of muscovite, Tschermak substitution, and metamorphic reaction progress: implications for remote sensing. Geology, 22 (7): 621-624.

Dupuis C, Beaudoin G, 2011. Discriminant diagrams for iron oxide trace element fingerprinting of mineral deposit types. Mineralium Deposita, 46 (4): 319-335.

Eilu P, Mathison C I, Groves D I, Allardyce W, 1999. Atlas of alteration assemblages, styles and zoning in orogenic lode-gold deposits in a variety of host rock and metamorphic settings. Geology and Geophysics Department (Centre for Strategic Mineral Deposits) and UWA Extension, The University of Western Australia, Publication: 30.

Einaudi M T, Meinert L D, Newberry R J, 1981. Skarn deposits. Economic Geology 75th Anniversary Volume: 317-391.

El-Sharkawy M F, 2000. Talc mineralization of ultramafific affiffiffinity in the eastern desert of Egypt. Mineralium Deposita, 35 (4): 346-363.

Feng Y Z, Xiao B, Li R C, Deng C Z, Han J S, Wu C, Li G H, Shi H L, Lai C K, 2019. Alteration mapping with short wavelength infrared (SWIR) spectroscopy on Xiaokelehe porphyry Cu-Mo deposit in the Great Xing'an Range, NE China: metallogenic and exploration implications. Ore Geology Reviews, 112: 103062.

Feng Y Z, Chen H Y, Xiao B, Li R C, Deng C Z, Han J S, Li G H, Shi H L, Lai C, 2020. Late Mesozoic magmatism at Xiaokelehe Cu-Mo deposit in Great Xing'an Range, NE China: geodynamic and metallogenic implications. Lithos, 374-375: 105713.

Flem B, Larsen R B, Grimstvedt A, Mansfeld J, 2002. In situ analysis of trace elements in quartz by using laser ablation inductively coupled plasma mass spectrometry. Chemical Geology, 182: 237-247.

Franklin J M, Lydon J W, Sangster D F, 1981. Volcanic-associated massive sulfide deposits. Economic Geology, 75: 485-627.

Franklin J M, Gibson H L, Jonasson I R, Galley A G, 2005. Volcanogenic massive sulfide deposits. Economic Geology 100th Anniversary Volume, 98: 523-560.

Fraser R J, 1993. The Lac Troilus gold-copper deposit, northwestern Quebec: a possible Archean porphyry system. Economic Geology, 88 (6): 1685-1699.

Fukasawa T, Iwatsuki M, Furukawa M, 1993. State analysis and relationship between lattice constants and compositions including minor elements of synthetic magnetite and maghemite. Analytica Chimica Acta, 281 (2): 413-419.

Galley A G, Hannington M D, Jonasson I R, 2007. Volcanogenic massive sulphide deposits//Goodfellow W D. Mineral deposits of Canada: a synthesis of major deposit-types, district metallogeny, the evolution of geological provinces, and exploration methods. Geological Association of Canada, Mineral Deposits Division, Special Publication, 5: 141-161.

Ganne J, De Andrade V, Weinberg R F, Vidal O, Dubacq B, Kagambega N, Naba S, Baratoux L, Jessell M, Allibon J, 2012. Modern-style plate subduction preserved in the Paleoproterozoic West African craton. Nature Geoscience, 5 (1): 60-65.

Garwin S, 2002. The geologic setting of intrusion-related hydrothermal systems near the Batu Hijau porphyry copper-gold deposit, Sumbawa, Indonesia. The Geologic Setting of Intrusion-Related Hydrothermal Systems near the Batu Hijau Porphyry Copper-Gold Deposit, Sumbawa, Indonesia, Society of Economic Geologists, Special Publication.

Gemmell J B, Large R R, 1992. Stringer system and alteration zones underlying the Hellyer volcanogenic massive sulfide deposit, Tasmania, Australia. Economic Geology, 87 (3): 620-649.

Goldfarb R J, Groves D I, 2015. Orogenic gold: common or evolving fluid and metal sources through time. Lithos, 233: 2-26.

Goldfarb R J, Baker T, Dubé B, Groves D I, Hart, C J R, Gosselin P, 2005. Distribution, character, and genesis of gold deposits in metamorphic terranes//Hedenquist J W, Thompson J F H, Goldfarb R J, Richards J P. Economic Geology 100th Anniversary Volume 1905-2005, Littleton, Colorado, Society of Economic Geologists: 407-450.

Götte T, Ramseyer K, 2012. Trace element characteristics, luminescence properties and real structure of quartz// Götze J, Möckel R. Quartz: deposits, mineralogy and analytics. Berlin: Springer: 265-285.

Grosch E G, Vidal O, Abu-Alam T, McLoughlin N, 2012. P-T constraints on the metamorphic evolution of the Paleoarchean Kromberg type-section, Barberton Greenstone Belt, South Africa. Journal of Petrology, 53: 513-545.

Groves D I, 1993. The crustal continuum model for late-Archaean lode-gold deposits of the Yilgarn Block, Western Australia. Mineralium Deposita, 28 (6): 366-374.

Groves D I, Goldfarb R J, Gebre-Mariam M, 1998. Orogenic gold deposits: a proposed classification in the context of their crustal distribution and relationship to other gold deposit types. Ore Geology Reviews, 13 (1-5): 7-27.

Groves D I, Goldfarb R J, Robert F, 2003. Gold deposits in metamorphic belts: overview of current understanding, outstanding problems, future research, and exploration significance. Economic Geology, 98 (1): 1-29.

Groves D I, Santosh M, Goldfarb R J, 2018. Structural geometry of orogenic gold deposits: implications for exploration of world-class and giant deposits. Geoscience Frontiers, 9 (4): 1163-1177.

Haack U K, 1969. Trace elements in biotites from granites and gneisses. Contributions to Mineralogy and Petrology, 22 (2): 83.

Han J S, Chu G B, Chen H Y, Hollings P, Sun S Q, Chen M, 2018. Hydrothermal alteration and short wavelength infrared (SWIR) characteristics of the Tongshankou porphyry-skarn Cu-Mo deposit, Yangtze craton, eastern China. Ore Geology Reviews, 101: 143-164.

Hannington M D, Kjarsgaard I M, Galley A G, Taylor B, 2003. Mineral-chemical studies of metamorphosed hydrothermal alteration in the Kristineberg volcanogenic massive sulfide district, Sweden. Mineralium Deposita, 38 (4): 423-442.

Harraden C L, McNulty B A, Gregory M J, Lang J R, 2013. Shortwave infrared spectral analysis of hydrothermal alteration associated with the pebble porphyry copper-gold-molybdenum deposit, Iliamna, Alaska. Economic Geology, 108 (3): 483-494.

Hawkes N, Clark A, Moody T, 2002. Marcona and Pampa de Pongo giant Mesozoic Fe-(Cu-Au) deposits in the Peruvian Coastal Belt. Hydrothermal iron oxide copper-gold and related deposits: a global perspective, V. 2PGC Publishing, Linden Park, Australia: 115-130.

Hedenquist J W, Izawa E, Arribas A, White N C, 1996. Epithermal gold deposits: styles, characteristics, and exploration. Society of Resource Geology, Resource Geology Special Publication, 1: 1-18.

Hedenquist J W, Arribas A, Reynolds T J, 1998. Evolution of an intrusion-centered hydrothermal system; Far Southeast-Lepanto porphyry and epithermal Cu-Au deposits, Philippines. Economic Geology, 93 (4): 373-404.

Herrmann W, Blake M, Doyle M, Huston D, Kamprad J, Merry N, Ponyual S, 2001. Short wavelength infrared (SWIR) spectral analysis of hydrothermal alteration zones associated with Base metal sulfide deposits at Rosebery and Western Tharsis, Tasmania, and Highway-Reward, Queensland. Economic Geology, 96 (5): 939-955.

Hey M H, 1954. A new review of the chlorites. Mineralogical Magazine, 30: 277-292.

Hillier S, Velde B, 1991. Octahedral occupancy and the chemical composition of diagenetic (low-temperature) chlorites. Clay Minerals, 26: 149-168.

Hitzman M W, Oreskes N, Einaudi M T, 1992. Geological characteristics and tectonic setting of proterozoic iron-oxide (Cu-U-Au-REE) deposits. Precambrian Research, 58 (1-4): 241-287.

Holliday J R, Cooke D R, 2007. Advances in geological models and exploration methods for copper ± gold porphyry deposits//Milkereit B. Proceedings of Exploration 07: Fifth Decennial International Conference on Mineral Exploration: Toronto, Canada: 791-809.

Hou Z Q, Ma H W, Khin Z, Zhang Y Q, Wang M J, Wang Z, Pan G T, Tang R L, 2003. The Himalayan Yulong porphyry copper belt: product of large-scale strike-slip faulting in eastern Tibet. EconomicGeology, 98 (1): 125-145.

Hou Z Q, Yang Z M, Qu X M, Meng X J, Li Z Q, Beaudoin G, Rui Z Y, Gao Y F, Zaw K, 2009. The Miocene Gangdese porphyry copper belt generated during post-collisional extension in the Tibetan Orogen. Ore Geology Reviews, 36 (1): 25-51.

Hou Z Q, Zhang H R, Pan X F, Yang Z M, 2011. Porphyry Cu (-Mo-Au) deposits related to melting of thickened mafic lower crust: examples from the eastern Tethyan metallogenic domain. Ore Geology Reviews, 39 (1): 21-45.

Hu H, Li J W, Lentz D, 2014. Dissolution-reprecipitation process of magnetite from the Chengchao iron deposit: insights into ore genesis and implication for in-situ chemical analysis of magnetite. Ore Geology Reviews, 57: 393-405.

Hu H, Lentz D, Li J W, 2015. Reequilibration processes in magnetite from iron skarn deposits. Economic Geology, 110: 1-8.

Hu X, Chen H Y, Beaudoin G, Zhang Y, 2020. Textural and compositional evolution of iron oxides at Mina Justa (Peru): implications for mushketovite and formation of IOCG deposits. American Mineralogist, 105:

397-408.

Huang R，Audétat A，2012. The titanium- in- quartz（TitaniQ）thermobarometer：a critical examination and re- calibration. Geochimica et Cosmochimica Acta，84：75-89.

Huang J H，Chen H Y，Han J S，Deng X H，Lu W J，Zhu R L，2018. Alterationzonation and short wavelength infrared（SWIR）characteristics of the Honghai VMS Cu- Zn deposit，Eastern Tianshan，NW China. Ore Geology Reviews，100：263-279.

Huang X W，Beaudoin G，2019. Textures and chemical compositions of magnetite from iron oxide copper- gold （IOCG）and kiruna- type iron oxide- apatite（IOA）deposits and their implications for ore genesis and magnetite classification schemes. Economic Geology，114（5）：953-979.

Hunt G R，Salisbury J W，1971. Visible and near-infrared spectra of minerals and rocks：Ⅱ. Carbonates. Modern Geology，2：23-30.

Huston D L，Kamprad J，2001. Zonation of alteration facies at Western Tharsis：implications for the genesis of Cu- Au deposits，Mount Lyell field，Western Tasmania. Economic Geology，96（5）：1123-1132.

Hutchinson R W，1973. Volcanogenic sulfide deposits and their metallogenic significance. Economic Geology， 68（8）：1223-1246.

Inoue A，Meunier A，Patrier-Mas P，Rigault C，Beaufort D，Vieillard P，2009. Application of chemical geo- thermometry to low- temperature trioctahedral chlorites. Clays and Clay Minerals，57：371-382.

Inoue A，Kurokawa K，Hatta T，2010. Application of chlorite geothermometry to hydrothermal alteration in Toyoha geothermal system，southwestern Hokkaido，Japan. Resource Geology，60：52-70.

Jin Z D，Zhu J C，Ji J F，Lu X W，Li F C，2001. Ore- forming fluid constraints on illite crystallinity（IC）at Dexing porphyry copper deposit，Jiangxi Province. Science in China Series D：Earth Sciences，44（2）： 177-184.

Jones S，Herrmann W，Gemmell J B，2005. Short wavelength infrared spectral characteristics of the HW Horizon：implications for exploration in the Myra Falls volcanic- hosted massive sulfide camp，Vancouver Island，British Columbia，Canada. Economic Geology，100（2）：273-294.

Jourdan A L，Vennemann T W，Mullis J，Ramseyer K，Spiers C J，2009. Evidence of growth and sector zoning in hydrothermal quartz from Alpine veins. European Journal of Mineralogy，21：219-231.

Jowett E C，1991. Fitting iron and magnesium into the hydrothermal chloritegeothermometer. GAC/MAC/SEG Joint Annual Meeting，Toronto，27-29 May 1991，Program with Abstracts，16：A62.

Kameda J，Ujiie K，Yamaguchi A，Kimura G，2011. Smectite to chlorite conversion by frictional heating along a subduction thrust. Earth and Planetary Science Letters，305：161-170.

Kameda J，Hina S，Kobayashi K，Yamaguchi A，Hamada Y，Yamamoto Y，Hamahashi M，Kimura G， 2012. Silica diagenesis and its effffect on interplate seismicity in cold subduction zones. Earth and Planetary Science Letters，317：136-144.

Kavalieris I，Walshe J L，Halley S，Harrold B P，1990. Dome- related gold mineralization in the Pani volcanic complex，North Sulawesi，Indonesia；a study of geologic relations，flfluid inclusions，and chlorite composi- tions. Economic Geology，85（6）：1208-1225.

Keppie J D，Boyle R W，Haynes S J，1986. Turbidite- hosted gold deposits. Geological Association of Canada， Special Paper，32：1-186.

Kerrich R，Goldfarb R，Groves D L，Garwin S，2000. The geodynamics of world-class gold deposits： characteristics，space-time distribution，and origins. Reviews in Economic Geology，13：501-551.

Kesler S E，Wilkinson B H，2006. The role of exhumation in the temporal distribution of ore deposits. Economic

Geology, 101 (5): 919-922.

Kranidiotis P, MacLean W H, 1987. Systematics of chlorite alteration at the Phelps Dodge massive sulfide deposit, Matagami, Quebec. Economic Geology, 82: 1898-1911.

Laakso K, Rivard B, Peter J M, White H P, Maloley M, Harris J, Rogge D, 2015. Application of airborne, laboratory, and field hyperspectral methods to mineral exploration in the Canadian Arctic: recognition and characterization of volcanogenic massive sulfide-associated hydrothermal alteration in the Izok Lake Deposit Area, Nunavut, Canada. Economic Geology, 110 (4): 925-941.

Laakso K, Peter J M, Rivard B, 2016. Short-wave infrared spectral and geochemical characteristics of hydrothermal alteration at the Archean Izok Lake Zn-Cu-Pb-Ag volcanogenic massive sulfide deposit, Nunavut, Canada: application in exploration target vectoring. Economic Geology, 111 (5): 1223-1239.

Landtwing M R, Pettke T, 2005. Relationships between SEM-cathodoluminescence response and trace-element composition of hydrothermal vein quartz. American Mineralogist, 90: 122-131.

Large R R, 1992. Australian volcanic-hosted massive sulfide deposits: features, styles, and genetic models. Economic Geology, 87 (3): 471-510.

Large R R, McPhie J, Gemmell J B, Herrmann W, Davidson G J, 2001. The spectrum of ore deposit types, volcanic environments, alteration halos, and related exploration vectors in submarine volcanic successions: some examples from Australia. Economic Geology, 96 (5): 913-938.

Li J W, Zhao X F, Zhou M F, Vasconcelos P M, Ma C Q, Deng X D, Zorano Sergio de Souza, Zhao Y X, Wu G, 2008. Origin of the Tongshankou porphyry-skarn Cu-Mo deposit, eastern Yangtze carton, Eastern China: geochronological, geochemical, Sr-Nd-Hf isotopic constraints. Mineralium Deposita, 43: 315-336.

Li J W, Zhao X F, Zhou M F, Ma C Q, Souza Z S, Vasconcelos P, 2009. Late Mesozoic magmatism from the Daye region, eastern China: U-Pb ages, petrogenesis, geodynamic implications. Contributions to Mineralogy, Petrology, 157: 383-409.

Li J W, Deng X D, Zhou M F, Liu Y S, Zhao X F, Guo J L, 2010. Laser ablation ICP-MS titanite U-Th-Pb dating of hydrothermal ore deposits: a case study of the Tonglushan Cu-Fe-Au skarn deposit, SE Hubei Province, China. Chemical Geology, 270: 56-67.

Li J W, Vasconcelos P, Zhou M F, Deng X D, Cohen B, Bi S J, Zhao X F, Selby D, 2014. Longevity of magmatic-hydrothermal systems in the Daye Cu-Fe-Au district, eastern China with implications for mineral exploration. Ore Geology Reviews, 57: 375-392.

Li X H, Li W X, Wang X C, Li Q L, Liu Y, Tang G Q, Gao Y Y, Wu F Y, 2010. SIMS U-Pb zircon geochronology of porphyry Cu-Au-(Mo) deposits in the Yangtze River Metallogenic Belt, eastern China: magmatic response to early Cretaceous lithospheric extension. Lithos, 119: 427-438.

Liang H Y, Campbell I, Allen C, Sun W D, Liu C Q, Yu H X, Xie Y W, Zhang Y Q, 2006. Zircon Ce^{4+}/Ce^{3+} ratios and ages for Yulong ore-bearing porphyries in eastern Tibet. Mineralium Deposita, 41 (2): 152-159.

Lindsley D H, 1976. The crystal chemistry and structure of oxide minerals as exemplified by the Fe-Ti oxides// Rumble Ⅲ D. Oxide minerals. Rev Mineral Mineral Soc American Mineralogist: L1-L60.

Liu Y S, Hu Z C, Zong K Q, Gao C G, Gao S, Xu J, Chen H H, 2010. Reappraisement and refinement of zircon U-Pb isotope and trace element analyses by LA-ICP-MS. Chinese Science Bulletin, 55 (15): 1535-1546.

London D, Hervig R L, Morgan G B, 1988. Melt-vapor solubilities and elemental partitioning in peraluminous granite-pegmatite systems: experimental results with Macusani glass at 200 MPa. Contributions to Mineralogy and Petrology, 99 (3): 360-373.

Lowell J D, Guilbert J M, 1970. Lateral and vertical alteration-mineralization zoning in porphyry ore deposits. Economic geology, 65 (4): 373-408.

Lydon J W, 1984. Ore deposit models#8. Volcanogenic massive sulphide deposits Part 1: a descriptive model. Geoscience Canada, 11 (4): 195-202.

Lydon J W, 1988. Ore deposit models#14. Volcanogenic massive sulphide deposits Part 2: genetic models. Geoscience Canada, 15 (1): 43-65.

Mao J W, Pirajno F, Xiang J F, Gao J J, Ye H S, Li Y F, Guo B J, 2011. Mesozoic molybdenum deposits in the east Qinling-Dabie orogenic belt: characteristics and tectonic settings. Ore Geology Reviews, 43 (1): 264-293.

Marschik R, Fontboté L, 2001. The Candelaria-Punta del Cobre iron oxide Cu-Au (-Zn, Ag) deposits, Chile. Economic Geology, 96 (96): 1799-1826.

Martinez-Serrano R G, Dubois M, 1998. Chemical variations in chlorite at the Los Humeros geothermal system, Mexico. Clays and Clay Minerals, 46 (6): 615-628.

Masterman G J, Cooke D R, Berry R F, Walshe J L, Lee A W, Clark A H, 2005. Fluid chemistry, structural setting, and emplacement history of the Rosario Cu-Mo porphyry and Cu-Ag-Au epithermal veins, Collahuasi district, northern Chile. Economic Geology, 100 (5): 835-862.

Mauger A J, Ehrig K, Kontonikas-Charos A, Ciobanu C L, Cook N J, Kamenetsky V S, 2016. Alteration at the Olympic Dam IOCG-U deposit: insights into distal to proximal feldspar and phyllosilicate chemistry from infrared reflectance spectroscopy. Australian Journal of Earth Sciences, 63 (8): 959-972.

McIntire W L, 1963. Trace element partition coefficients—a review of theory and applications to geology. Geochimica et Cosmochimica Acta, 27: 1209-1264.

McLeod R L, Gabell A R, Green A A, Gardavsky V, 1987. Chlorite infrared spectral data as proximaty indicators of vocanogenic massive sulfide mineralization. Proceedings of Pacific Rim Congress, 87: 321-324.

Meinert L D, 1992. Skarns and skarn deposits. Geoscience Canada, 19 (4): 145-162.

Meinert L D, 1993. Igneous petrogenesis and skarn deposits. Geological Association of Canada-Special Paper, 40: 569-583.

Meinert L D, Hefton K K, Mayes D, Tasiran I, 1997. Geology, zonation, and fluid evolution of the Big Gossan Cu-Au skarn deposit, Ertsberg district, Irian Jaya. Economic Geology, 92: 509-526.

Meinert L D, Hedenquist J W, Satoh H, Matsuhisa Y, 2003. Formation of anhydrous and hydrous skarn in Cu-Au ore deposits by magmatic fluids. Economic Geology, 98: 147-156.

Meinert L D, Dipple G M, Nicolescu S, 2005. World skarn deposits. Economic Geology 100th Anniversary Volume, 100: 299-336.

Miyashiro A, Shido F, 1985. Tschermak substitution in low- and middle-grade pelitic schists. Journal of Petrology, 26 (2): 449-487.

Monteiro L V S, Xavier R P, Hitzman M W, Juliani C, de Souza Filho C R, Carvalho E D R, 2008. Mineral chemistry of ore and hydrothermal alteration at the Sossego iron oxide-copper-gold deposit, Carajás Mineral Province, Brazil. Ore Geology Reviews, 34 (3): 317-336.

Mucke A, Cabral A R, 2005. Redox andnonredox reactions of magnetite and hem atite in rocks. Chemie der Erde, 65: 271-278.

Müller A, Wiedenbfexk M, van den Kerkhof A M, Kronz A, Simon K, 2003. Trace elements in quartz—a combined electron microprobe, secondary ion mass spectrometry, laser-ablation ICP-MS, and cathodoluminescence study. European Journal of Mineralogy, 15: 747-763.

Müller A, Koch-Müller M, 2009. Hydrogen speciation and trace element contents of igneous, hydrothermal and metamorphic quartz from Norway. Mineralogical Magazine, 73: 569-583.

Nadoll P, Mauk J L, Hayes T S, 2012. Geochemistry of magnetite from hydrothermal ore deposits and host rocks of the Mesoproterozoic Belt Supergroup, United States. Economic Geology, 107: 1275-1292.

Nadoll P, Angerer T, Mauk J L, 2014. The chemistry of hydrothermal magnetite: a review. Ore Geology Reviews, 61: 1-32.

Nadoll P, Mauk J L, Leveille R A, 2015. Geochemistry of magnetite from porphyry Cu and skarn deposits in the southwestern United States. Mineralium Deposita, 50: 493-515.

Naleto J L C, Perrotta M M, da Costa F G, de Souza Filho C R, 2019. Point and imaging spectroscopy investigations on the Pedra Branca orogenic gold deposit, Troia Massif, Northeast Brazil: implications for mineral exploration in amphibolite metamorphic-grade terrains. Ore Geology Reviews, 107: 283-309.

Naslund H R, Henríquez F, Nyström J O, Vivallo W, Dobbs F M, 2002. Magmatic iron ores and associated mineralization: examples from the Chilean High Andes and Coastal Cordillera//Porter T M. Hydrothermal iron oxide copper-gold and related deposits: a global perspective. Adelaide, Porter Geoscience Consultancy Publishing, 2: 207-226.

Neal L C, Wilkinson J J, Mason P J, Chang Z S, 2018. Spectral characteristics of propylitic alteration minerals as a vectoring tool forporphyry copper deposits. Journal of Geochemical Exploration, 184: 179-198.

Nesbitt B E, Murowchick J B, Muehlenbachs K, 1986. Dual origins of lode gold deposits in the Canadian Cordillera. Geology, 14 (6): 506-509.

Newberry N G, Peacor D R, Essene E J, 1982. Silicon in magnetite: high resolution microanalysis of magnetite-ilmenite intergrowths. Contributions to Mineralogy and Petrology, 80: 334-340.

Nielsen R L, Forsythe L M, Gallahan W E, 1994. Major- and trace-element magnetite-melt equilibria. Chemical Geology, 117: 167-191.

Nystroem J O, Henriquez F. 1994. Magmatic features of iron ores of the Kiruna type in Chile and Sweden; ore textures and magnetite geochemistry. Economic Geology, 89: 820-839.

Ohmoto H, 1996. Formation of volcanogenic massive sulfidedeposits: the Kuroko perspective. Ore Geology Reviews, 10 (3-6): 135-177.

Ohmoto H, 2003. Nonredox transformations of magnetite-hematite in hydrothermal systems. Economic Geology, 98: 157-161.

Pacey A, Wilkinson J J, Owens J, Priest D, Cooke D R, Millar I L, 2019. The anatomy of an alkalic porphyry Cu-Au system: geology and alteration at Northparkes mines, New South Wales, Australia. Economic Geology, 114 (3): 441-472.

Pacey A, Wilkinson J J, Cooke D R, 2020. Chlorite and epidote mineral chemistry in porphyry ore systems: a case study of the Northparkes District, New South Wales, Australia. Economic Geology, 115 (4): 701-727.

Peng H J, Mao J W, Hou L, Shu Q H, Zhang C Q, Liu H, Zhou Y M, 2016. Stable isotope and fluid inclusion constraints on the source andevolution of ore fluids in the Hongniu-Hongshan Cu skarn deposit, Yunnan Province, China. Economic Geology, 111: 1369-1396.

Perny B, Eberhardt P, Ramseyer K, Mullis J, Pankrath R, 1992. Microdistribution of Al, Li, and Na in alpha quartz: possible causes and correlation with short-lived cathodoluminescence. American Mineralogist, 77: 534-544.

Phillips G N, Powell R. 2009. Formation of gold deposits: review and evaluation of the continuum model. Earth

Science Reviews, 94 (1-4): 1-21.

Phillips G N, Powell R. 2010. Formation of gold deposits: a metamorphic devolatilization model. Journal of Metamorphic Geology, 28 (6): 689-718.

Phillips G N, Powell R, 2015. A practical classification of gold deposits, with a theoretical basis. Ore Geology Reviews, 65: 568-573.

Pollard P J, 2006. An intrusion-related origin for Cu-Au mineralization in iron oxide-copper-gold (IOGG) provinces. Mineralium Deposita, 41 (2): 179-187.

Porter T M, 2010. Current understanding of iron oxide associated-alkali altered mineralized systems: Part I, An overview//Porter T M. Hydrothermal iron oxide copper-gold and related deposits: a global perspective. Adelaide, Porter Geoscience Consultancy Publishing, 3: 5-32.

Post J L, Noble P N, 1993. The near-infrared combination band frequencies of dioctahedral smectites, micas, and illites. Clays and Clay Minerals, 41 (6): 639-644.

Qin K Z, Sun S, Li J L, Fang T H, Wang S L, Liu W, 2002. Paleozoic epithermal Au and porphyry Cu deposits in north Xinjiang, China: epochs, features, tectonic linkage and exploration significance. Resource Geology, 52 (4): 291-300.

Richards J P, 2003. Tectono-magmatic precursors for porphyry Cu-(Mo-Au) deposit formation. Economic Geology, 98 (8): 1515-1533.

Richards J P, 2009. Postsubduction porphyry Cu-Au and epithermal Au deposits: products of remelting of subduction-modified lithosphere. Geology, 37 (3): 247-250.

Richards J P, 2011. Magmatic to hydrothermal metal fluxes in convergent and collided margins. Ore Geology Reviews, 40 (1): 1-26.

Righter K, Leeman W P, Hervig R L, 2006. Partitioning of Ni, Co and V between spinel-structured oxides and silicate melts: importance of spinel composition. Chemical Geology, 227: 1-25.

Rusk B G, 2012. Cathodoluminescent textures and trace elements in hydrothermal quartz//Götze J, Möckel R. Quartz: deposits, mineralogy and analytics. Berlin: Springer: 307-329.

Rusk B G, Reed M, 2002. Scanning electron microscope-cathodoluminescence analysis of quartz reveals complex growth histories in veins from the Butte porphyry copper deposit, Montana. Geology, 30: 727-730.

Rusk B G, Lowers H A, Reed M H, 2008. Trace elements in hydrothermal quartz: relationships to cathodoluminescent textures and insights into vein formation. Geology, 36: 547-550.

Seedorff E, Dilles J H, Proffett J M, Einaudi M T, 2005. Porphyry deposits: characteristics and origin of hypogene features. Economic Geology, 100: 251-298.

Schodde R, 2016. Long team trends in gold exploration. Is the love affair over, or is it just warming up? Minex Consulting. https://minexconsulting.com/long-term-trends-in-gold-exploration-is-the-love-affair-over-or-is-it-just-warming-up.

Scott K M, Yang K, 1997. Spectral reflectance studies of white micas. CSIRO Exploration and Mining Report 439R, Sydney, Australia.

Scott K M, Yang K, Huntington J F, 1998. The application of spectral reflectance studies chlorites in exploration. CSIRO Exploration & Mining Report, 43: 545.

Seedorf E, 2005. Porphyry deposits: characteristics and origin of hypogene features. Economic Geology 100th Anniversary Volume, 100: 251-298.

Shannon R D, 1976. Revised effffective ionic radii and systematic studies of interatomic distances in halides and chalcogenides. Acta Crystallogr Sect A, 32 (5): 751-767.

Shen P, Shen Y C, Liu T B, Meng L, Dai H W, Yang Y H, 2009. Geochemical signature of porphyries in the Baogutu porphyry copper belt, western Junggar, NW China. Gondwana Research, 16 (2): 227-242.

Shen P, Pan H D, Dong L H, 2014. Yandong porphyry Cu deposit, Xinjiang, China—Geology, geochemistry and SIMS U-Pb zircon geochronology of host porphyries and associated alteration and mineralization. Journal of Asian Earth Sciences, 80: 197-217.

Shock E L, Helgeson H C, Sverjensky D A, 1989. Calculation of the thermodynamic and transport-properties of aqueous species at high-pressures and temperatures—standard partial molal properties of inorganic neutral species. Geochimica et Cosmochimica Acta, 53: 2157-2183.

Sievwright R H, Wilkinson J J, O'Neill H S C, 2017. Thermodynamic controls on element partitioning between titanomagnetite and andesitic-dacitic silicate melts. Contributions to Mineralogy and Petrology, 172: 62.

Sillitoe R H, 1972. A plate tectonic model for the origin of porphyry copper deposits. Economic Geology, 67 (2): 184-197.

Sillitoe R H, 1982. Extensional habitats ofrhyolite-hosted massive sulfide deposits. Geology, 10 (8): 403-407.

Sillitoe R H, 2003. Iron oxide-copper-gold deposits: an Andean view. Mineralium Deposita, 38 (7): 787-812.

Sillitoe R H, 2010. Porphyry copper systems. Economic Geology, 105 (1): 3-41.

Sillitoe R H, 2014. Geological criteria for porphyry copper exploration. Acta Geologica Sinica-English Edition, 2 (88): 597-598.

Sillitoe R H, Hedenquist J W, 2003. Linkages between volcanotectonic settings, ore-fluid compositions, and epithermal precious metal deposits. Special Publication-Society of Economic Geologists, 10: 315-343.

Sillitoe R H, Thompson J F H, 1998. Intrusion-related vein gold deposits: types, tectono-magmatic settings and difficulties of distinction from orogenic gold deposits. Resource Geology, 48 (4): 237-250.

Simmons S F, White N C, John D A, 2005. Geological characteristics of epithermal precious and base metal deposits. Economic Geology 100th Anniversary Volume, 29: 485-522.

Singer D A, Berger V I, Menzie W D, Berger B R, 2005. Porphyry copper deposit density. Economic Geology, 100 (3): 491-514.

So C S, Zhang D Q, Yun S T, Li D X, 1998. Alteration-mineralization zoning and fluid inclusions of the high sulfidation epithermal Cu-Au mineralization at Zijinshan, Fujian Province, China. Economic Geology, 93 (7): 961-980.

Spencer E T, Wilkinson J J, Creaser R A, Seguel J, 2015. The distribution and timing of molybdenite mineralization at the El Teniente Cu-Mo porphyry deposit, Chile. Economic Geology, 110 (2): 387-421.

Stein H J, Hannah J L, Zimmerman A, Markey R J, Sarkar S C, Pal A B, 2004. A 2.5 Ga porphyry Cu-Mo-Au deposit at Malanjkhand, central India: implications for Late Archean continental assembly. Precambrian Research, 134 (3-4): 189-226.

Sun W D, Huang R F, Li H, Hu Y B, Zhang C C, Sun S J, Zhang L P, Ding X, Li C Y, Zartman R E, Ling M X, 2015. Porphyry deposits and oxidized magmas. Ore Geology Reviews, 65: 97-131.

Sun Y Y, Seccombe P K, Yang K, 2001. Application of short-wave infrared spectroscopy to define alteration zones associated with the Elura zinc-lead-silver deposit, NSW, Australia. Journal of Geochemical Exploration, 73 (1): 11-26.

Sung Y H, Brugger J, Ciobanu C L, Pring A, Skinner W, Nugus, M, 2009. Invisible gold in arsenian pyrite and arsenopyrite from a multistage Archaean gold deposit: Sunrise Dam, eastern Goldfields Province, western Australia. Mineralium Deposita, 44 (7): 765-791.

Tarantola A, Mullis J, Guillaume D, Dubessy J, de Capitani C, Abdelmoula M., 2009. Oxidation of CH_4 to CO_2 and H_2O by chloritization of detrital biotite at 270 ± 5 ℃ in the external part of the Central Alps, Switzerland. Lithos, 112: 497-510.

Thomas J B, Watson E B, Spear F S, Shemella P T, Nayak S K, Lanzirotti A, 2010. TitaniQ under pressure: the effffect of pressure and temperature on the solubility of Ti in quartz. Contributions to Mineralogy and Petrology, 160: 743-759.

Thompson A J, Hauff B, Robitaille P L, 1999. Alteration mapping in exploration: application of short-wave infrared (SWIR) spectroscopy. Society of Economic Geology Newsletter, 30: 13.

Tian J, Zhang Y, Cheng J M, Sun S Q, Zhao Y J, 2019. Short wavelength infra-red (SWIR) characteristics of hydrothermal alteration minerals in skarn deposits: example from the Jiguanzui Cu-Au deposit, Eastern China. Ore Geology Reviews, 106: 134-149.

Tomkins A G, 2010. Windows of metamorphic sulfur liberation in the crust: implications for gold deposit genesis. Geochimica et Cosmochimica Acta, 74 (11): 3246-3259.

Tomkins A G, Grundy C, 2009. Upper temperature limits of orogenic gold deposit formation: constraints from the granulite-hosted Griffin's Find Deposit, Yilgarn Craton. Economic Geology, 104 (5): 669-685.

Tulloch A J, 1979. Secondary Ca-Al silicates as low-grade alteration products of granitoid biotite. Contributions to Mineralogy and Petrology, 69: 105-117.

van Ruitenbeek F J A, Cudahy T J, van der Meer F D, Hale M, 2012. Characterization of the hydrothermal systems associated with Archean VMS-mineralization at Panorama, Western Australia, using hyperspectral, geochemical and geothermometric data. Ore Geology Reviews, 45: 33-46.

van Ryt M R, Sanislav I V, Dirks P H G M, Huizenga J M, Mturi M I, Kolling S L, 2017. Alteration paragenesis and the timing of mineralised quartz veins at the world-class Geita Hill gold deposit, Geita Greenstone Belt, Tanzania. Ore Geology Reviews, 91: 765-779.

van Ryt M R, Sanislav I V, Dirks P H, Huizenga J M, Mturi M I, Kolling S L, 2019. Biotite chemistry and the role of halogens in Archaean greenstone hosted gold deposits: a case study from Geita Gold Mine, Tanzania. Ore Geology Reviews, 111: 102982.

Vry V H, Wilkinson J J, Seguel J, Millán J, 2010. Multistage intrusion, brecciation, and veining at El Teniente, Chile: evolution of a nested porphyry system. Economic Geology, 105 (1): 119-153.

Walshe J L, 1986. A six-component chlorite solid solution model and the conditions of chlorite formation in hydrothermal and geothermal systems. Economic Geology, 81 (3): 681-703.

Wan B, Zhang L C, Xiang P, 2010. The Ashele VMS-type Cu-Zn Deposit in Xinjiang, NW China formed in a rifted arc setting. Resource Geology, 60 (2): 150-164.

Wang Y H, Xue C J, Wang J P, Peng R M, Yang J T, Zhang F F, Zhao ZN, Zhao Y J, 2014. Petrogenesis of magmatism in the Yandong region of Eastern Tianshan, Xinjiang: geochemical, geochronological, and Hf isotope constraints. International Geology Review, 57 (9-10): 1130-1151.

Wang Y F, Chen H Y, Baker M J, Han J S, Xiao B, Yang J T, Jourdan F. 2019. Multiple mineralization events of the Paleozoic Tuwu porphyry copper deposit, Eastern Tianshan: evidence from geology, fluid inclusions, sulfur isotopes, and geochronology. Mineralium Deposita, 54: 1053-1076.

Wang R, Cudahy T, Laukamp C, Walshe J L, Bath A, Mei Y, Laird J, 2017. White mica as a hyperspectral tool in exploration for the Sunrise Dam and Kanowna Belle gold deposits, Western Australia. Economic Geology, 112 (5): 1153-1176.

Wang Z Q, Chen B, Yan X, Li S W, 2018. Characteristics of hydrothermal chlorite from the Niujuan Ag-Au-Pb-Zn deposit in the north margin of NCC and implications for exploration tools for ore deposits. Ore Geology Reviews, 101: 398-412.

Wark D A, Watson E B, 2006. TitaniQ: a titanium-in-quartz geothermometer. Contributions to Mineralogy and Petrology, 152: 743-754.

Watson E B, 1996. Surface enrichment and trace-element uptake during crystal growth. Geochimica et Cosmochimica Acta, 60: 5013-5020.

Watson E B, Liang Y, 1995. A simple model for sector zoning in slowly grown crystals: implications for growth rate and lattice diffffusion, with emphasis on accessory minerals in crustal rocks. American Mineralogist, 80: 1179-1187.

Wechsler B A, Lindsley D H, Prewitt C T, 1984. Crystal structure and cation distribution in titanomagnetites ($Fe_{3-x}TixO_4$). American Mineralogist, 69: 754-770.

Westendorp R W, Watkinson D H, Jonasson I R, 1991. Silicon-bearing zoned magnetite crystals and the evolution of hydrothermal fluids at the Ansil Cu-Zn mine, Rouyn-Noranda, Quebec. Economic Geology, 86: 1110-1114.

Wiewióra A, Weiss Z, 1990. Crystallochemical classifications of phyllosilicates based on the unified system of projection of chemical composition: Ⅱ. The chlorite group. Clay Minerals, 25: 83-92.

Williams P J, Barton M D, Johnson D A, Fontboté L, Halter A D, Mark G, Oliver N H S, Marschik R, 2005. Iron-oxide copper-gold deposits: geology, space-time distribution, and possible modes of origin. Economic Geology 100th Anniversary Volume, 100: 371-405.

Wilkinson J J, Chang Z S, Cooke D R, Baker M J, Wilkinson C C, Inglis S, Chen H Y, Bruce Gemmell J, 2015. The chlorite proximitor: a new tool for detecting porphyry ore deposits. Journal of Geochemical Exploration, 152: 10-26.

Wilkinson J J, Baker M J, Cooke D R, Wilkinson C C, 2020. Exploration targeting in porphyry Cu systems using propylitic mineral chemistry: a case study of the El Teniente Deposit, Chile. Economic Geology, 115 (4): 771-791.

Wu F Y, Sun D Y, Ge W C, Zhang Y B, Grant M L, Wilde S A, Jahn B, 2011. Geochronologyof the Phanerozoic granitoids in northeastern China. Journal of Asian Earth Sciences, 41: 1-30.

Xiao B, Chen H Y, 2020. Elemental behavior during chlorite alteration: new insights from a combined EMPA and LA-ICPMS study in porphyry Cu systems. Chemical Geology, 543. DOI: 10.1016/j.chemgeo.2020.119604.

Xiao B, Chen H Y, Hollings P, Han J S, Wang Y F, Yang J T, Cai K D, 2017. Magmatic evolution of the Tuwu-Yandong porphyry Cu belt, NW China: constraints from geochronology, geochemistry and Sr-Nd-Hf isotopes. Gondwana Research, 43: 74-91.

Xiao B, Chen H Y, Hollings P, Wang Y F, Yang J T, Wang F Y, 2018a. Element transport and enrichment during propylitic alteration in Paleozoic porphyry Cu mineralization systems: insights from chlorite chemistry. Ore Geology Reviews, 102: 437-448.

Xiao B, Chen H Y, Wang Y F, Han J S, Xu C, Yang J T, 2018b. Chlorite and epidote chemistry of the Yandong Cu deposit, NW China: metallogenic and exploration implications for Paleozoic porphyry Cu systems in the Eastern Tianshan. Ore Geology Reviews, 100: 168-182.

Xiao B, Chen H Y, Hollings P, Zhang Y, Feng Y Z, Chen X, 2020. Chlorite alteration in porphyry Cu systems: new insights from mineralogy and mineral chemistry. Applied Clay Science, 190. DOI: 10.1016/j.clay.2020.105585.

Xie X G, Byerly G, Ferrell R. 1997. IIb trioctahedral chlorite from the Barberton greenstone belt: crystal structure, rock composition constraints with implications to geothermometry. Contributions to Mineralogy, Petrology, 126 (3): 275-291.

Xie G Q, Mao J W, Zhao H J, Wei K T, Jin S G, Pan H J, Ke Y F, 2011. Timing of skarn deposit formation of the Tonglushan ore district, southeastern Hubei Province, Middle-Lower Yangtze River Valley metallogenic belt and its implications. Ore Geology Reviews, 43: 62-77.

Xu H F, Shen Z Z, Konishi H, 2014. Si-magnetite nano-precipitates in silician magnetite from banded iron formation: Z-contrast imaging and ab initio study. American Mineralogist, 99: 2196-2202.

Xu W L, Pei F P, Wang F, Meng E, Ji W Q, Yang D B, Wang W, 2013. Spatial-temporal relationships of Mesozoic volcanic rocks in NE China: constraints on tectonic overprinting and transformations between multiple tectonic regimes. Journal of Asian Earth Sciences, 74: 167-193.

Yang K, Huntington J F, 1996. Spectral signatures of hydrothermal alteration in the metasediments at Dead Bullock Soak, Tanami Desert, Northern Territory. CRISO/AMIRA Project P435, 1-29.

Yang K, Lian C, Huntington J F, Peng Q, Wang Q, 2005. Infrared spectral reflectance characterization of the hydrothermal alteration at the Tuwu Cu-Au deposit, Xinjiang, China. Mineralium Deposita, 40 (3): 324-336.

Yang K, Huntington J F, Gemmell J B, Scott K M, 2011. Variations in composition and abundance of white mica in the hydrothermal alteration system at Hellyer, Tasmania, as revealed by infrared reflectance spectroscopy. Journal of Geochemical Exploration, 108 (2): 143-156.

Yavuz F, Kumral M, Karakaya N, Karakaya M Ç, Yildirim D K, 2015. A Windows program for chlorite calculation and classification. Computers & Geosciences, 81: 101-113.

Zajacz Z, Candela P A, Piccoli P M, Sanchez-Valle C, Wälle M, 2013. Solubility and partitioning behavior of Au, Cu, Ag and reduced S in magmas. Geochim Cosmochim Acta, 112: 288-304.

Zane A, Weiss Z, 1998. A procedure for classifying rock-forming chlorites based on microprobe data. Rendiconti Lincei, 9 (1): 51-56.

Zang W, Fyfe W S, 1995. Chloritization of the hydrothermally altered bedrock at the Igarapé Bahia gold deposit, Carajás, Brazil. Mineralium Deposita, 30: 30-38.

Zhang S T, Chen H Y, Shu Q H, Zhang Y, Chu G B, Cheng J M, Tian J, 2019a. Unveiling growth histories of multi-generational garnet in a single skarn deposit via newly-developed LA-ICP-MS U-Pb dating of grandite. Gondwana Research, 73: 65-76.

Zhang Y, Cheng J M, Tian J, Pan J, Sun S Q, Zhang L J, Zhang S T, Chu G B, Zhao Y J, Lai C K, 2019b. Texture and trace element geochemistry of quartz in skarn system: perspective from Jiguanzui Cu-Au skarn deposit, Eastern China. Ore Geology Reviews, 109: 535-544.

Zhang S T, Chu G B, Cheng J M, Zhang Y, Tian J, Li J P, Sun S Q, Wei K T, 2020a. Short wavelength infrared (SWIR) spectroscopy of phyllosilicate minerals from the Tonglushan Cu-Au-Fe deposit, Eastern China: new exploration indicators for concealed skarn orebodies. Ore Geology Reviews, 122. DOI: 10.1016/j.oregeorev.2020.103516.

Zhang S T, Xiao B, Chu G B, Cheng J M, Zhang Y, Xu G, Tian J, 2020b. Chlorite as an exploration indicator for concealed skarn mineralization: perspective from the Tonglushan Cu-Au-Fe skarn deposit, Eastern China. Ore Geology Reviews, 126. DOI: 10.1016/j.oregeorev.2020.103778.

Zhang S T, Ma Q, Chen H Y, Long X P, Chu G B, Zhang W F, Cheng J M, Tian J, 2021. Petrogenesis of Early Cretaceous granitoids and mafic microgranular enclaves from the giant Tonglushan Cu-Au-Fe skarn orefield, Eastern China. Lithos, 390-391. DOI: 10. 1016/j. lithos. 2021. 106103.

Zhao H J, Xie G Q, Wei K T, Ke Y F, 2012. Mineral compositions and fluid evolution of the Tonglushan skarn Cu-Fe deposit, SE Hubei, east-central China. International Geology Reviews, 54 (7): 737-764.

Zhong J, Chen Y J, Pirajno F, Chen J, Li J, Qi J P, Li N, 2014. Geology, geochronology, fluidinclusion and H-O isotope geochemistry of the Luoboling porphyry Cu-Mo deposit, Zijinshan Orefield, Fujian Province, China. Ore Geology Reviews, 57: 61-77.